U0467730

固体矿产勘查三维优化方法

——基于 R-TIN/GR-TIN 勘查网和 TTP-$\sqrt{3}$ 曲面细分

黄桂芝　著

科学出版社

北京

内 容 简 介

本书提出了一种基于 R-TIN/GR-TIN 勘查网和 TTP-$\sqrt{3}$ 曲面细分的固体矿产勘查三维优化方法,其主要内容包括: ①旋转顶点处各有一个钻孔、内部有三个钻孔的正方形,并拼接为正方形配套单元,再通过平移复制形成交错分散性更好的旋转式三角形勘查网,或在此基础上以 $\sqrt{3}$ 细分方法进行加密,选择一种作为勘查网; ②在参考层局部底板等高线图的基础上,通过旋转虚拟岩心,建立不同情况下只要一个非定向斜孔见到断层或矿层,就可以求得其产状的数学模型; ③依据相邻三个数据点(钻孔资料、分析点或内插点)处同一矿层或断层的三维坐标和产状建立求解所圈定的三角形曲面产状变化过渡点的三维坐标和产状的数学模型; ④依据钻孔中所见矿层或断层的三维坐标和产状建立求解和内插断矿交点的数学模型; ⑤利用已知地质点、分析点及其内插加密点制作勘查区三维地质模型或矿层底板等高线图; ⑥在三维模型中,调整尚未施工钻孔的位置以对断层和矿层进行三维追踪控制,在新施工钻孔完工后及时进行三维模型的补充、修改和完善; ⑦采用基于 R-TIN/GR-TIN 勘查网和 TTP-$\sqrt{3}$ 曲面细分方法的三角形模型法或三角形曲面积分法估算资源/储量。

本书是固体矿产勘查领域的研究成果,可供该领域的教师、学生和工程实践人员使用。由于 R-TIN/GR-TIN 勘查网和 TTP-$\sqrt{3}$ 曲面细分方法在地理信息系统及相关领域具有广泛的适用性,也可作为地理信息系统专业及相关专业人员的参考用书。

图书在版编目(CIP)数据

固体矿产勘查三维优化方法: 基于 R-TIN/GR-TIN 勘查网和 TTP-$\sqrt{3}$ 曲面细分 / 黄桂芝著. —北京: 科学出版社, 2018.3

ISBN 978-7-03-056229-6

I. ①固⋯ Ⅱ. ①黄⋯ Ⅲ. ①地理信息系统–应用–固体–矿产资源–地质勘探 Ⅳ. ①P624–39

中国版本图书馆 CIP 数据核字(2017)第 323668 号

责任编辑: 韩 鹏 刘浩旻 姜德君 / 责任校对: 张小霞
责任印制: 肖 兴 / 封面设计: 铭轩堂

科学出版社 出版
北京东黄城根北街 16 号
邮政编码: 100717
http://www.sciencep.com

艺堂印刷(天津)有限公司 印刷
科学出版社发行 各地新华书店经销

*

2018 年 3 月第 一 版　开本: 787×1092　1/16
2018 年 3 月第一次印刷　印张: 12 1/4
字数: 275 000

定价: 148.00 元
(如有印装质量问题, 我社负责调换)

前　言

　　传统固体矿产勘查方法解决了勘查工程布置、钻孔弯曲校正、地质图件编制和资源储量估算等问题，使其勘查成果能够以二维和二点五维图件形式表达出来，为固体矿产勘查及后续的矿井建设和开采立下了不可磨灭的功勋。我们今天的想法和认识，凝聚着前人的智慧，没有过去，也不会有现在和将来。因此，在本书出版之际，首先向为地质事业发展做出贡献的地质工作者致以崇高的敬意。

　　由于矿产赋存情况的复杂与多变，作者认为Roger Marjoribanks在2010版的 *Geological Methods in Mineral Exploration and Mining* 的前言中引用的"资料不是信息，信息不是知识，知识不是理解，理解不是智慧"，很好地说明了地质分析与研究的重要性，故在此借用以表达著述本书的目的。

　　书中正文的引用情况为：绪论中分别引用了赵鹏大、曹代勇、阳正熙、罗智勇等的文献。2.1节中引用了《固体矿产资源/储量分类》（GB/T 17766—1999）、《固体矿产地质勘查规范总则》（GB/T 13908—2002）、《勘查成果、矿产资源量、矿石储量报告澳洲规范》（JORC规范）中的内容和阳正熙于2011年在《矿产勘查学》中对国外矿产资源/储量估算方法中三角形模型法的介绍，其中，JORC规范的译文引用于网络，对JORC规范的解读部分引用于阳正熙2011年的《矿产勘查学》，专家对国内规范的解读部分引用于国土资源部严铁雄的《固体矿产勘查规范与应用讲义课件》；2.2节超低密度地球化学填图设计案例中，引用了李长江、麻土华1999年的《矿产勘查中的分形、混沌与ANN》中正方形采样网格与中国矿田（床）呈分形分布构成的密集区"特征尺度"的对应情况；3.2节公式推导中使用了朱志澄、曾佐勋、范光明2008年编写的《构造地质学》中以真、伪倾向间夹角换算真、伪倾角的公式，3.6节中岩心中矿层产状计算实例中B套公式的计算数据由商宇航完成；第5章三角形曲面内插和第6章断矿交点内插的测试数据采用李富成编制的计算机应用程序完成；7.1节中计算机辅助编制地质勘查图件的发展简介部分引用了曹代勇等2007年《煤炭地质勘查与评价》一书中的内容，7.2节三角形曲面积分的资源/储量估算中二次曲面方程的求解方法部分引用了李玲（2009）的研究内容。其余部分均由作者在自己近年来的专利内容及先前相关研究的基础上深化、细化，辅以案例而成。因作者文字功底浅薄，有些内容又不好表述，难以曲尽本意，不妥之处，诚盼指点。

　　本书插图来源如下：图1.2~图1.4、图1.6、图1.7、图2.16、附图45、附图46引用于黑龙江龙煤矿业控股集团有限责任公司双鸭山矿业分公司、鹤岗矿业分公司三个煤矿的原矿图；图2.17、图5.1是在原矿图（图2.16）的基础上编制；图3.2、图3.3分别引用于Roger Marjoribanks的 *Geological Methodsin Mineral Exploration and Mining* 中的Fig.7.4、Fig.B.6；图3.1（c）引用于网络；图5.2、图7.2由马远平、杨宝亮、张高鑫、倚江星在3Dmine软件中完成；图3.16（a）~（c）、图3.17（a）~（c）、图3.18（a）~（c）、图6.1、图8.1由黄成在SolidWorks软件中完成；图3.16（d）、图3.17（d）、图3.18（d）

由作者用赤平投影网绘制；其余均由作者用 AutoCAD 软件绘制。

  附录中 R-TIN 用于煤田勘探反演案例的 44 幅小剖面图，是作者为以实例发现问题而编制的一个完整案例，希望能够抛砖引玉，倡导对较复杂及复杂构造从多方向进行综合分析，避免错误解释。这些小剖面联合组成一个复杂的剖面系统，改一点而牵多处，在分析、修改或审核时，难免出现顾此失彼的现象，敬请指正。

  因作者无法联系到图 3.1（c）、图 3.2、图 3.3 的版权所有者，只能请其看到本书后与作者联系，邮箱是 1911704025@QQ.com。

  在作者开展相关研究和著述过程中，黑龙江科技大学芦少春副教授、黑龙江省煤田地质勘察院吴琨院长、黑龙江省国土资源厅吴迪副厅长和高兆清高级工程师、黑龙江省煤田地质局王金山副总工程师、黑龙江龙煤矿业控股集团有限责任公司双鸭山矿业分公司地质测量部孟祥国高级工程师、黑龙江省地质矿产局第五地质勘察院孙甲富院长、国土资源部矿产资源储量司储量处张延庆处长、北京恩地科技发展有限公司唐长钟总经理和马爱玲总工程师、北京三地曼矿业软件科技有限公司李成龙副总经理、北京宏邦桩业岩土工程有限公司戴洪林总经理、中国矿业大学曹代勇教授等给予了鼓励、支持或建议；成都理工大学阳正熙教授在素不相识、冒昧相求的情况下耐心审阅了书稿，指出问题并提出修改建议；付丹、胡金龙、胡银龙、李慧鹏、张宝旭、李明、林涛等为书稿的部分插图做了 CAD 图件的初始绘制工作；刘训涛和黄成做了岩心中矿层产状的计算机模拟；马远平编写了求解岩心中矿层或断层产状、求解断矿交点的计算机应用程序；董长吉编写了 R-TIN 的 CAD 图形的计算机应用程序；李富成编写了 R-TIN、三角形曲面内产状变化过渡点内插、断矿交点内插的计算机应用程序；张高鑫、倚江星做了矿产勘查三维优化的实例模型；黄成做了矿体削皮的计算机模拟；商宇航做了岩心中矿层产状 B 套数学模型的计算。在此，一并深致谢意。

作 者

2017 年 5 月

目　　录

前言
绪论 ··· 1
第1章　R-TIN/GR-TIN 及其 $\sqrt{3}$ 加密网设计 ·· 4
1.1　传统勘查网型及存在问题、改进方向 ·· 4
1.1.1　传统勘查网型 ··· 4
1.1.2　存在问题 ·· 6
1.1.3　改进方向 ··· 15
1.2　R-TIN/GR-TIN ·· 17
1.2.1　构网方法 ··· 17
1.2.2　坐标计算 ··· 18
1.2.3　特点 ·· 19
1.3　R-TIN 的多形网 ·· 24
1.4　GR-TIN/R-TIN 的 $\sqrt{3}$ 加密网 ·· 26
1.4.1　一级 $\sqrt{3}$ 加密网 ··· 27
1.4.2　二级 $\sqrt{3}$ 加密网 ··· 28
1.4.3　三级 $\sqrt{3}$ 加密网 ··· 30
1.4.4　n 级 $\sqrt{3}$ 加密网 ·· 31
1.4.5　GR-TIN/R-TIN 与其一级、二级、三级 $\sqrt{3}$ 加密网叠置 ······················· 32
第2章　R-TIN/GR-TIN 及其 $\sqrt{3}$ 加密网的应用可行性研究 ······························ 34
2.1　用于煤田勘查的可行性研究 ··· 34
2.1.1　与正方形网对比 ·· 34
2.1.2　钻孔间距与地质可靠程度 ·· 38
2.1.3　储量估算 ··· 42
2.1.4　GR-TIN 及其 $\sqrt{3}$ 加密网的具体方案 ··· 44
2.2　设计或反演案例 ·· 49
2.2.1　地形图缩放设计案例 ·· 49
2.2.2　1∶5万或 1∶2.5万水系沉积物测量设计案例 ·· 50
2.2.3　1∶5万或 1∶2.5万土壤地球化学测量设计案例 ···································· 51
2.2.4　超低密度地球化学填图设计案例 ··· 52
2.2.5　煤田勘探设计案例 ··· 52
2.2.6　煤田勘探反演案例 ··· 55
第3章　旋转虚拟岩心法求解非定向钻孔岩心中断层或矿层产状 ··············· 60

3.1 已有方法概述 ·· 60
3.2 岩心中断层（矿层）产状与其在地下原产状间的解析关系 ··················· 62
   3.2.1 旋转虚拟岩心 ··· 62
   3.2.2 数学模型 ·· 67
3.3 求解方法 ··· 71
   3.3.1 D、E、F、G 类型的方法与步骤 ·· 71
   3.3.2 A、B、C 类型的方法与步骤 ·· 71
   3.3.3 特点 ·· 73
   3.3.4 A、B、C 类型的合理性分析 ·· 74
3.4 公式推导 ··· 76
3.5 实例 ·· 79
3.6 数学模型计算、计算机模拟、赤平投影验证 ······································ 80

第4章 解析法求断矿交点 ·· 88
4.1 本盘断矿交点 ··· 88
   4.1.1 求解方法 ··· 88
   4.1.2 实例 ·· 106
4.2 另一盘断矿交点 ··· 107
   4.2.1 断层两盘矿层产状变化情况下的地层断距 ································ 107
   4.2.2 另一盘断矿交点的求解方法 ·· 108
   4.2.3 实例 ·· 110
4.3 本盘断矿交线方位公式推导 ··· 111
   4.3.1 断层与矿层倾向相反的情况 ·· 111
   4.3.2 断层与矿层倾向相同的情况 ·· 113
4.4 本盘断矿交点公式推导 ··· 114
   4.4.1 钻孔中见断层点高程大于见矿层点高程的情况 ························ 114
   4.4.2 钻孔中见矿层点高程大于见断层点高程的情况 ························ 117

第5章 三角形曲面内产状变化过渡点 ··· 119
5.1 求解方法 ··· 119
5.2 实例 ·· 126
   5.2.1 一级内插结果 ·· 126
   5.2.2 二级内插的结果 ·· 128

第6章 相邻两断矿交点间断矿交线倾伏变化过渡点 ······································· 133
6.1 求解方法 ··· 133
   6.1.1 相邻两断矿交点高程不相等的情况 ·· 134
   6.1.2 相邻两断矿交点高程相等的情况 ·· 138
6.2 实例 ·· 143
   6.2.1 相邻两断矿交点高程不相等的情况 ·· 143
   6.2.2 相邻两断矿交点高程相等的情况 ·· 145

第7章 基于 GR-TIN/R-TIN 和 TTP-$\sqrt{3}$ 曲面细分的三维优化地质模型 …… 147

7.1 三维优化地质模型 …… 147
7.1.1 钻孔设计三维优化 …… 147
7.1.2 建模方法和实例 …… 148
7.1.3 矿层底板等高线图 …… 153

7.2 三角形模型和三角形曲面积分的资源/储量估算方法 …… 154
7.2.1 估算方法 …… 154
7.2.2 误差 …… 155

第8章 总结 …… 157

参考文献 …… 161

附录 R-TIN 基本网用于煤田勘探反演案例中的剖面图 …… 163

绪　　论

　　矿产勘查的特点是在不确定的条件下进行决策,因此,其理论的核心是预测。预测不同于猜测,其区别就在于预测是有理论指导的(赵鹏大,2001)。矿产勘查的预测包含在两个阶段,一是在找矿预查阶段,其目的是千方百计地发现矿层(床);二是在普查、详查和勘探阶段,其目的是在预测的性质上对矿层(床)形态和地质构造进行相对的推断、控制或探明。将这两个阶段的理论与方法结合起来,就组成了矿产勘查的理论与方法。

　　本书内容不包含找矿预查阶段的地质成矿理论和矿床预测理论,只对普查、详查和勘探阶段固体矿产勘查方法(根据不同情况,也简称矿产勘查方法)中的一些问题进行研究与探讨。

　　普查、详查和勘探阶段的矿产勘查方法很重要。例如,钻孔布局不当、钻孔资料挖潜利用程度较低、地质图件编制方法不合理等,将导致勘查成果的可靠性降低。而且,在普查、详查和勘探阶段,随着钻探工程的不断投入,勘查工作的经济性更加凸显,如何以最小的代价(如人力、财力及物力的消耗)、最快的速度获取充分必要的有用信息(赵鹏大,2001)是我们面临的一个难题。近年来,随着相关学科突飞猛进的发展,许多新技术、新方法被引入矿产勘查中,如三维地震、遥感、地理信息系统、全球定位系统、科学计算、计算机制图技术、可视化技术、图形图像处理技术等,它们极大地推动了矿产勘查数字化、信息化的进程(罗智勇,2008),AutoCAD、MapGIS、Longruan GIS、3DMine、SD 系列软件、DGSS 等软件已在很大程度上代替了过去繁重的人工绘图和编图工作,矿产勘查领域的地质建模由原来的二点五维升至三维。但钻探工程仍然是矿产勘查工作中非常重要、不可替代的工作,勘查方法中的钻孔布局、地质分析方法及图件编制方法仍然是影响勘查质量的关键要素。在以往的勘查实践中,由于钻探工程的高成本,往往用较低的密度去应对矿层(床)与地质构造的复杂与多变,这就必然导致矿产勘查质量的降低。随着能源短缺问题的日益严重,或将面临较深部矿产资源、海底矿产资源及低品位矿产资源的勘查所带来的成本日益增大的问题。因此,应大力加强矿产勘查方法的研究,寻求既可降低勘查成本,又可提高勘查质量的途径。

　　矿产勘查学最早的知识体系是苏联学者 V. M. Kreiter 根据苏联第一个五年计划期间在矿产勘查方面积累的经验总结而成的《矿床找矿勘探方法》。该书于 1940 年在我国出版(阳正熙,2011),书中所述的勘查方法即是传统矿产勘查方法,其实质是直线剖面法,是将钻孔设计在直线式勘查线上,钻探工程完工后,先编制倾向和走向系列剖面图,然后将所有勘查线剖面上的断矿交点、与高程线相交的矿层点都投影到矿层底板等高线图中的剖面线上,经过相邻剖面间的地质分析和连接,编制出矿层底板等高线图,并估算资源储量,使矿产勘查成果能够以二维和二点五维的图件形式表达出来。即,该方法是由简约式行列分布的二维垂直剖面架立起的勘查网型、数据挖掘、数据内插、二点五维图件编制方法和资源/储量估算相融合的一个整体。

　　任何理论和方法都是为解决当时某领域的主要问题应运而生的,随着时间的推移、情况的变化和相关学科技术的发展，原有的非主要问题会愈加凸显，并出现新问题。随着新老问题的不断累积和堆砌，必会有新的理论与方法推陈出新。对于传统矿产勘查方法来说也是如此，它诞生时系统论思想尚在萌芽状态，计算机技术还未出现，在当时的条件下，人们只能是先剖面、后整体，且以较稀疏的横纵剖面简略地勾勒出整体，这种勘查思想和方法对于当时的技术水平而言是最切实可行的。它的主要优点是钻孔都布置在直线式勘查线上，为勘查线剖面上的地质分析提供了直观性和方便性。但在简约式行列框架的约束下其不足也日益显著：勘查网均匀布局；弯曲钻孔在剖面图上的校正会不可避免地产生误差，不利于数据挖掘；数据分析与数据内插主要在剖面上，且侧重于数据点间距离的影响，忽视或淡化了方向和夹角的影响；资源/储量估算方法中多以四边形圈定资源/储量块断，影响体积估算的准确性；地质图件编制方法缺少三维的灵活性，在二维垂直剖面和二点五维矿层底板等高线图上均不能很好地表现矿层(床)或构造的形态。这五个方面的弱弱链接使三维地质建模的正确性和准确性停留在无法满足较高程度需求的阶段，只适用于简单地质体的建模，在构造复杂情况的三维断矿对比与分析时无能为力。可见，对于三维精细化地质建模而言，如果不打破"地质图件编制"中直线剖面式的约束，不打破传统勘查网型中钻孔的均匀布局，不解决数据的分析与内插只在剖面上，且侧重于数据点间的距离，而忽视或淡化了方向和夹角的问题，不摒弃地质分析和资源/储量估算中普遍应用的四边形法的粗略性，不改变先剖面后平面的图件编制顺序，则三维精细化地质建模的理想从理论上来说是不可能实现的，除非钻探成本很低，可以不计较钻孔密度。有些多年从事矿产勘查实践的专家对此也早有深刻的认识，如西安科技大学的樊怀仁在曹代勇等编著的《煤炭地质勘查与评价》一书中提出"在勘查工程布置系统上，从均匀的勘探线和勘查网系统向不均匀的复合勘探系统方向发展"(曹代勇等，2007)。

目前，对于三维地质建模而言，采用非剖面的方法建模，如直接点面法、三棱柱、混合建模等方法制作三维地质模型的理论已较成熟，主流矿业软件可根据钻孔、探槽、探井、物探资料交互式生成轮廓线，根据地质规律交互式建立地质模型，根据地质统计方法或其他方法插值生成块体模型，如 Vulcan、Datamine、MineSight 等软件(杨东来等，2007)。但在我国矿产勘查的实际工作中，所用勘查方法仍然是传统的矿产勘查方法。

地质空间关系解释是地质研究中最艰难的工作。在断层交错分割、断层与矿层(床)产状多变的情况下，以二维的剖面图和二点五维的平面图难以表现矿层(床)赋存的复杂性，以所有的平面图和剖面图为依据在大脑中建立起矿层(床)与构造三维形态的工作，即使对于有长期工作经验的地质专家也是很难的。因此，以三维优化的勘查方法建立三维优化的可视化地质模型来解释勘查区内复杂的地质空间关系，并以此指导后续的矿产勘查、矿井建设与开采一直是地质人的梦想。从其起步开始，矿产勘查方法中就蕴含了三维优化的雏形。在之后的时间里，人们在矿产勘查领域所做的一切努力均是为了向更好的三维优化的目标前进，如三维地震、3D 定向钻孔雷达系统、岩心 CT 扫描设备、SD 法等。

本书所探讨的固体矿产勘查三维优化方法的思路如下：第一，在进行钻孔设计时，打破直线剖面法的壁垒，在系统工程思想的指导下，在降低钻孔密度的前提下，以交错分散、疏密相间和呼应配合的复杂网络期望获得更加合理的数据分布；第二，通过对岩心资料的深层次挖掘获得隐含的产状信息，并以此为基础使求解和内插的断矿交点数据、内插的矿层(床)与断层曲面产状变化关键点的数据均为向量;第三,在多方向地质分析的基础上,利用实际钻孔数据、分析数据和内插数据通过矿层(床)与断层分别建模的方法建立三维地质模型;第四,灵活设计、调整未施工钻孔,实现重点处稠密钻孔、一般处疏以呼应的详略得当的钻孔布局,并进行下一阶段钻孔的三维优化设计;第五,采用三角形模型法或三角形曲面积分法估算资源/储量;第六,剖切所需剖面。这样,就不需要以剖面图为基础,也不需要将弯曲钻孔投影到剖面上,因此,不限于直线式剖面、不限于勘查网型,只要钻孔布局有利于地质分析即可。这种勘查方法属于非剖面勘查法。

截至目前,本书内容是作者在该方面理论研究、案例反演、计算机模拟和研发软件应用的总结,并未在勘查实践中应用。究竟效果如何,还需时间检验。

第1章 R-TIN/GR-TIN 及其 $\sqrt{3}$ 加密网设计

在未知、略知及少知矿层(床)和构造赋存形态的预查、普查和详查阶段布局钻孔,只能以更好的分散性实现对矿层(床)和构造的多方向兼顾控制,同时,为勘探阶段钻孔的合理布局奠定基础。本章设计了一种以顶点处各有一个钻孔、内部有三个钻孔的正方形的旋转和拼接实现钻孔间三角形的交错分散及黄金分割的非均匀三角形矿产勘查网。

1.1 传统勘查网型及存在问题、改进方向

影响勘查程度的主要因素是勘查网型、勘查工程密度和地质研究三个方面。勘探网型和勘查工程密度在一定程度上提供又限制了地质研究的方便性和可靠性。即,对于地质研究而言,勘探网型和勘查工程密度是最基本的保障,但同时又可能成为束缚之绳。在钻孔数量相同(总体勘查工程密度相同)的情况下,以不同勘查网型的钻孔资料为基础进行的地质研究和编制的勘查图件必然会有所差异,或差异较大。勘查网型对于地质研究及勘查程度的影响是重要的。

1.1.1 传统勘查网型

传统勘查网型有正方形网、长方形网、菱形网、三角形网、正三角形网和五梅花形网,如图1.1所示。传统网型间的关系见表1.1。

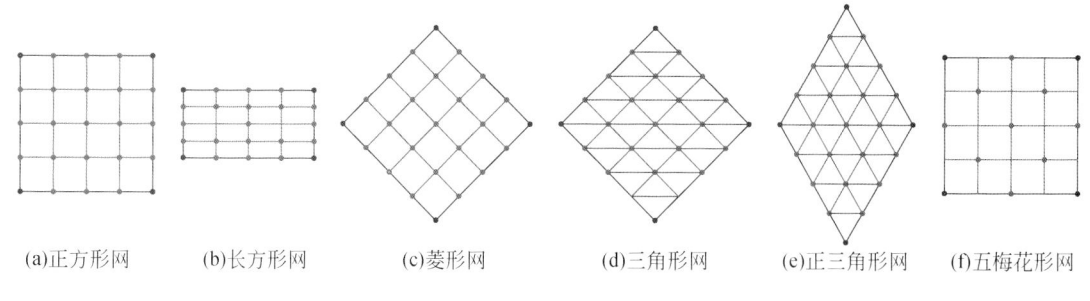

(a)正方形网 (b)长方形网 (c)菱形网 (d)三角形网 (e)正三角形网 (f)五梅花形网

图1.1 传统勘查网型示意图

表1.1 传统网型间关系表

网型	网型间关系	适用	钻孔数量	走向倾向控制	整体控制	应用
正方形网	基本网型	倾角小	标准	B−、B−	B−	普遍
长方形网	正方形网的一个方向缩短	倾角大	多于正方形网	B−、A	B	普遍
菱形网	正方形网旋转45°	倾角小	同正方形网	C、C	C	少

续表

网型	网型间关系	适用	钻孔数量	走向倾向控制	整体控制	应用
三角形网	在菱形网的基础上连接一组方向的对角线	倾角小	同正方形网	C、C+	C+	少
正三角形网	平行于正三角形三边的三方向网络	倾角小	略多于正方形网	C-、A	B	少
五梅花形网	正方形中心有控制点的嵌套正方形网	倾角小	少于正方形网	C-、C-	C-	少

注:A 为优,B 为良,C 为中;"+" 为强,"-" 为弱

正方形勘查网是在正方形网的节点处布设钻孔的勘查网[图 1.1(a)]。它的优点是,两组剖面的方向分别近于矿层(床)或构造的走向和倾向方向,易于人们感知和认识矿层(床)和构造在不同走向段和倾向段的形态,并在此基础上建立其整体形态;剖面图中的钻孔间距是正方形网中的边长方向,与对角线方向相比相对较小,有利于确定或推断矿层(床)或构造是否连续;有利于根据走向和倾向剖面图编制矿层底板等高线图。它的缺点是,在边长不是很小的情况下,相邻走向钻孔间的倾向条带易隐藏倾向断层,相邻倾向钻孔间的走向条带易隐藏走向断层。它为最常用的勘查网型。

长方形勘查网是在长方形网的节点处布设钻孔的勘查网,它一般是根据矿层(床)的倾斜情况将正方形网沿倾向(或走向)方向的边长适当缩短而成,是正方形网的变形网[图 1.1(b)]。它的特点是,所需钻孔数量增加,短边方向的勘查线间仍然容易隐藏断层。该网型也较常用。

菱形勘查网是在菱形网的节点处布设钻孔的勘查网[图 1.1(c)]。它的优点是,形成了五梅花式的钻孔分布,使两组对角线方向的控制间距均缩小到边长的 0.707 倍,有利于对断层等地质构造的捕捉。它的缺点是,边长方向的两组剖面图可能既不近于走向方向,又不近于倾向方向,而是斜向剖面,与人们从倾向和走向两方向分析研究矿层(床)和构造的习惯不一样,不利于人们感知和认识矿层(床)和构造在走向和倾向方向的形态变化;而走向和倾向方向均近于对角线方向,与边长方向相比,相邻钻孔间距离偏大,不利于确定或推断矿层(床)或构造是否连续。该网型很少使用。

三角形勘查网是将菱形网中一组对角线方向连线后而得的每一个菱形都分割为两个三角形的三角形网,是菱形网的变形网[图 1.1(d)]。它的特点是,边长方向剖面的情况与菱形网相同;不同之处是,与菱形网相比,虽然多编制了一组对角线方向的剖面,便于从三个方向对矿层(床)整体形态进行分析研究,但缺少与该组对角线方向垂直的另一组对角线方向的系列剖面图,当这组缺少的剖面图近于倾向或走向方向时,不便于地质分析与研究。该网型也很少使用。

正三角形勘查网是在正三角形网的节点处布设钻孔的勘查网[图 1.1(e)]。它的特点是,三组方向剖面间的夹角均为 60°,若选择其中任何一组为倾向剖面或走向剖面的方向,则余下的两组均为斜向剖面,而不能作为与所选倾向或走向剖面配套的走向或倾向剖面;与正方形网相比,钻孔数量相同时控制的勘查面积略小;与三角形网相比,走向和倾向两方向剖面中,一方向钻孔间距小,另一方向钻孔间距大。该网型也很少使用。

五梅花形勘查网是在原正方形网中每个正方形中心处增加一个钻孔,并将新增加钻孔

按正方形连接,然后与原正方形网联合组成的新网[图1.1(f)]。它的特点是,与在原正方形网基础上田字格式加密而成的正方形网相比,节省了$(2i-1)(2j-1)-ij-(i-1)(j-1)$个钻孔($i$和$j$分别为原正方形网的排数和列数),但剖面上钻孔间距均增大一倍。五梅花网一般用于最后勘查阶段的局部区域。当地质条件简单时直接用五梅花网加密,复杂时先用田字格式加密,然后再用五梅花网加密。

1.1.2 存在问题

传统勘查网型存在一些共性问题,下面以煤田二类二型勘查区勘探阶段500m×500m正方形勘查网为例进行分析。

1. 单一勘查网型不能对煤盆地整体进行较好勘查

以煤盆地作为勘查范围时,单一的传统勘查网型不能对煤盆地整体进行较好的勘查,一般需将正方形网、长方形网、五梅花形网与放射状网(正方形网或长方形网的变形)衔接使用,如图1.2所示。

2. 断层捕捉率较低

在传统勘查网型中,钻孔均匀分布,这对于在较大范围内面状赋存的煤层而言,其控制或查明相对容易,而对于条带状延伸的断层而言,其控制或查明则较难。因此,虽然对断层的控制或查明是煤田勘探阶段勘查工作的一项主要内容,但其在实际工作中的随机性较大,尤其是走向和倾向断层,如图1.3中A矿的F3、F9、F38、F65、F70、F71、F72、F84这8个较大的走向或倾向断层中,有6个断层在1000~2000m的延长范围内没有钻孔控制,得以隐藏,图1.4中B矿的F32、F78两断层也分别在1000m和2000m的延长范围内得以隐藏,它们的存在均是在三维地震资料的基础上,依据井巷工程的实际揭露得以证实的。

设煤系地层厚度为1000m,较难控制的高角度断层的倾角为75°,则在垂直断层走向方向上可以控制到断层的距离约为267m(1000m/tan75°)。在500m×500m的正方形勘查网中,相邻走向或倾向钻孔间的倾向或走向条带对倾角75°的倾向或走向断层的捕捉率约为53.4%(267m÷500m);对角线方向上相邻钻孔间的距离从两侧被另一对角线方向上的钻孔间接地平分控制,变为两个354m(707m÷2),其对倾角75°的斜交断层的捕捉率约为75.5%(267m÷354m)。在此情况下,相邻两勘探线间中部的长条形条带,断层捕捉率较低、地质研究程度也较低,作者将其称为"弱区",如图1.5所示。由于断层走向变化的波幅较小、波长又较大,只要"弱区"呈直带形分布,断层就可能被隐藏。从图1.5中可见,走向和倾向两方向的"弱区"直带明显宽于对角线方向的"弱区"直带,即倾向或走向断层更易隐藏(图1.6),尤其是高角度断层。

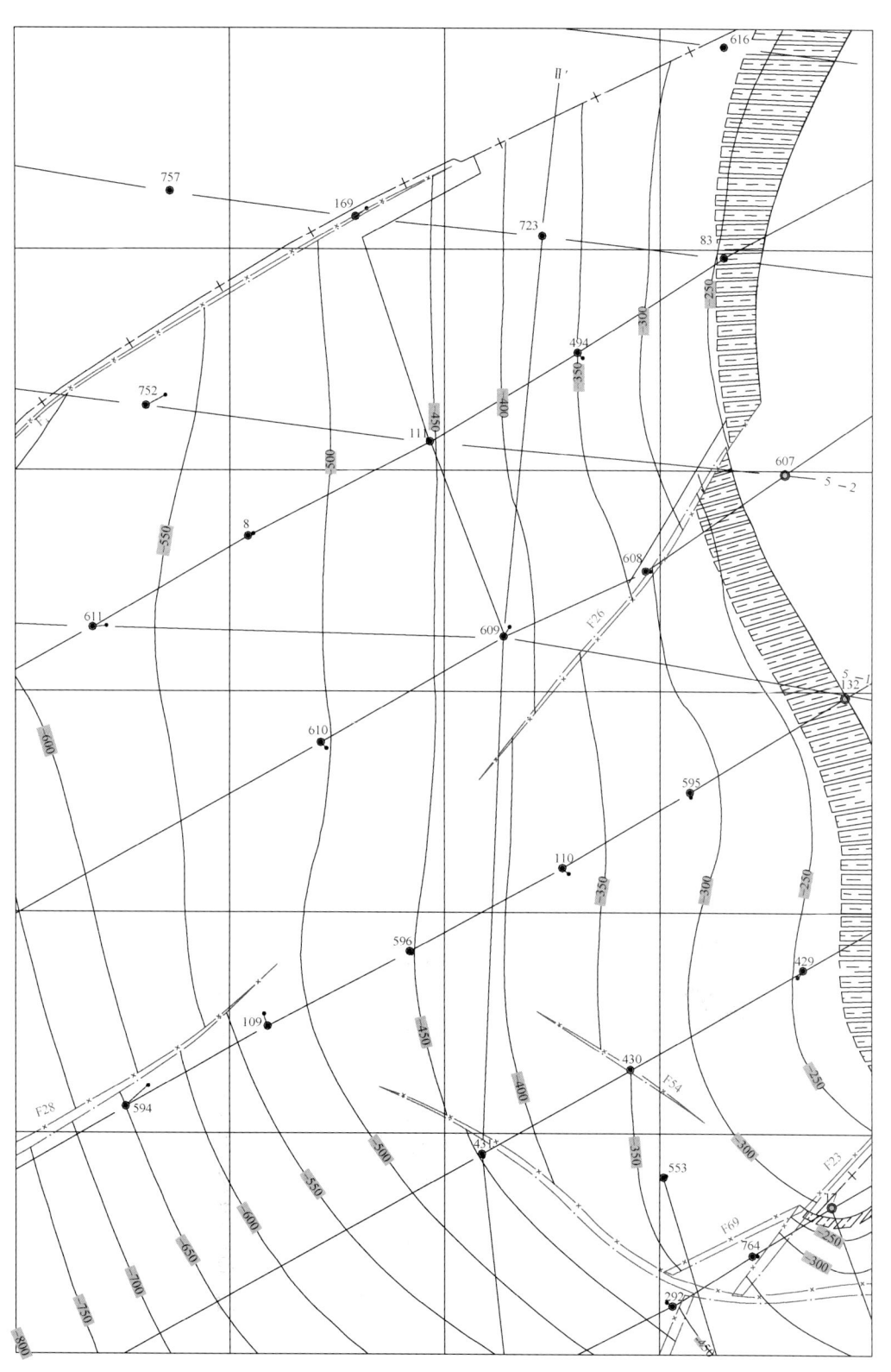

图1.2 煤盆地弯曲处勘探线变化实例图

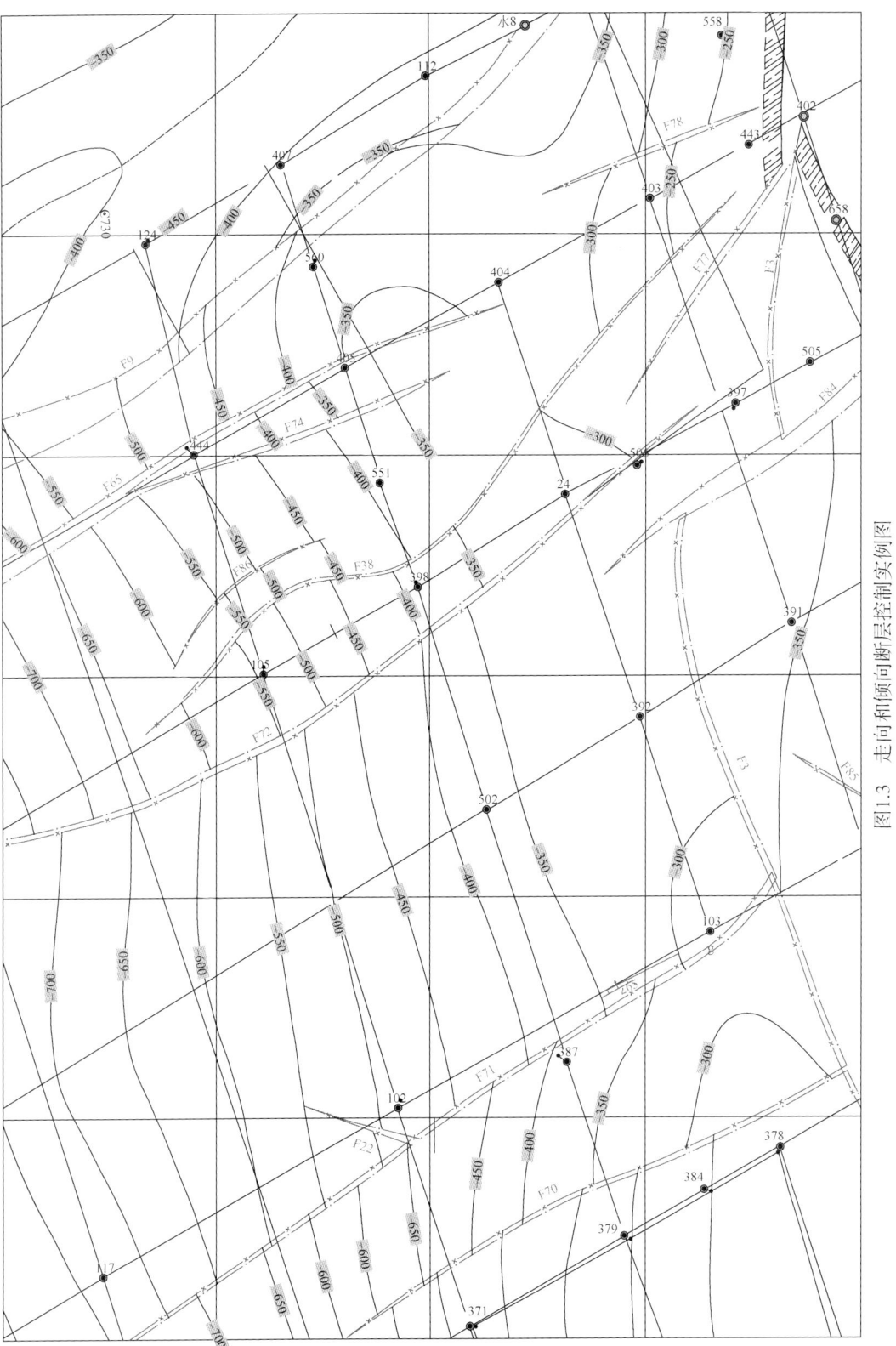

图 1.3 走向和倾向断层控制实例图

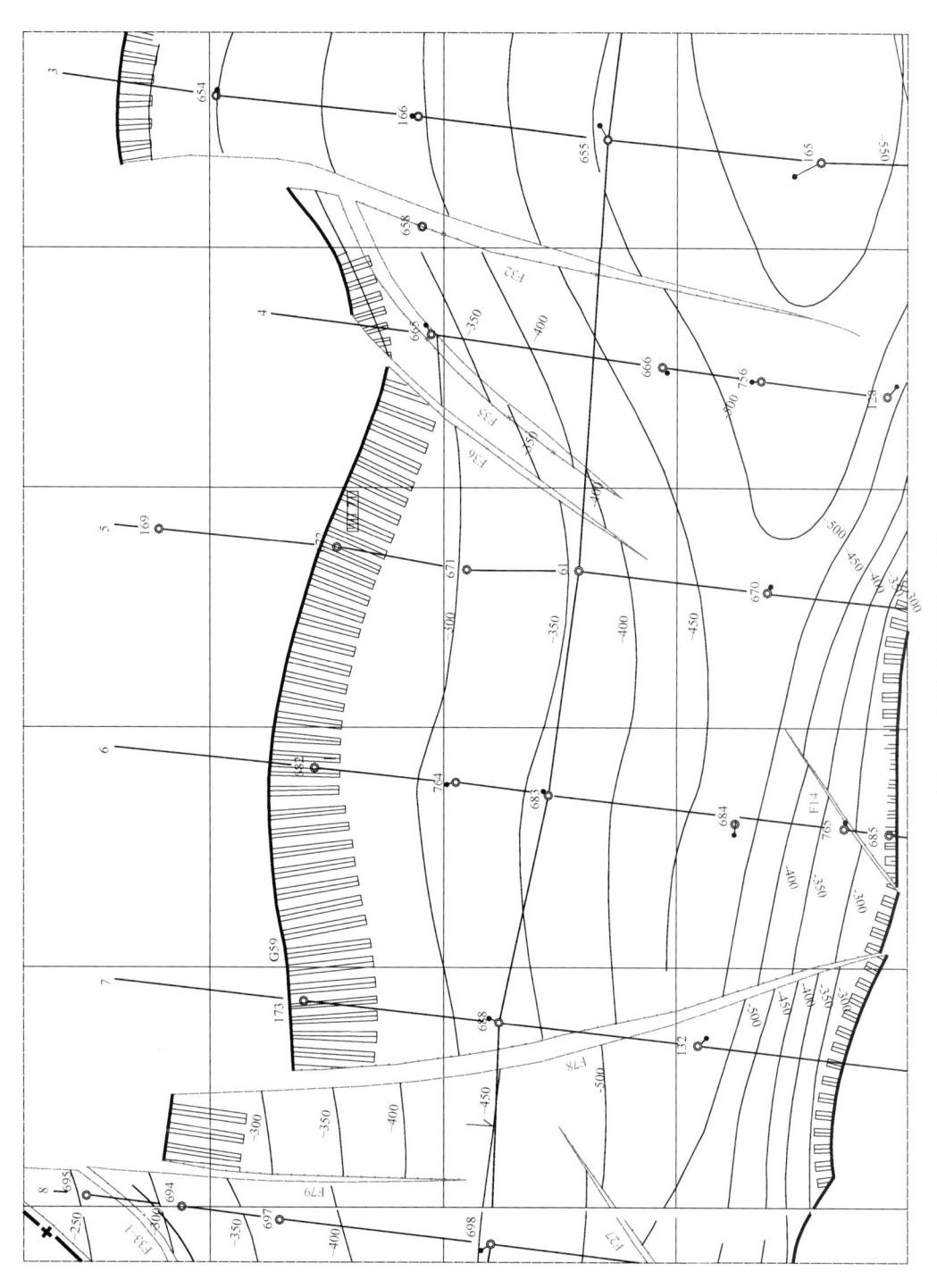

图1.4 倾向断层控制实例图

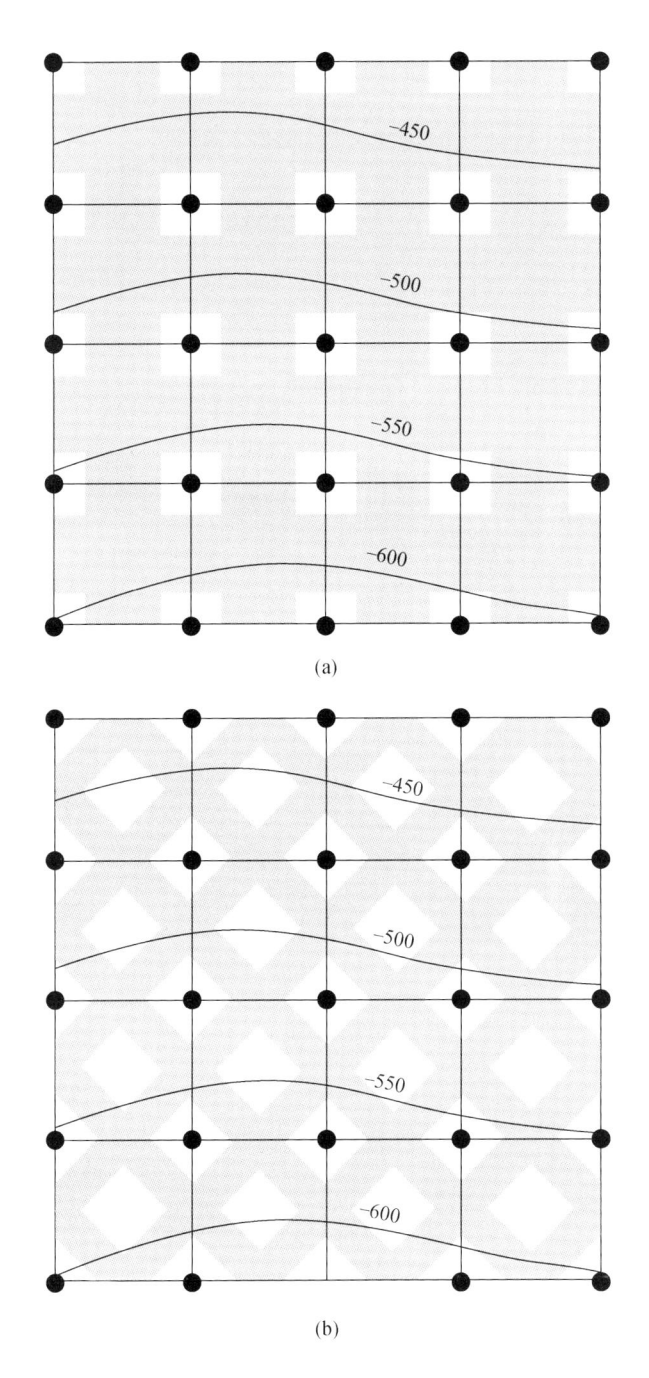

图 1.5　正方形勘查网内"弱区"示意图

灰色条带为"弱区",图(a)为走向和倾向方向的"弱区",图(b)为对角线方向的"弱区"

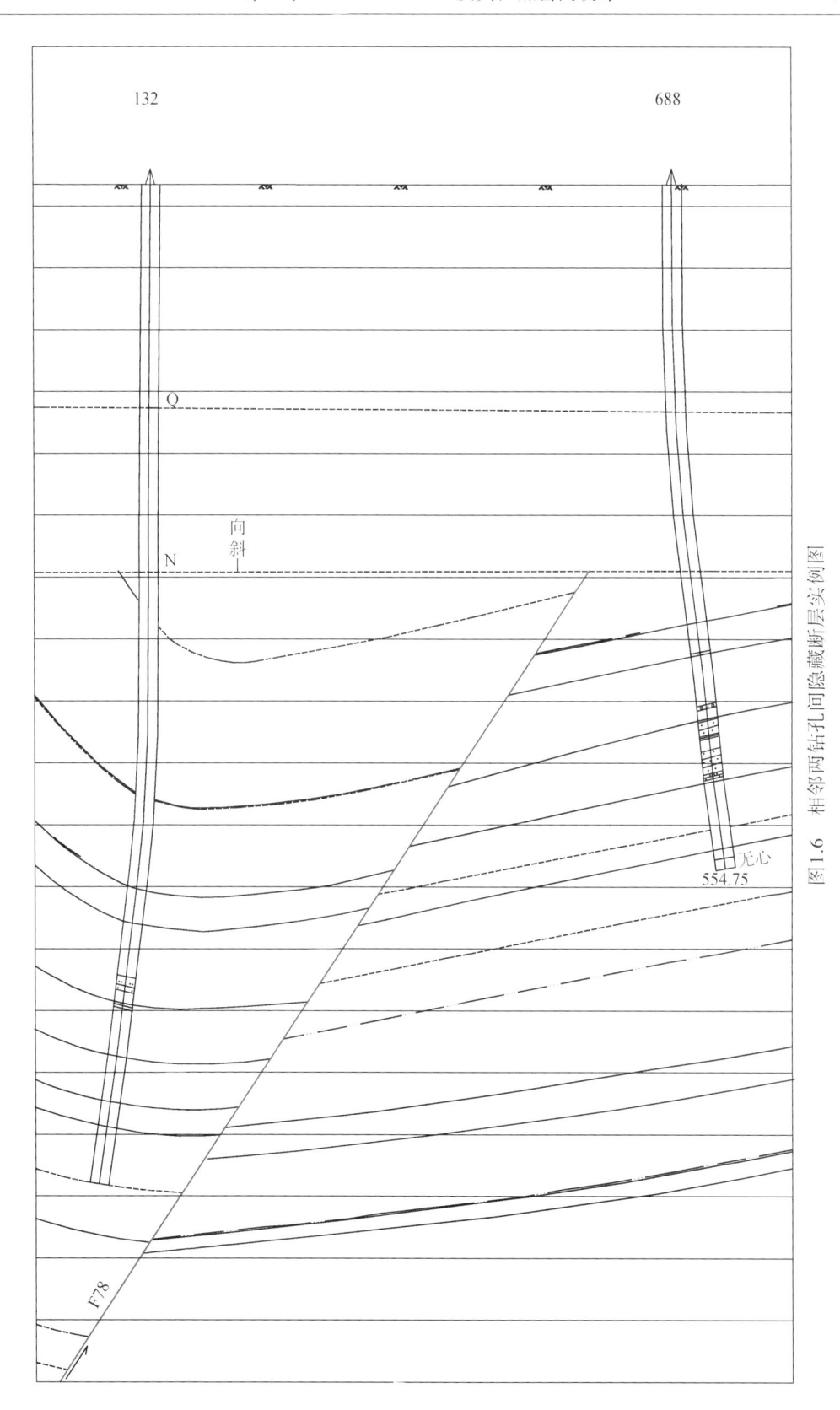

图1.6 相邻两钻孔间隐藏断层实例图

因此,需改进勘查网型,使"弱区"的形态不利于隐藏断层。

3. 不利于煤层控制

1) 确定煤层产状所用三角形的不利

在 500m×500m 正方形勘查网中,用三点法确定煤层产状时,所用的三角形均为直角三角形,且面积较大,为 0.5×500m×500m,将此面积内的煤层当做产状不变的空间平面。而实际上,此面积内煤层产状变化的可能性很大,加之三点法确定地质产状时直角三角形与锐角三角形相比具有明显的不利,使所求煤层产状误差较大。长方形网和放射状网也存在这一问题。

2) 钻孔布局对控制煤层走向变化的不利

对于煤层产状的控制可归为走向和倾角控制两个方面,这两个方面的相对重要性根据具体情况而不同。在褶曲发育地区,对于煤层走向的控制更为重要。若走向控制得不好,则无法进行水平运输大巷、采区和回采工作面的设计,在煤层平巷见断层时也无法准确找到另一盘煤层。这一问题在正方形网和长方形网中均普遍存在。对于煤层走向的控制,如果勘探线垂直煤层总体走向呈直线式,则在该线上一排钻孔所处的同一条带内,各处的煤层底板等高线大致平行,变化不大,即用多个钻孔所控制的煤层底板等高线的走向值相近,而相邻两倾向勘探线间中部的条带内煤层底板等高线的走向变化则没有钻孔控制,如图 1.7 所示。当煤层底板等高线变化较大时一般用加密钻孔来解决,需增加钻探工程量。实际工作中,这样的情况较常出现。

3) 剖面上相邻两钻孔间的煤层或断层线的连接没有考虑两侧邻近处情况的影响

剖面上相邻两钻孔间的煤层或断层线均是在没有钻孔中煤层或断层产状依据的情况下,将相邻两钻孔中的见煤点或见煤投影点、见断层点或见断层投影点顺势连接而成,没有考虑两钻孔间剖面两侧邻近处的情况,影响其正确性和准确性,进而影响断矿交点的准确性。由图 1.8 可知,断层的连接有多种可能,煤层的连接也有多种可能,使断矿交点的位置更有多种可能,如 a、b、c、d 等。这种对于向量因素进行的非向量连接在煤层和(或)断层产状稳定时影响不大,但在其不稳定时则影响较大。

4. 断煤交点准确性较低

煤田勘查成果的最主要图件是煤层底板等高线图。在该图上,断层的控制或查明程度,依赖于断煤交点位置的准确程度。而断煤交点的位置恰好位于钻孔中的概率特别小,所求断煤交点的位置大多是从剖面图中推测的。在不同方向的剖面图中,所推测断煤交点的准确性是不同的。

如图 1.9 所示,剖面方向为见煤点与见断层点之间的直线方向,设剖面方向距 Y 轴较 X 轴近;钻孔见断层点坐标为 $A(X_f, Y_f, Z_f)$,在该剖面中的坐标为 (Y'_f, Z_f);钻孔见煤点坐标为 $B(X_m, Y_m, Z_m)$,在该剖面中的坐标为 (Y'_m, Z_m);断煤交点为 C;煤层伪倾角为 α',断层伪倾角为 β'。

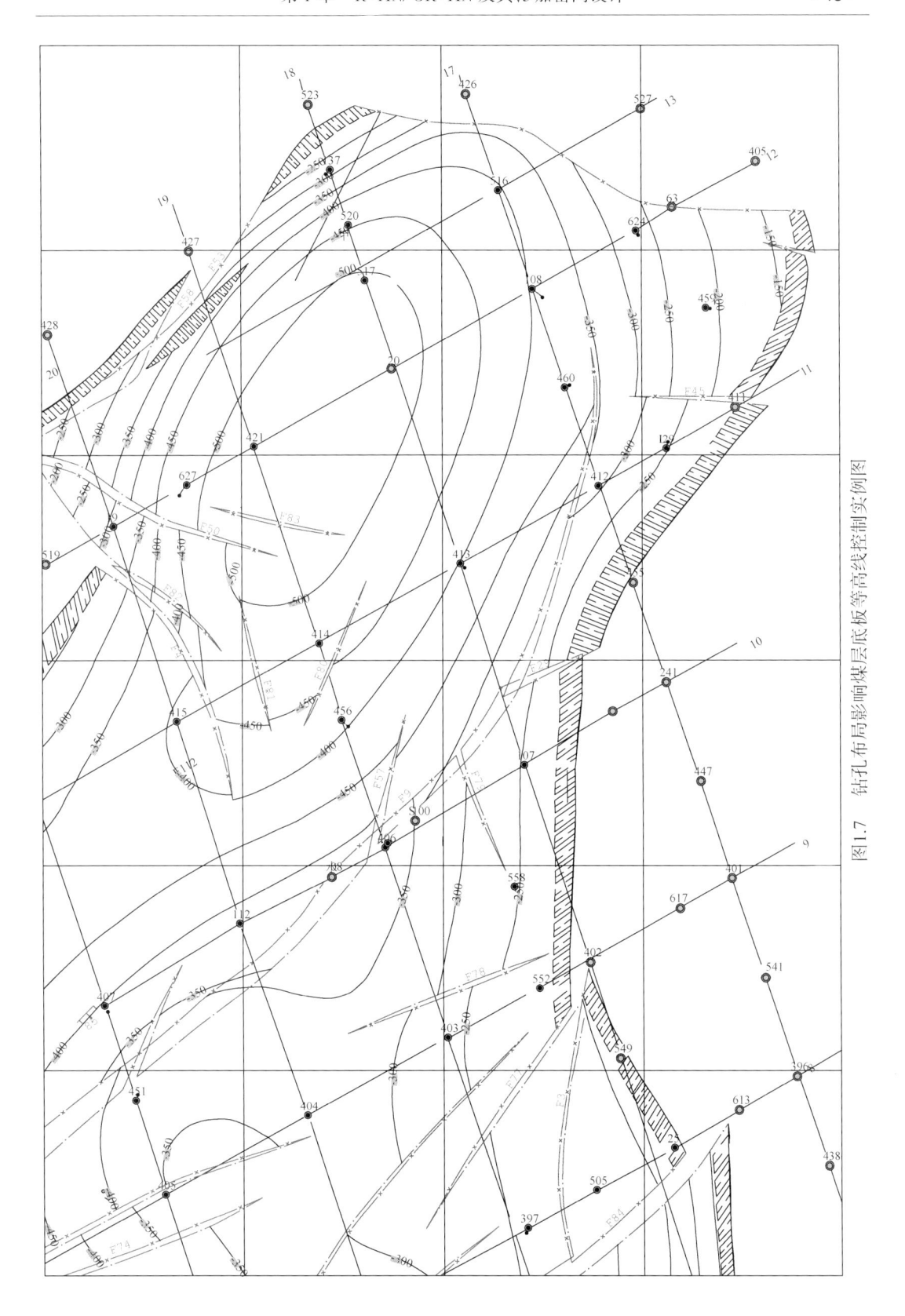

图1.7 钻孔布局影响煤层底板等高线控制实例图

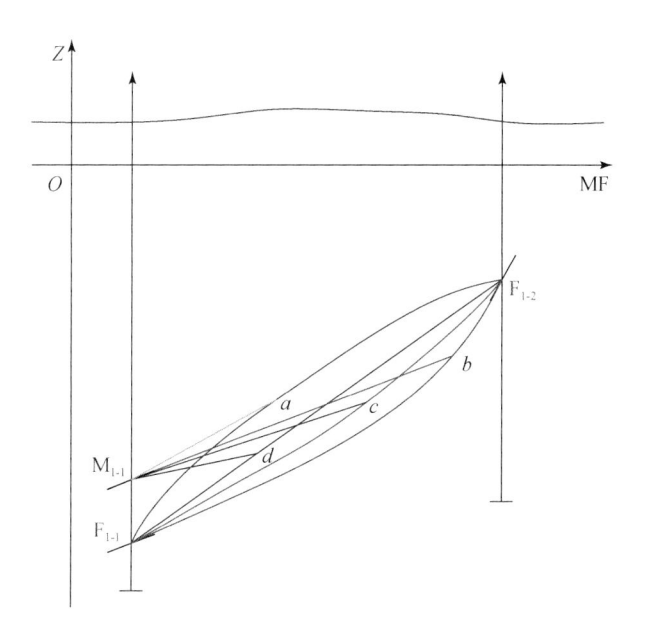

图 1.8　剖面上相邻钻孔间煤层线或断层线连接可能性示意图

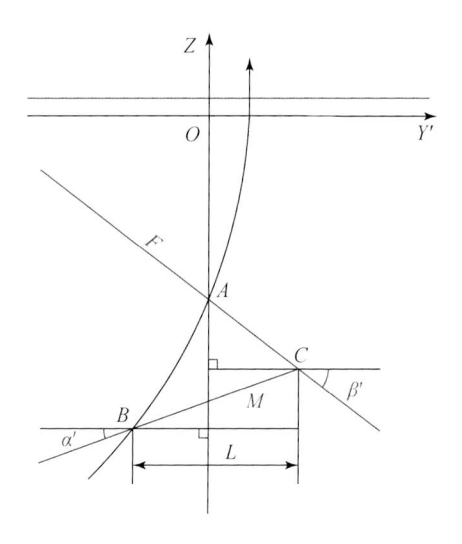

图 1.9　剖面上断煤交点示意图

首先，为计算方便，以过 A 点铅直向上的方向为 Z 轴，Z 轴上的 ±0 高程点为坐标原点，过 O 点的 BA 方向为 Y' 方向，建立平面直角坐标系 $Y'OZ$。在该坐标系内，$Y'_f = 0$。

将 A 点坐标 (Y'_f, Z_f) 和断层伪倾角 β' 代入直线方程 $y = kx + b$ 中，有

$$Z_f = Y_f \cdot \tan\beta' + b_f$$
$$b_f = Z_f - Y'_f \cdot \tan\beta'$$

断层线 AC 的方程为

$$Z = Y' \cdot \tan\beta' + Z_f - Y'_f \cdot \tan\beta' \tag{1.1}$$

将 B 点坐标 (Y'_m, Z_m) 和煤层伪倾角 α' 代入直线方程 $y = kx+b$ 中,有

$$Z_m = Y'_m \cdot \tan\alpha' + b_m$$
$$b_m = Z_m - Y'_m \cdot \tan\alpha'$$

煤层线 BC 的方程为

$$Z = Y' \cdot \tan\alpha' + Z_m - Y'_m \cdot \tan\alpha' \tag{1.2}$$

将式(1.1)、式(1.2)联立,得

$$Y' = |Z_m - Z_f| + Y'_f \cdot \tan\beta' - Y'_m \cdot \tan\alpha' | / |\tan\beta' - \tan\alpha'| \tag{1.3}$$

将 Y' 代入式(1.1)或式(2.2)中求得 Z,点 $C(Y', Z)$ 即为断煤交点在平面直角坐标系 $Y'OZ$ 中的坐标。

设 L 为断煤交点 C 到见煤点 B 的距离,则

$$L = |Y' \pm Y'_m| = |Z_m - Z_f| + Y'_f \cdot \tan\beta' - Y'_m \cdot \tan\alpha' | / |\tan\beta' - \tan\alpha'| \pm Y'_m| \quad (冯彬等,2014) \tag{1.4}$$

式中,±的含义如下,见煤点与断煤交点位于钻孔中心线同一侧时取-,否则取+。

断层倾角一般较大,常在 60°~80°,该范围内的正切值相对较大,且其变化率急剧增大,每5°的变化率在 0.72%~10.05%;而煤层倾角一般较小,常在 5°~40°,该范围内的正切值相对小得多,且其变化率也相对小得多,每5°的变化率在 0.15%~0.24%。在 β' 大于 α' 的一般情况下,β' 是 Y' 计算式中分母的主体、分子中的一个较主要成分中的一个因素,而 α' 以加或减的关系在计算式的次要成分中出现。这样,对 L 来说,β' 的影响权重比 α' 大得多。只有在 α' 大于 β' 的情况下,α' 的影响权重才比 β' 大。

因此,在断层较陡而煤层较缓的情况下,勘探线方向的选择应重视 β' 的影响,尽量垂直于断层走向方向,以保证断煤交点到钻孔见煤点的距离较近。断煤交点到钻孔见煤点的距离越近,则断层和煤层在剖面内的产状变化对于断煤交点位置的影响越小,所得断煤交点的准确性越高。

在煤田勘查的实际工作中,勘探线方向大多垂直于煤层总体走向,而不是垂直于构造总体走向,致使断煤交点的准确性不高,对指导矿井生产不利。

5. 地质图件准确性不高

由于断层捕捉率较低,煤层和断层产状及断煤交点的准确性均不高,加之钻孔均匀分布(没有相对的密集区和稀疏区),且方向少,不利于邻近处地质情况的推测和多方向断矿对比,据此所编制地质图件的准确性不高,影响其实用性。

6. 适用于煤层稳定、构造简单地区

因在煤层和断层控制方面的粗略性,只适宜于煤层稳定、构造简单的勘查区,对于煤层较稳定或构造中等的勘查区已不适合,对于煤层不稳定或构造复杂的勘查区则更不适合。

1.1.3 改进方向

长期以来,我们侧重于对各矿种的钻孔间距(勘查工程密度)提供非限制性的参考资料,

并积累了很多经验,而对于网型和地质研究程度两方面的探讨则相对较弱。随着矿产勘查向海洋地质、较深部及深部地质拓展,缩小钻孔间距更将提高勘查成本。因此,以现行各矿种参考性钻孔间距所计算的勘查区钻孔总数为参照,在不增加钻孔数量的前提下,通过加强网型和地质研究程度来提高勘查成果质量的重要性日益凸显。

网型影响断层的捕捉率、矿层底板等高线的准确性和地质分析的方便性。断层的捕捉率高可使断块边界的准确性高,矿层底板等高线的准确性高可减小矿产资源/储量估算的误差。地质分析的方便性有利于地质分析结果的正确性。因此,网型是地质研究的基本保障,勘探网型的改进是提高勘查质量的必由之路。

作者认为,只有以有利于多方向地质分析的勘查网型为基础,才能更有效地对矿层(床)和地质构造进行综合分析,提高控制或查明程度,在此基础上才可以更好地进行三维精细化地质建模的研究工作。具体而言,勘查网型的改进应重视以下几个方面。

1. 钻孔布局的大曲率交错状

在没有一个钻孔实见断层的情况下,断层的位置、落差和产状是无法分析和确定的。较高的断层捕捉率才可提高断块边界、矿层底板等高线及所估算矿产资源/储量的准确性。在此基础上,即使在断块内的局部区域对矿层控制得不好,增加钻孔对其进行进一步控制远比在没有一个钻孔见到断层时对断层的捕捉要相对容易。因此,在网型的功能中,对断层的捕捉率应是一个重要的研究方面。

在传统的勘查网型中,相邻两勘探线中部的"弱区"直且宽,易隐藏断层。因此,应对"弱区"的形状进行改进,使其有利于捕捉断层。如果"弱区"的曲率远大于断层沿走向延伸的一般曲率,且弯曲处较多,就不利于在较长距离内隐藏较大断层;如果钻孔布局呈交错分布,也不利于在较长距离内隐藏较大的断层。因此,大曲率交错状是钻孔布局改进的一个方向。

同时,大曲率交错状的钻孔布局可以对矿层底板等高线的大曲率变化进行较好的控制,这样,单一网型即可对矿田整体进行较好的勘查。

2. 钻孔、控制块及控制条带疏密相间、呼应配合

在钻孔数量相同的情况下,采用不同的钻孔布局方式会形成不同的"弱区"形状和"弱区"组合,产生不同的断层捕捉率。这一问题就是钻孔间的呼应与配合问题。如果使钻孔、控制块及控制条带疏密相间、呼应配合,则可以从多方向提高断层捕捉率和矿层底板等高线控制程度,并能够以对钻孔密集处较高的矿层和(或)断层的控制程度为基础对钻孔相对稀疏的邻近处进行趋势分析。这是我们急需加强研究的网型改进问题中的重点。

3. 不能用勘探线束缚钻孔及网型

传统勘查网型将钻孔束缚在直线勘探线上,并以此束缚网型。因此,应考虑设计部分钻孔的灵活性不受直线勘探线束缚的复杂勘查网,以有利于通过钻孔间更好的呼应配合来提高网型的整体功能。

4. 以有利于地质分析作为网型评价标准

剖面图是勘查图件中很重要的一类图件。剖面图中矿层和断层的控制不能只依靠提高钻孔密度来解决,而应辅以局部地质规律的分析来提高。即,不应简单地要求剖面上钻孔密度大,而应充分利用勘探线两侧距离较近处的钻孔资料进行地质分析,提高剖面上矿层和构造与所在局部区域地质规律的符合程度,并以此作为网型评价的一项标准。

综上所述,勘探网型的改进方向为,在不增加钻孔数量的前提下,以疏密相间、呼应配合的大曲率交错状网型研究为重点,以提高断层捕捉率、提高矿层底板等高线和断矿交线的准确程度为难点,以部分钻孔的灵活设计为切入点,以有利于地质分析,可以编制出高质量地质图件为目的。(黄桂芝等,2011c)

1.2 R-TIN/GR-TIN

1.2.1 构网方法

通过旋转顶点、边上和内部设有钻孔的正方形并拼接成正方形配套单元,再通过平移复制配套单元,以相邻三角形连接形成旋转交错的非均匀网,即为旋转式不规则三角形网(rotary triangulated irregular network, R-TIN),如图1.10所示。

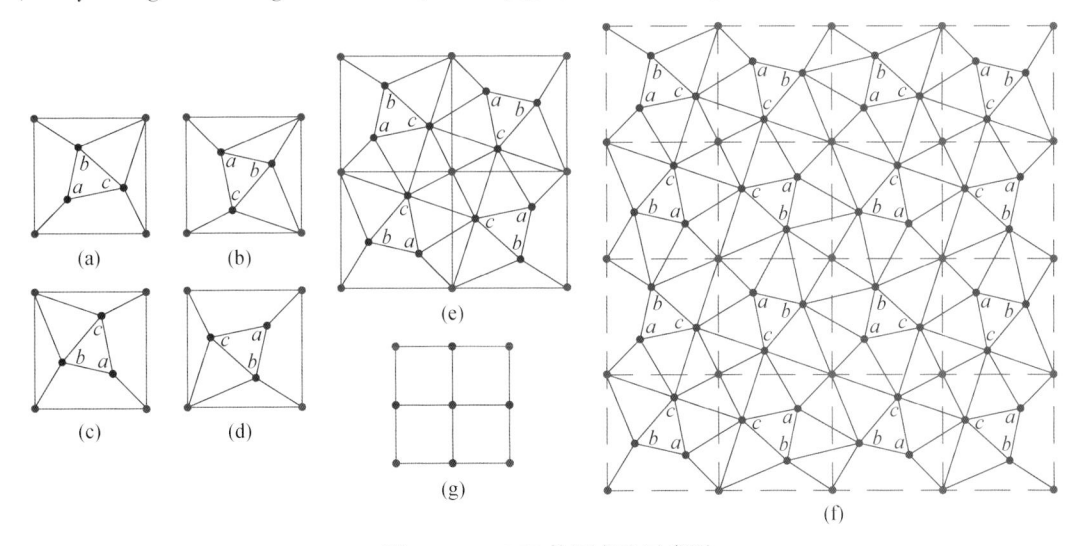

图1.10 R-TIN构网方法示意图

(a)基本单元1示意图;(b)基本单元2示意图;(c)基本单元3示意图;(d)基本单元4示意图;(e)方配套单元示意图;(f)以配套单元为复制单位,进行平移复制的旋转网示意图;(g)正方形网示意图

构网方法与步骤如下:

(1)在基础正方形的四个顶点各布置一个采样点,在基础正方形内分散布置三个采样点a、b、c,三点连接成三角形,从基础正方形的四个顶点中选取一个顶点,该顶点至正方形内部

三角形中相邻两个顶点间连线中点的连线与三角形中这两个相邻顶点连线间所构成的夹角近似直角,把选出来的这个正方形顶点处的采样点和内部三角形中与其相邻的两个顶点处的采样点分别连接,过基础正方形的其余三个顶点分别向基础正方形内部三个采样点中就近的采样点连线,形成基本单元1[图1.10(a)]。

(2)将基本单元1中的三点分别逆时针旋转90°、180°和270°形成基本单元2[图1.10(b)]、基本单元3[图1.10(c)]和基本单元4[图1.10(d)]。

(3)依次分别选择基本单元1、2、3、4作为起始单元,按照左上、左下、右下、右上的位置,以正方形顶点处采样点重合的方式拼接,连接配套单元中相邻两个基本单元公共边两侧、分别处于两基本单元内的三角形顶点处的采样点,并使以连线为公共边的相邻两三角形的6个内角中最小者较大,可得正方形配套单元的4种配套方案。在其中选择一种作为采用的配套单元[图1.10(e)]。

(4)以配套单元为复制单位,以配套单元边框上采样点重合的方式重复平移复制配套单元,连接相邻两个配套单元中相邻两个基本单元公共边两侧、分别处于两个基本单元内的距离最近的三角形顶点处的采样点,并使以连线为公共边的相邻两三角形的6个内角中最小者较大,形成R-TIN[图1.10(f)]。所述R-TIN是除正方形边上相邻两顶点处采样点外任意两个邻近采样点间的连线,或是按TIN的Delaunay原则重新连接而成的网。

(5)根据对矿层(床)走向或倾向变化控制的需要将基础正方形一个方向的边长适当缩小,使之成为长方形,内部所有采样点的位置按照缩小比例调整(黄桂芝,2011a,2011b)。

1.2.2 坐标计算

在配套单元中,以左下角的基本单元2、右下角的基本单元3、右上角的基本单元4、左上角的基本单元1分别作为01正方形、02正方形、03正方形、04正方形,设配套单元中正方形的边长为L,01正方形、02正方形、03正方形、04正方形内部的三个采样点分别为(X_{1a}, Y_{1a})、(X_{1b}, Y_{1b})、(X_{1c}, Y_{1c}),(X_{2a}, Y_{2a})、(X_{2b}, Y_{2b})、(X_{2c}, Y_{2c}),(X_{3a}, Y_{3a})、(X_{3b}, Y_{3b})、(X_{3c}, Y_{3c}),(X_{4a}, Y_{4a})、(X_{4b}, Y_{4b})、(X_{4c}, Y_{4c}),则

在02正方形中:
$$X_{2a} = 2L - Y_{1a}, Y_{2a} = X_{1a}$$
$$X_{2b} = 2L - Y_{1b}, Y_{2b} = X_{1b}$$
$$X_{2c} = 2L - Y_{1c}, Y_{2c} = X_{1c}$$

在03正方形中:
$$X_{3a} = 2L - X_{1a}, Y_{3a} = 2L - Y_{1a}$$
$$X_{3b} = 2L - X_{1b}, Y_{3b} = 2L - Y_{1b}$$
$$X_{3c} = 2L - X_{1c}; Y_{3c} = 2L - Y_{1c}$$

在04正方形中:
$$X_{4a} = Y_{1a}, Y_{4a} = 2L - X_{1a}$$
$$X_{4b} = Y_{1b}, Y_{4b} = 2L - X_{1b}$$
$$X_{4c} = Y_{1c}, Y_{4c} = 2L - X_{1c}$$

正方形顶点处的坐标可用正方形边长的倍数直接计算。以配套单元中各正方形内采样点坐标为基数,再加上正方形边长的倍数可以计算其余配套单元中各正方形内采样点的坐标。

1.2.3 特点

1. 结构优化

从网型结构方面对采样点在多方向上的交错分散及呼应配合进行优化考虑。

(1)假设在正方形内部设采样点,若只设 1 个采样点,如田字格式加密的正方形网,虽然其内部节省了采样点,但边上的采样点多,且内部只能形成点状控制;若设 2 个采样点,其内部采样点也不多,但只能形成线状控制,配套单元中所形成的三角形网络过于稀疏;若设 4 个采样点,虽其内部形成了 2 个三角形控制,配套单元中所形成的三角形网较密,但采样点数量也增加了;若设 3 个采样点,其内部形成了 1 个三角形面状控制,是既可以节省采样点,又可以在其内部形成面状控制的方案中采样点最少的方案,如图 1.11 所示。

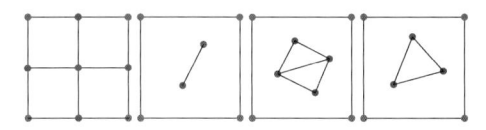

图 1.11 正方形内采样点数量对比示意图

(2)通过正方形的 3 次直角式旋转及旋转后 4 个正方形拼接的方法,可以实现正方形内三角形的旋转及拼接。

(3)三角形的旋转及拼接可以使三角形间的交错性和分散性更好,降低了采样点数据间的相似性。

(4)在基础正方形网内用分散的三个点将水平和垂直两方向均进行了四段式分割控制。在此基础上,在以基础正方形的旋转组合而成的配套单元内,采样点的分布从更多方向上对平面 360°范围进行了分割控制。

(5)可以用平移复制配套单元的方法进行无限拼接。

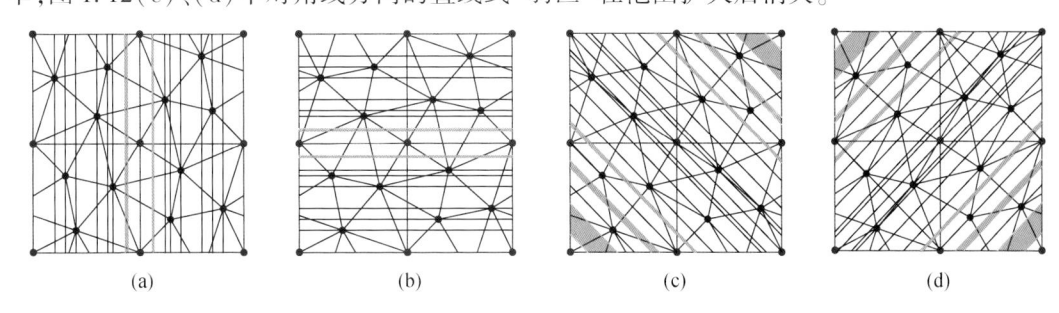

(6)以图 1.12 中的"弱区"为例,图 1.12(a)、(b)中走向和倾向方向的直线式"弱区"窄,图 1.12(c)、(d)中对角线方向的直线式"弱区"在范围扩大后消失。

图 1.12 RG-TIN 内直线式"弱区"示意图

灰色条带为"弱区";图(a)、(b)为走向和倾向方向"弱区";图(c)、(d)为对角线方向"弱区"

2. 构网与数据存储方便

构网算法简单,数据存储规律性强。正方形网交点处数据点的坐标按矩阵计算或存储,用行号和列号表示;基础正方形内的三个数据点在标明所在正方形格网中一个格网点的行号和列号后,就可以判断其所在基本单元在配套单元中的位置,方便、快速地计算其坐标或找到数据点的存储位置。

3. 节省钻孔

R-TIN/GR-TIN 与正方形网相比节省采样点的数量为 $i+j$,i、j 分别为基础正方形网中采样点的排数和列数,i 与 j 均大于或等于 3。

4. 地质分析难度大

因基础正方形内的采样点或钻孔不在已有剖面上,设计时地质分析的难度大。

5. 可优化为多方向黄金分割三角形网

1)黄金分割概述

黄金分割侧重于从事物内部的比例关系探讨其和谐均衡的美妙规律,它在数学、绘画、雕塑、音乐、建筑、管理、工程设计、工业生产、军事、科学实验等方面都有着广泛而重要的应用,产生了不可忽视的神奇作用。

一维黄金分割起源于古希腊的毕达哥拉斯学派,有一个饶有趣味的传说。公元前 6 世纪,古希腊数学家、哲学家毕达哥拉斯(Pythagoras)有一天路过一铁匠铺,被清脆悦耳的打铁声吸引住了,驻足细听,凭直觉认定这声音有"秘密"。他走进铺里,仔细测量了铁砧和铁锤的大小,发现它们之间的比例近乎 1∶0.618。回家后,他拿来一根木棒,让他的学生在这根木棒上刻下一个记号,其位置既要使木棒的两端距离不相等,又要使人看上去觉得满意。经多次实验得到一个非常一致的结果,即用 C 点分割木棒 AB,整段 AB 与长段 CB 之比,等于长段 CB 与短段 CA 之比。毕达哥拉斯接着又发现,把较短的一段放在较长的一段上面,小数点后面为同样的比例,并以至无穷。毕达哥拉斯说:"凡是美的东西都具有共同的特征,那就是部分与部分及部分与整体之间的协调一致"。

公元前 4 世纪,古希腊数学家欧多克索斯第一个系统地研究了这一问题,并建立起比例理论。公元前 300 年左右欧几里得借鉴了欧多克索斯的研究成果,进一步系统论述了黄金分割,其《几何原本》(Elements)成为最早的有关黄金分割的论著。

到 15 世纪末期,法兰西教会的传教士路卡·巴乔里发现,金字塔之所以能长期屹立不倒,主要原因与其高度和基座长度的比例有关,这个比例就是 5∶8,与 0.618 极其相似。有感于这个神秘比值的奥妙及价值,他将黄金分割又称为"黄金比律",后人简称为"黄金比""黄金律"或"中外比"。

黄金分割在文艺复兴前后传入欧洲,受到了欧洲人的欢迎,他们称之为"金法"。"黄金分割"这一名称,则是意大利艺术家莱奥纳尔多·达·芬奇给出的。黄金分割还出现在达·芬奇未完成的作品"圣徒杰罗姆"中,该画约创作于 1483 年,在作品中,圣徒杰罗姆的像完全位于画上附加的黄金矩形内。应当认为这不是偶然的巧合,而是达·芬奇有目的地使画像与黄金分割相一致;因为在达·芬奇的著作和思路中,处处表现出对数学应用的强烈兴趣。达芬奇说过:"没有什么能不通过人类的探求而称为科学的,除非它是通过数学的解释和证明的途径。"在1509年,意大利数学家卢卡·帕西奥利写了《神圣比例》一书,称中末比为神圣比例。德国天文学家开普勒称中末比为"比例分割",并认为勾股定理"好比黄金",中末比"堪称珠玉"。17世纪欧洲的一位数学家,甚至称它为"各种算法中最可宝贵的算法"。

1607年,徐光启与利马窦合译《几何原本》,将这一方法传入中国。

中世纪后,黄金分割被披上神秘的外衣,到19世纪这一名称才逐渐通行。

1860年,德国物理学家、心理学家费希纳(Gustav Theodor Fechner)通过一个无理数来定义大自然中的平衡,即黄金分割率。

随着社会的发展,人们发现黄金分割在自然和社会中有着极其广泛的应用。优选法中有两种方法与黄金分割有关,其一就是黄金分割法或0.618法,它由美国数学家基弗于1953年提出,是优选法中最重要的一种方法。我国数学家华罗庚从1970年开始提倡在国内推广,取得了很好的经济效益。

大自然是最伟大的创作者和最优秀的设计师,它总是遵循从简和至美的原则,用最优化的设计来造化万物,它的鬼斧神工处处都留下了黄金分割的痕迹,所有结构、形式和比例,宇宙或个人,有机或无机,声或光都能对上号。例如,飓风的漩涡形状、大象的长牙、人类细胞的生长、分裂及DNA的结构,甚至星系中都可以发现那个被称为"黄金分割率"的宇宙常数。

2) 旋转交错式黄金分割三角形网定义

作者发现,当在基础正方形中,从 a、b、c 三点分别到与其最近的正方形顶点的距离与对角线长度之比,从余下的第四个顶点到 ab、ac、bc 三条直线中与其最近的直线的距离与对角线长度之比均接近0.301~0.414时,该 a、b、c 三点可以对正方形的4个顶点和4条边均进行较好的控制;因为它们又从横、纵两方向上对正方形进行了4段式分割,从一个对角线方向对正方形进行了近于三分的三段式分割,从另一个对角线方向对正方形进行了近于四分的四段式分割(图1.10);而且,不仅如此,R-TIN勘查基本网中各三角形的边、角比、多层次几何图形及几何图形间的长宽比等数据均大比率收敛于黄金分割点附近。因此,称其为旋转式黄金分割不规则三角形网(rotary and golden section triangulated irregular network,GR-TIN)。网型内部具有多形状、多方向、多层次的相似结构,其交错分散性明显优于正三角形网。

3) 旋转交错式黄金分割三角形网实例

当基础正方形的边长为 L,3个采样点的具体位置为 $a(0.3L,0.3L)$、$b(0.4L,0.75L)$、$c(0.8L,0.4L)$ 时,从 a、b、c 三点分别到与其最近的正方形顶点的距离与对角线长度之比,从余下的第四个顶点到 ab、ac、bc 三条直线中与其最近的直线的距离与对角线长度之比分别为0.3、0.333、0.316和0.413。如果以0.191、0.382、0.618、0.809和1.382五个黄金分割点和0.5、1两个数据结点合起来组成的七个数据点作为参照点,该R-TIN中各三角形的边、角比、多层次几何图形及几何图形间的长宽比等148项数据分别与上述七个数据点中差值最小的数据点间差值的平均值为0.032,标准差为0.0318。此外,它还具有以下特点:

(1) 由图1.10(f)可得,以 abc 三角形、双层交错旋转对称的九梅花形、内含中心点的旋转对称六边形为构成元素,隐性显示内含中心点的五边形和七边形[图1.13(a)]。

(2)由图1.10(f)可得,以每个基础正方形中的 abc 三角形为中心,由 a-b-a-c-c-a-正方形顶点-a-b-b-a-c-a 连线形成的旋转对称的小椭圆[图1.13(b)、(c)];以六边形为中心,由正方形顶点-a-b-b-正方形顶点-c-c-a-正方形顶点-a-b-b-正方形顶点-c-c-a-正方形顶点连线形成的旋转对称的中椭圆形[由2个小椭圆交错加4个小三角形组成,图1.13(d)];由正方形顶点-a-b-a-c-a-b-a-c-a-正方形顶点-a-b-a-c-a-b-a-c-a-正方形顶点连线形成的旋转对称的大椭圆[由4个小椭圆相接和交错组成,图1.13(e)];以正方形顶点-c-正方形顶点-c-b-正方形顶点-b-c-正方形顶点-c-正方形顶点-c-b-正方形顶点-b-c-正方形顶点(或以正方形顶点-b-正方形顶点-b-c-正方形顶点-c-正方形顶点-b-正方形顶点-b-c-正方形顶点-c-正方形顶点)连线形成的旋转对称的长椭圆[图1.13(f)];以五梅花中心处的正方形顶点为中心的三圈直边或曲边方形[图1.13(g)],均沿两对角线方向交错分布。并且,两方向小椭圆、中椭圆、大椭圆、长椭圆分别有二次、三次、四次、二次的重叠交错,无非重叠区;三圈直边或曲边方形除中心处的五梅花外有二次的重叠交错。这样,一方面,可以在多方向上对直线、曲线、平面和曲面的变化进行很好的控制,并使相邻块段间可以很好地平滑过渡衔接,有利于三维模型的高保真;另一方面,相对密集区与相对稀疏区呈环状围邻交错的布局,使我们可以用相对密集区的细致特征指导相对稀疏区,提高趋势分析的整体准确性。

(3)基础正方形内的 abc 三角形近于等边;所有三角形中最小内角为39°,是等边三角形内角的0.65倍。

(4)acc-acc 相对于 aa 的弯曲率及 bba-bba 相对于 aa 的弯曲率分别为0.05和0.0375,即 acc-acc、bba-bba 这两种半隐性折线的弯曲率均很小,近于直线。因此,增加了直线剖面的数量。

(5)虽然,在 GR-TIN 的基础正方形内,采样点的控制范围为 $1+4\times0.5+4\times0.25$,与正方形网的 $3+4\times0.5$ 相同,但与正方形网相比,两个对角线方向的分辨率都提高约50%,两个垂直方向的分辨率都提高50%~80%。在 Voronoi 图中,倾斜分辨率的平均值提高约6%,多方向综合分辨率提高约28%。因此,可以有效地缩小对点状、线状、面状体控制的遗漏率。

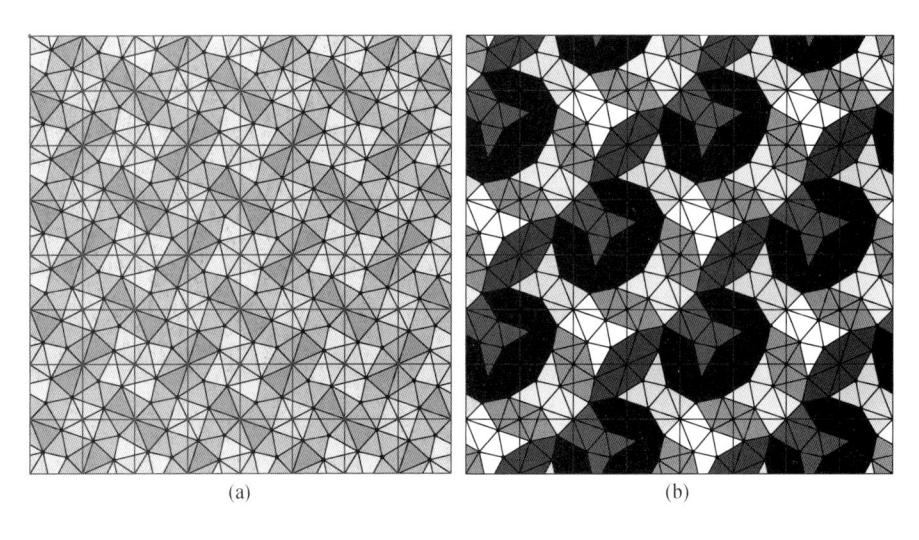

(a)   (b)

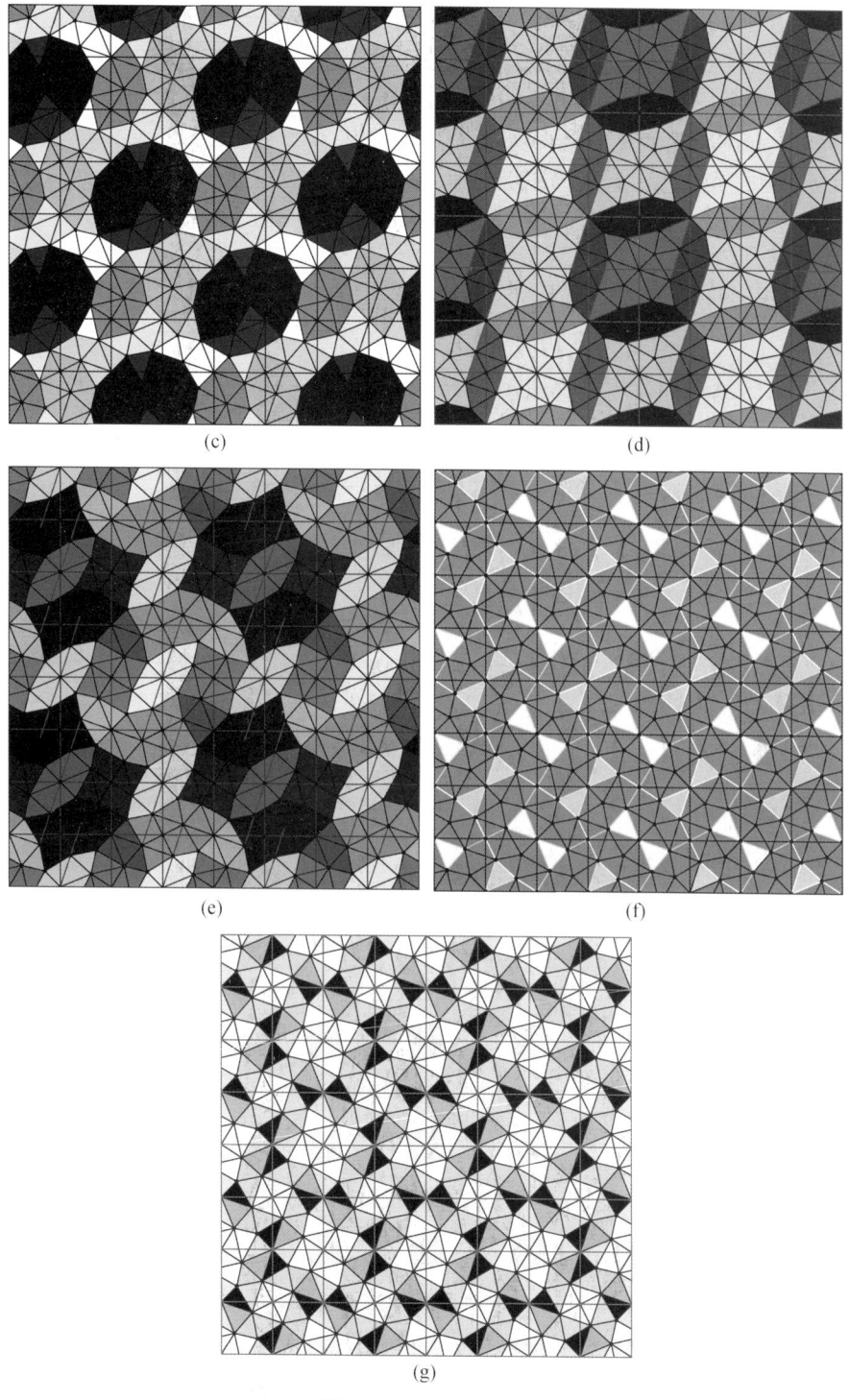

图 1.13 GR-TIN 实例

(a)GR-TIN 块体充填图;(b)GR-TIN 中一对角线方向小椭圆交错分布图;(c)GR-TIN 中两对角线方向小椭圆交错分布图;(d)GR-TIN 中一对角线方向中椭圆交错分布图;(e)GR-TIN 中两对角线方向大椭圆交错分布图;(f)GR-TIN 中两对角线方向长椭圆交错分布图;(g)GR-TIN 中两斜向方形交错分布图

(6) 满足 TIN 的 Delaunay 原则。

(7) 它是一种将规则网、TIN、模糊优化和黄金分割有机结合起来的非均匀网，在节省采样点的情况下，其具有的多方向稳定性和过渡性，使它可以很好地控制建模体多方向的连续渐变，符合自然界最普遍的原理——最小作用量原理，使我们可以用最少的采样点，得到很好的控制效果。

1.3　R-TIN 的多形网

以 R-TIN 作为矿产勘查网，在节省钻孔的同时，可从多方向上进行地质分析，提高对矿层(床)及构造的控制程度。但是，它在倾向和走向剖面上钻孔较少，没有主导剖面。为解决这一问题，作者在 R-TIN 的基础上，对其多形变化进行了研究。

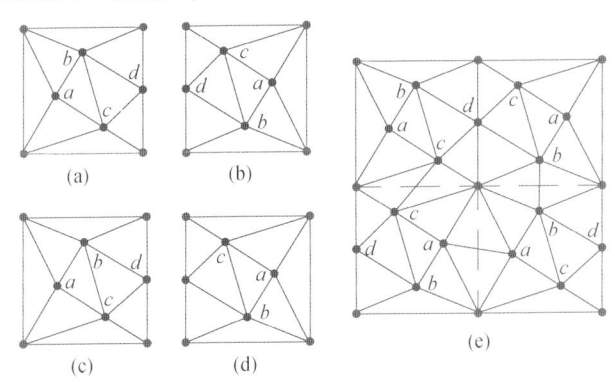

1. R-TIN 的 A 形网

如图 1.14 所示，与 R-TIN 构网方法的不同之处是：步骤(1)中，在基础正方形的四个顶点各布置一个采样点，在基础正方形内分散布置三个采样点，上述的内部三点连接成三角形，然后在基础正方形右边的中点布置一个采样点，与基础正方形的四个顶点处的采样点和基础正方形内分散布置的三个采样点相加一共八个采样点。例如，八个采样点分别为 (0,0)、(1000,0)、(1000,1000)、(0,1000)、a(277,454)、b(500,800)、c(679,200)、d(1000,500)，单位为 m。将正方形右边中点处的采样点分别与内部就近的两个采样点分别连接，将与正方形右边中点处的采样点在同一条直线上的两个正方形顶点分别与内部就近的一个采样点分别连接，将正方形的其余两个顶点分别与内部就近的两个采样点连接，最终形成基本单元 1 [图 1.14(a)]。步骤(2)中，把基本单元 1 分别逆时针旋转 180°、360°、540°形成一次单元体 2 [图 1.14(b)]、二次单元体 3 [图 1.14(c)]、三次单元体 4 [图 1.14(d)]（黄桂芝，2011a，2011b）。

A 形网的特点是，钻孔数量较 R-TIN 多，可以形成一个方向系列的主要剖面。当 i、j（i、j 分别是基础正方形网中的排、列数）均等于 4 时，钻孔数量较正方形网少 1 个；当 i、j 均大于 4 时，钻孔数量大于正方形网。以基础正方形顶点处采样点为中心，其第一外圈的采样点有 7 个方向。可在整个勘查区单独使用，也可在局部插入使用。

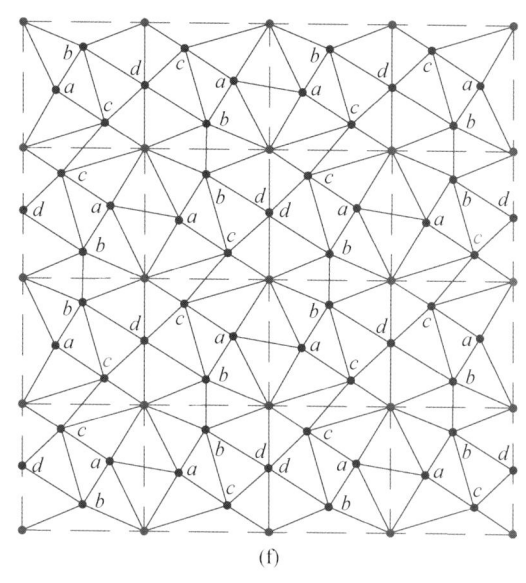

图 1.14 RG-TIN 的 A 形网示意图

(a)基本单元1示意图;(b)基本单元2示意图;(c)基本单元3示意图;(d)基本单元4示意图;
(e)方配套单元示意图;(f)以配套单元为复制单位,进行平移复制的旋转网示意图

2. R-TIN 的 B 形网

如图 1.15 所示,与 R-TIN 构网方法的不同之处是:步骤(1)中,在基础正方形的四个顶点各布置一个采样点,在基础正方形内分散布置三个采样点,上述的内部三点连接成三角形,然后在基础正方形底边的中点和右边的中点各布置一个采样点,与基础正方形的四个顶点上的采样点和基础正方形内分散布置的三个采样点相加一共九个采样点。例如,九个点分别为(0,0),(1000,0),(1000,1000),(0,1000),a(171,363),b(472,832),c(672,530),d(1000,500),e(500,0),单位为 m。将基础正方形底边和右边中点处的采样点与正方形内部就近的两个顶点处的采样点分别连线,在上述的四个连线中去掉最长的连线,连接与上述最长的连线交叉的基础正方形顶点和内部三角形顶点,然后将基础正方形底边和右边上的三个顶点处的采样点分别与正方形内部就近的一个顶点处的采样点连线,将基础正方形顶边和左边交点处的采样点分别与正方形内部就近的两个顶点处的采样点分别连线,最终形成基本单元1[图 1.15(a)](黄桂芝,2011a,2011b)。

B 形网的特点是,钻孔数量较 R-TIN 和其 A 形网多,可以形成两个方向系列的主要剖面。当 i、j 均等于3时,钻孔数量与正方形网相同;当 i、j 均大于3时,钻孔数量大于正方形网。以基础正方形顶点处采样点为中心,其第一外圈的采样点有8个方向。可在整个勘查区单独使用,也可在局部插入使用。

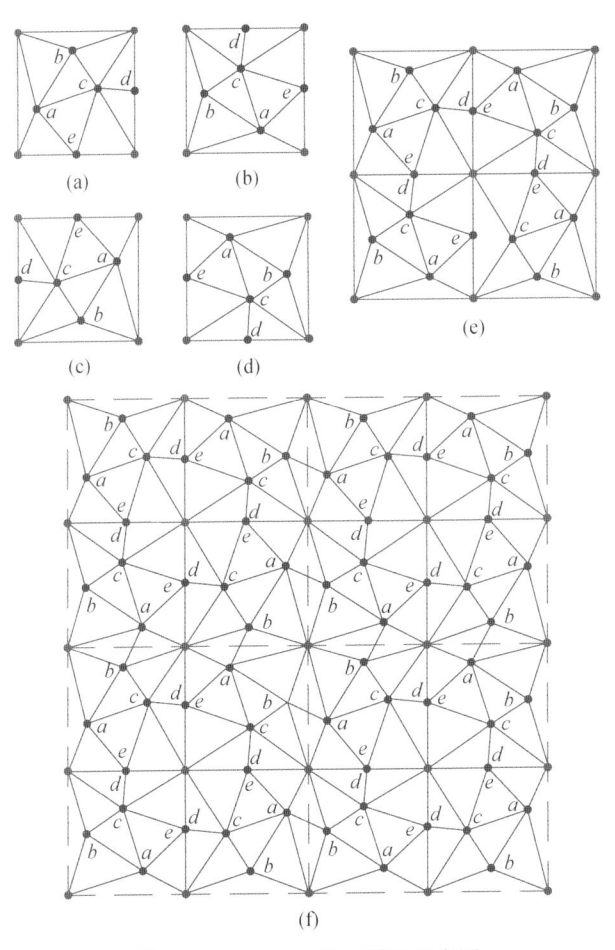

图 1.15　RG-TIN 的 B 形网示意图

(a)基本单元 1 示意图；(b)基本单元 2 示意图；(c)基本单元 3 示意图；(d)基本单元 4 示意图；
(e)方配套单元示意图；(f)以配套单元为复制单位,进行平移复制的旋转网示意图

1.4　GR-TIN/R-TIN 的 $\sqrt{3}$ 加密网

$\sqrt{3}$ 曲面加密方法是 Leif Kobbe 于 2000 年提出的（石磊、薛珊,2013），但作为一种几何构造则是由俄国数学家 M. G. Voronoi 于 1908 年发现的,如图 1.16 所示。它是在三角形的中心插入点,连接该点与所在三角形的三个顶点,连接该点与相邻三角形中的插入点而成的网络,它可以逐级加密。

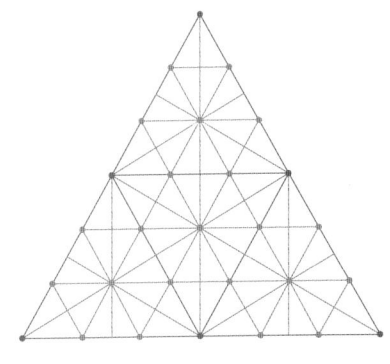

图 1.16　$\sqrt{3}$ 曲面细分方法示意图

1.4.1 一级$\sqrt{3}$加密网

1. 定义

GR-TIN/R-TIN 的一级$\sqrt{3}$加密网是采用$\sqrt{3}$曲面加密方法对 GR-TIN/R-TIN 进行一级加密所形成的网。

在 GR-TIN/R-TIN 的基础上,在其每个三角形的重心(或内心及任意点)加设 1 个采样点,分别连接三角形内的加密点和该加密点所在三角形的三个顶点,分别连接三角形内的加密点和与该加密点所在三角形有公共边的三个三角形内的加密点,并使连接后的各三角形均符合任一三角形的外接圆内不包含其他三角形顶点、任一三角形的最小内角最大化的原则,形成 GR-TIN/R-TIN 的一级$\sqrt{3}$加密网(first level $\sqrt{3}$ encrypted of golden section rotary triangulated network,GR-TIN-1$\sqrt{3}$),如图 1.17 所示,它是以本章 1.2.3 节中 GR-TIN 的实例进行一级$\sqrt{3}$加密而成。

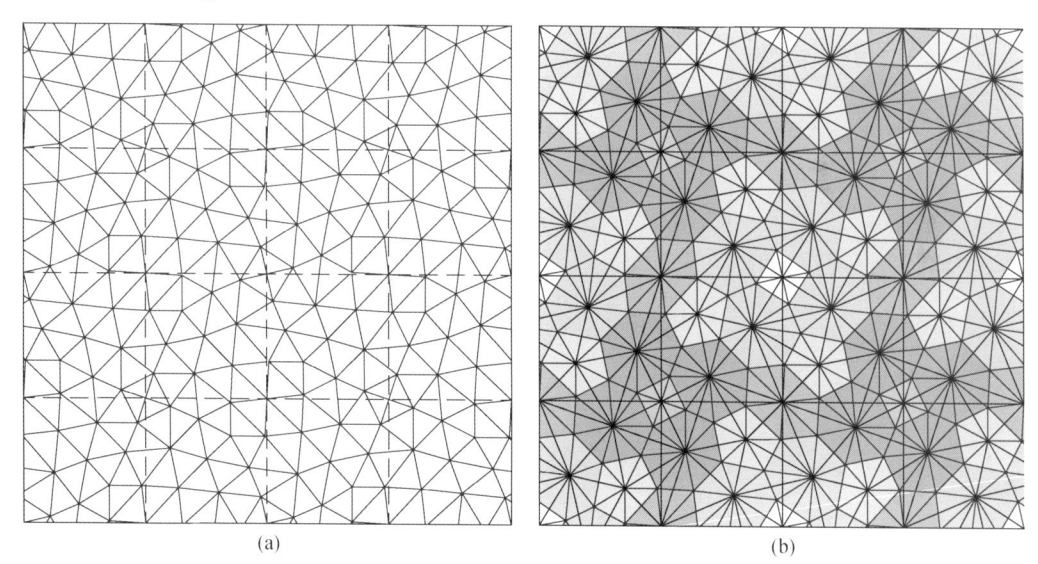

图 1.17 RG-TIN 的一级加密网
(a)RG-TIN 一级加密网的网络图;(b)RG-TIN 一级加密网的块体充填图

2. 特点

(1)对于其 GR-TIN 中的采样点,总的控制方向是 GR-TIN 的 2 倍。
(2)考虑勘查范围边界处三角形的拼接,三角形的数量是 GR-TIN 的 3 倍。
(3)形成以 GR-TIN 中各采样点为中心、以其周围相邻加密点间的连线为边界的单圈多边形;以 GR-TIN 中正方形内各采样点为中心的单圈多边形分别围绕与其最近的正方形顶点处的单圈多边形呈旋转对称的圈状分布[图 1.17(b)]。
(4)若采用内心法(在三角形内心处设加密点),则 86 项边、角比与 0.191、0.382、0.5、

0.618、0.809、1、1.382 七个数据点间差值的平均值为 0.035,均方差为 0.0437;若采用重心法(在三角形重心处设加密点),则 86 项边、角比与上述七个数据点间差值的平均值为 0.037,均方差为 0.0437。

(5)形成大幅度弯折变化的新网络,可以对矿层(床)和构造进行很好的控制或查明,如图 1.17(a)所示。

(6)采样点(或钻孔)数量为

$$i \cdot j + 11(i-1) \cdot (j-1) \tag{1.5}$$

式中,i、j 分别为 GR-TIN/R-TIN 中正方形网的排数、列数,i 与 j 均大于或等于 5。

(7)与在 GR-TIN/R-TIN 中正方形网基础上以田字格式二次加密而成的正方形网相比,节省的采样点(或钻孔)数量为

$$(3i+2)(3j+2) - i \cdot j - 11(i-1) \cdot (j-1) \tag{1.6}$$

例如,在相同范围内,5 排 5 列 16 个正方形内的 GR-TIN/R-TIN 一级加密网的 201(5×5+11×4×4)个采样点(或钻孔)与 5 排 5 列 16 个正方形基础上以田字格式二级加密而成的 17 排 17 列 289 个采样点(或钻孔)的正方形网相比,节省 88(3×4×5+3×4×5-2×4×4)个采样点(或钻孔),节省率为 30.4%。

(8)三角形内加密钻孔的设计需根据三角形顶点处三个已完工钻孔的资料进行综合地质分析,难度较大,但效果会很好。重心加密时加密钻孔的设计需先在每边中点做虚拟钻孔;然后,编制每边中点的虚拟钻孔和对应的三角形顶点处钻孔之间的剖面,在该剖面上距三角形顶点 2/3 处设加密钻孔;最后,对三个剖面上的加密孔进行综合分析,取得一致。

(9)采用重心加密法时,虽然是对三角形内面积的均匀性加密,但因为基本网络为非均匀网络,因此,加密后的网络还是非均匀的。

1.4.2 二级 $\sqrt{3}$ 加密网

1. 定义

在 GR-TIN/R-TIN 一级 $\sqrt{3}$ 加密网的基础上,在其每个三角形的重心(或内心及任意点)加设 1 个采样点,按照一级加密网的连接方式和原则,形成 GR-TIN/R-TIN 的二级 $\sqrt{3}$ 加密网(second level $\sqrt{3}$ encrypted of golden section rotary triangulated network,GR-TIN-2$\sqrt{3}$),如图 1.18 所示,它是以本章 1.2.3 节中 GR-TIN 的实例进行二级 $\sqrt{3}$ 加密而成。

2. 特点

(1)对于其 RG-TIN 中的采样点,以新增加的二级加密点构成的控制方向与 RG-TIN 中的相近,因此,总的控制方向也是 RG-TIN 的 2 倍。

(2)考虑勘查范围边界处三角形的拼接,三角形的数量是其一级加密网的 3 倍。

(3)形成以 RG-TIN 中各采样点为中心,第一圈为多边形,第二圈为以第一圈多边形的边为底边的尖朵状,第三圈为在第二圈的尖朵状的相邻两顶点之间的凹角处以凸角相连形

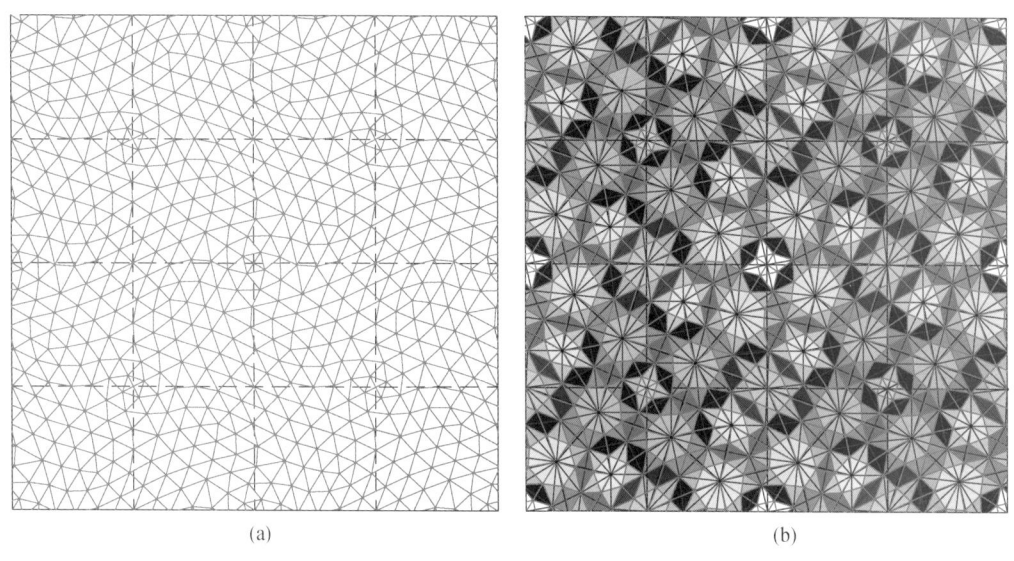

图 1.18 RG-TIN 的二级加密网

(a)RG-TIN 二级加密网的网络图;(b)RG-TIN 二级加密网的块体充填图

成的多边形,其边数是第一圈多边形的两倍,其外侧的由菱形块点状相连组成的菱形边可分别为相邻的以 RG-TIN 中采样点为中心的第三圈共用;以 RG-TIN 中基础正方形内各采样点为中心的三圈多边形分别围绕以与其最近的正方形顶点处的三圈多边形呈旋转对称的圈状分布,如图 1.18(b)所示。

(4)形成由三组规律性的弯折线组成的新网络,可以对矿层(床)和构造进行很好的控制或查明,如图 1.18(a)所示。

(5)当 i 与 j 均为奇数时,采样点数量为

$$i \cdot j + 34(i-1) \cdot (j-1) + (i-1) \cdot (j-1) \tag{1.7}$$

当 i 与 j 均为偶数时,采样点数量为

$$i \cdot j + 34(i-1) \cdot (j-1) + (i-2) \cdot (j-2) + (i-1) + (j-1) \tag{1.8}$$

式中,i,j 分别为 GR-TIN 中正方形网的排数、列数,i 与 j 均大于或等于 5。

(6)与在 GR-TIN/R-TIN 中正方形网基础上以田字格式三次加密而成的正方形网相比,当 i 与 j 均为奇数时,节省的采样点数量为

$$(6i+3)(6j+3) - i \cdot j - 34(i-1) \cdot (j-1) - (i-1) \cdot (j-1) \tag{1.9}$$

当 i 与 j 均为偶数时,节省的采样点数量为

$$(6i+3)(6j+3) - i \cdot j - 34(i-1) \cdot (j-1) - (i-2) \cdot (j-2) - (i-1) - (j-1) \tag{1.10}$$

例如,在相同范围内,5 排 5 列 16 个正方形网内的 GR-TIN 二级加密网的 585(5×5+34×4×4+4×4)个采样点与 5 排 5 列 16 个正方形基础上以田字格式三次加密而成的 33 排 33 列 1089 个采样点的正方形网相比,节省 504(33×33-5×5×5-34×4×4-4×4)个钻孔,节省率为 46.3%。

(7)与其一级 $\sqrt{3}$ 加密网中的(8)相同。

(8)与其一级 $\sqrt{3}$ 加密网中的(9)相同。

1.4.3 三级$\sqrt{3}$加密网

1. 定义

在 GR-TIN/R-TIN 二级加密网的基础上,在其每个三角形的重心(或内心及任意点)加设 1 个采样点,按照一级加密网的连接方式和原则,形成 GR-TIN/R-TIN 的三级$\sqrt{3}$加密网(third level $\sqrt{3}$ encrypted of golden section rotary triangulated network,GR-TIN–3$\sqrt{3}$),如图 1.19 所示,它是以 1.2.3 节中 GR-TIN 的实例进行三级$\sqrt{3}$加密而成。

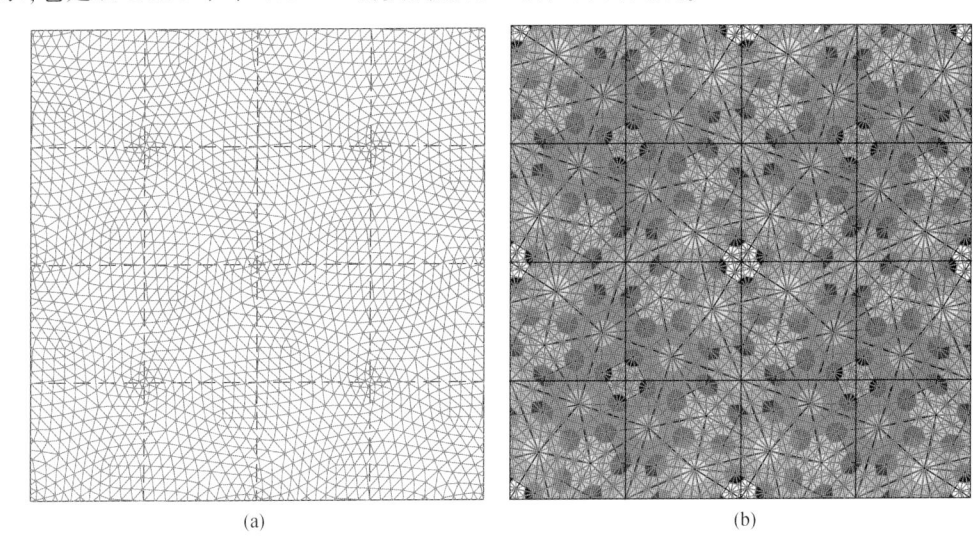

图 1.19　RG-TIN 的三级加密网

(a)RG-TIN 三级加密网的网络图;(b)RG-TIN 三级加密网的块体充填图

2. 特点

(1)对于其 RG-TIN 中的采样点,以新增加的三级加密点构成的控制方向与其一级加密网中的相近,因此,总的控制方向也是 RG-TIN 的 2 倍。

(2)考虑勘查范围边界处三角形的拼接,三角形的数量是其二级加密网的 3 倍。

(3)形成以 RG-TIN 中各采样点为中心,以其三级加密网中采样点为控制点的单圈多边形;以其二级加密网中各采样点为中心的单圈多边形围绕 RG-TIN 中采样点处的单圈多边形呈圈状分布,形成两圈式朵状分布;以 RG-TIN 中正方形内的各采样点为中心的两圈状朵状体围绕正方形顶点处的两圈状朵状体呈旋转对称的圈状分布;在相邻的第二圈朵状体的各内凹处镶嵌的单圈多边形以旋转对称的方式呈点状相连的圈状分布,为相邻两圈共用,如图 1.19(b)所示。

(4)形成由三组规律性的弯折线组成的新网络,可以对矿层(床)和构造进行很好的控制或查明,如图 1.19(a)所示。

(5) 当 i 与 j 均为奇数时，采样点（或钻孔）数量为

$$i \cdot j + 106(i-1) \cdot (j-1) + (i-1) \cdot (j-1) \tag{1.11}$$

当 i 与 j 均为偶数时，采样点（或钻孔）数量为

$$i \cdot j + 106(i-1) \cdot (j-1) + (i-1) \cdot (j-1) + (i-1) + (j-1) \tag{1.12}$$

式中，i、j 分别为 GR-TIN/R-TIN 中正方形网的排数、列数，i 与 j 均大于或等于 5。

(6) 与在 GR-TIN/R-TIN 中正方形网基础上以田字格式四次加密而成的正方形网相比，当 i 与 j 均为奇数时，节省的采样点（或钻孔）数量为

$$(10i+5)(10j+5) - i \cdot j - 106(i-1) \cdot (j-1) - (i-1) \cdot (j-1) \tag{1.13}$$

当 i 与 j 均为偶数时，节省的采样点（或钻孔）数量为

$$(10i+5)(10j+5) - i \cdot j - 106(i-1) \cdot (j-1) - (i-1) \cdot (j-1) - (i-1) - (j-1) \tag{1.14}$$

例如，在相同范围内，5 排 5 列 16 个正方形内的 GR-TIN/R-TIN 三级加密网的 1737 (5×5+106×4×4+4×4) 个采样点（或钻孔）与 5 排 5 列 16 个正方形基础上以田字格式四次加密而成的 65 排 65 列 4225 个采样点（或钻孔）的正方形网相比，节省 2488 个采样点（或钻孔），节省率为 58.9%。

(7) 与其一级 $\sqrt{3}$ 加密网中的 (8) 相同。

(8) 与其一级加密网中的 (9) 相同。

1.4.4 n 级 $\sqrt{3}$ 加密网

1. 定义

在 GR-TIN/R-TIN 的 $n-1$ 级 $\sqrt{3}$ 加密网的基础上，在其每个三角形的重心（或内心及任意点）加设 1 个钻孔，按照一级加密网的连接方式和原则，形成 GR-TIN/R-TIN 勘查基本网的 n 级加密网（n level $\sqrt{3}$ encrypted of golden section rotary triangulated network，GR-TIN–N$\sqrt{3}$）。

2. 特点

(1) 对于其 RG-TIN 中的采样点，总的控制方向是 RG-TIN 的 2 倍。

(2) 考虑勘查范围边界处三角形的拼接，三角形的数量是基本网的 3^n 倍。

(3) 以 GR-TIN/R-TINRG-TIN 中各采样点为中心，以 RG-TIN 中 n 级及其以下各级加密网中采样点为周围控制点，形成圈式分布的形状。当 n 为奇数时，形成圈式多边形，且低级多边形逐级围绕高级多边形呈旋转对称的圈状分布；当 n 为偶数时，形成尖朵状多边形（星形），且低级尖朵状多边形逐级围绕高级尖朵状多边形呈旋转对称的圈状分布。

(4) 形成由三组规律性的弯折线组成的新网络，可以对矿层（床）和构造进行很好的控制或查明。

(5) 采样点数量为

$$i \cdot j + a(i-1) \cdot (j-1) + b \tag{1.15}$$

式中，i、j 分别为以 GR-TIN/R-TIN 中的正方形格网为基础用田字格式 $n+1$ 级加密形成的正方形网的排数、列数，i 与 j 均大于 $4 \times 2^{(n-1)}+1$；a 为 n 级 GR-TIN/R-TIN 中基础正方形内的采样点

数,b 为 n 级 GR-TIN/R-TIN 中基础正方形边上去除顶点处采样点之外的采样点数量之和。

(6) 与在 GR-TIN/R-TIN 中正方形网基础上以田字格式 n+1 次加密所而成的正方形网相比,节省的钻孔数量为

$c[i/(4\times 2^{(n-1)})-1/(4\times 2^{(n-1)})]\cdot[j/(4\times 2^{(n-1)})+(4\times 2^{(n-1)}-1)/(4\times 2^{(n-1)})]+c[j/(4\times 2^{(n-1)})-1/(4\times 2^{(n-1)})]\cdot[i/(4\times 2^{(n-1)})+(4\times 2^{(n-1)}-1)/(4\times 2^{(n-1)})]+d[i/(4\times 2^{(n-1)})-1/(4\times 2^{(n-1)})]\cdot[j/(4\times 2^{(n-1)})-1/(4\times 2^{(n-1)})]-b$

式中,c 为基础正方形单一边上的采样点数量减 2;d 为基础正方形内田字格式 n+1 次加密所而成的采样点数量与 n 级 GR-TIN/R-TIN 基础正方形内的采样点数量之差;b 的意义与(6)中相同。

(7) 与其一级 $\sqrt{3}$ 加密网中的(8)相同。

(8) 与其一级加密网中的(9)相同。

(9) 可以逐级加密、无穷细化,其极限形式为光滑曲面。

1.4.5　GR-TIN/R-TIN 与其一级、二级、三级 $\sqrt{3}$ 加密网叠置

在 GR-TIN/R-TIN 基础上的 $\sqrt{3}$ 加密方法,其下一级的三角剖分将上一级三角形分为六个小三角形的一半,相当于一分为三,每一次加密都在上一级网的相邻两个三角形间重新组构其下一级三角形,使每一个新的小三角形中都包含了该次分解前相邻两个三角形的信息,相当于一次打磨棱边(避免了正方形网和长方形网分割为三角形网络时以对角线进行剖分所产生的棱边问题)、避其弱点的过程。例如,GR-TIN 的二级 $\sqrt{3}$ 中,在 GR-TIN 的各三角形内均有九个较均匀的小三角形,但这九个小三角形不是在其 GR-TIN 的各三角形内部分割的,而是二次跨越三角形棱边重新剖分形成,即相当于经过两次打磨棱边而成,使这九个三角形中的六个新的小三角形中包含了 GR-TIN 中三个相邻三角形的信息、三个新的小三角形中包含了 GR-TIN 中两个相邻三角形的信息。这样,GR-TIN 中的直边三角形已被其二级网中的小三角形改造为折边三角形,一级网中的直边三角形已被其三级网中的小三角形改造为折边三角形,如图 1.20 所示。

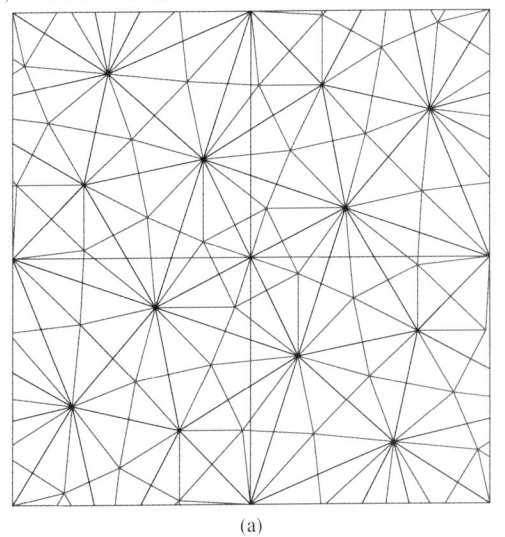

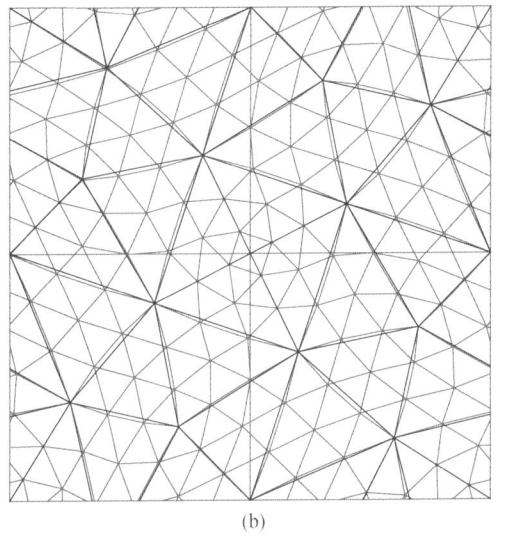

(a)　　　　(b)

(c)　　　　　　　　　　　　　　　　(d)

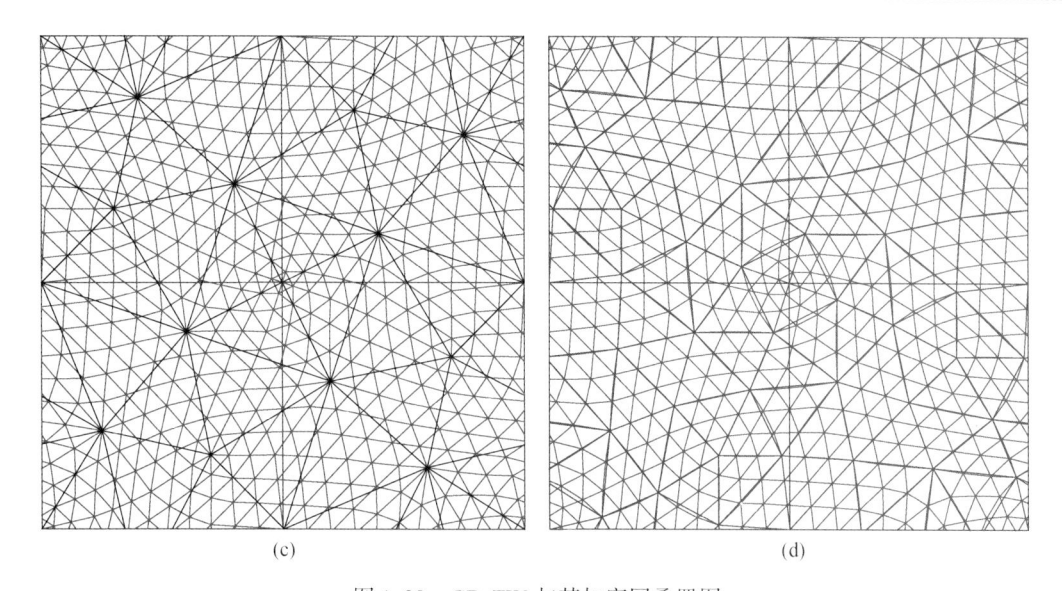

图 1.20　GR-TIN 与其加密网叠置图

(a)GR-TIN 与一级网叠置；(b)GR-TIN 与二级网叠置；(c)GR-TIN 与三级网叠置；(d)一级网与三级网叠置

总之，在 GR-TIN 基础上的$\sqrt{3}$加密方法，以其下一级加密时的跨越式三角形剖分使相邻三角形的棱边处圆滑过渡，又使加密后新网中的三角形较均匀，具有结构方面的合理性，可以提高多方向控制效果。

第 2 章　R-TIN/GR-TIN 及其 $\sqrt{3}$ 加密网的应用可行性研究

2.1　用于煤田勘查的可行性研究

若采用 R-TIN/GR-TIN 及其 $\sqrt{3}$ 加密网作为矿产勘查网,在理论方面的合理性为,虽然无法将钻孔都布设在矿层(床)或断层曲面产状变化的关键点,但可以用交错分散较好的三角形网将矿层(床)或断层曲面分隔为若干个多方向插入交接、呼应配合的小三角形,进行地质分析。在实际应用方面的可行性分析如下。

2.1.1　与正方形网对比

在煤田勘查的详查或勘探阶段,钻探工程布设的目的是控制或探明断煤交线的位置、褶曲轴的位置、煤层底板等高线的连续性及波折变化、沿煤层倾向方向煤层倾角的起伏变化、可采边界、煤种边界、岩浆侵入体边界等。

以图 2.1 中的 R-TIN[基础正方形的边长为 L,基础正方形内 a、b、c 点坐标分别为 $(0.2L, 0.2L)$、$(0.8L, 0.5L)$、$(0.5L, 0.8L)$]为例,R-TIN/GR-TIN 勘探网用于煤田勘查的特点如下:

以钻孔间的分散交错与呼应配合缩小了在煤层走向和倾向方向的控制间距,又可以依据钻孔密集区煤层产状的规律推测相对稀疏区的煤层产状,因此,对于控制褶曲轴的位置、煤层底板等高线的连续性及波折变化、沿煤层倾向方向煤层倾角的起伏变化、可采边界、煤种边界、岩浆侵入体边界等也将很有利。

钻孔密集区的交错分布及网线的折曲较大,使断层只有在其倾角很大、其断煤交线弯曲的形状与所在处 R-TIN 勘查网折曲的形状相似、断煤交线的位置又在较大距离内位于两侧的相邻两钻孔之间的中间区域这三个条件都具备的情况下,断层才可能被隐藏;否则,定将被网线的大幅度折曲或交错分布的密集区所控制。

R-TIN/GR-TIN 勘查网有利于从多方向上对复杂煤层和地质构造的三维形态进行对比、核实和研究,避免错误解释。

可以剖切出 $5m-4$ 或 $5n-4$ 个有实际钻孔和投影钻孔的倾向或走向剖面(m、n 分别为基础正方形网的排数、列数),只是剖面上钻孔间距较基础正方形网中的大一倍,如图 2.2 所示。

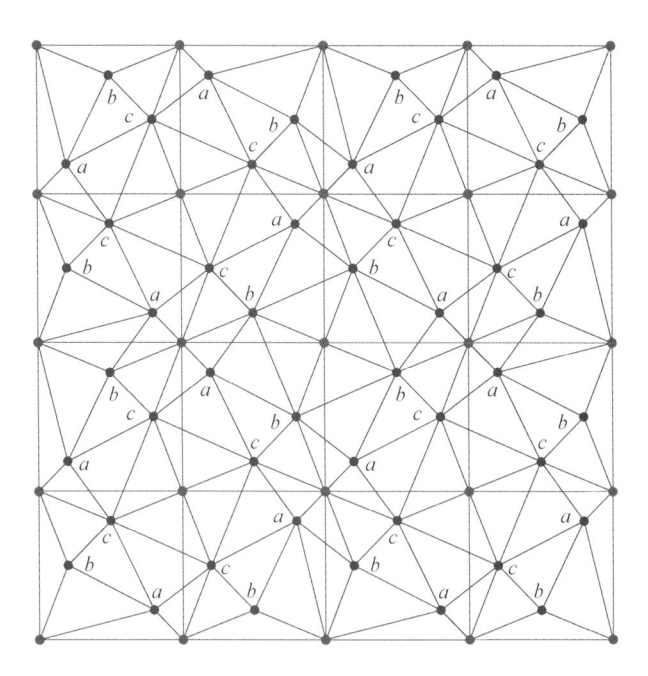

图 2.1　R-TIN 煤田勘探网实例图

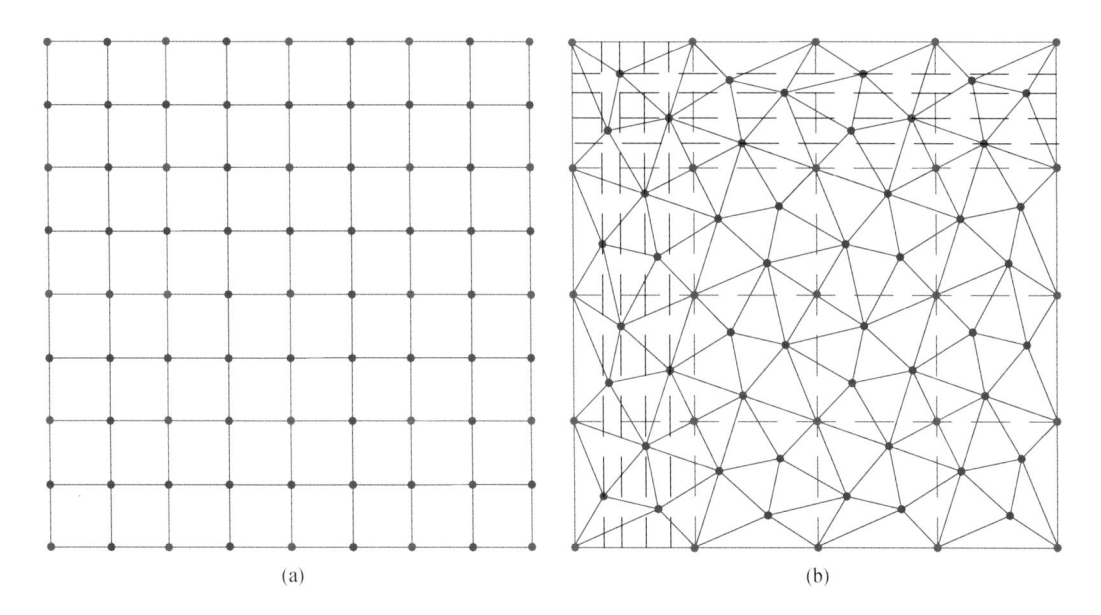

图 2.2　正方形网与 GR-TIN 中有实际钻孔的剖面数量对比图
(a)正方形网；(b)GR-TIN

以煤田勘查为例，R-TIN 与正方形勘查网的特点及对比见表 2.1。

表 2.1　R-TIN 与正方形勘查网的特点对比表

项目	对比特征	正方形网	R-TIN 基本网
网型基本特点	对比范围	2000m×2000m	2000m×2000m
	对比范围内钻孔数量	25 个	21 个
	最小基本控制单元面积	1000m×1000m	1000m×1000m
	平均边长	569	553
	最小基本控制单元内钻孔个数	9	7
	最小基本控制单元内各三角形面积	面积相同,均为 500m×500m×0.5 = 125000m^2	面积相差不大
	三点法确定煤层产状所用的三角形	均为直角三角形	锐角三角形占 3/4,直角三角形占 1/4
	对比范围内钻孔间多方向分散程度及呼应配合程度	一般	很好
	正方形控制单元的相同程度	完全相同	旋转后完全相同
	正方形控制单元的组合方案	1 个	4 个
"弱区"特征	走向"弱区"的宽度和特征	宽约 267m,直线型,范围扩大后不变(以 1.1.2 节中的"弱区"为例)	宽 13～3.7m,直线型,范围扩大后不变(以 1.1.2 节中倾角 75°的断层为例)
	倾向"弱区"的宽度和特征	宽约 267m,直线型,范围扩大后不变(以 1.1.2 节中的"弱区"为例)	宽 13～3.7m,直线型,范围扩大后不变(以 1.1.2 节中倾角 75°的断层为例)
	对角线方向"弱区"的宽度和特征	宽约 120m,直线型,范围扩大后不变(以 1.1.2 节中的"弱区"为例)	宽 100～8m,直线型,范围扩大后消失(以 1.1.2 节中倾角 75°的断层为例)
煤层控制	等高线控制准确程度	没有相对的密集区或稀疏区,各处的等高线控制程度均一般	密集区与稀疏区围邻分布。这样,密集区的等高线的准确程度高,稀疏区虽钻孔间距略远,但其等高线变化可以参考围邻的密集区的等高线变化进行推测,使其等高线准确程度也较好
	由于沉积原因引起的可采边界线、煤种边界线等的控制	一般	因沉积原因引起的煤层厚度、煤质等指标的变化大多沿走向和倾向方向比较显著,而该网型在走向和倾向方向的控制间距较小,因此,效果较好
	牵引褶曲控制	一般	较好
断层控制	走向断层的控制	有在较大距离内没有钻孔见断层或只有 1 个或 2 个钻孔见断层的可能,不利于进行断层对比,断层产状确定困难。	对断层的捕捉率显著提高,没有钻孔或只有 1 个或 2 个钻孔见断层的概率较小,有利于断层对此,有利于确定断层产状

续表

项目	对比特征	正方形网	R-TIN 基本网
断层控制	倾向断层的控制	有在较大距离内没有钻孔见断层或只有1个或2个钻孔见断层的可能,不利于进行断层对比,断层产状确定困难。	对断层的捕捉率显著提高,没有钻孔或只有1个或2个钻孔见断层的概率较小,有利于断层对此,有利于确定断层产状
	斜交断层的控制	"弱区"长、曲率小、易隐藏断层	"弱区"的曲率变化较大。只有在断矿交线的弯曲可在较大范围内容纳于"弱区"内处断层才可隐藏
	钻孔间呼应配合形成的断层控制系统对各方向断层的捕捉能力	一般	很好
	对复杂地质构造的分析能力	一般,不利于多方向对比、核实和研究,易误解	很好,有利于多方向对比、核实和研究,避免错误解释
综合控制	控制重点	矿层(床)	矿层(床)和断层
	矿层(床)与断层控制的兼顾	一般	很好
地质分析和图件编制	地质分析的主要剖面	多孔倾向大剖面和多孔走向大剖面	由两孔间小剖面联成的网络剖面系统
	地质图件编制程序	多孔倾向大剖面、多孔走向大剖面图→地质分析→煤层底板等高线图	两孔间斜向小剖面→地质分析→三维地质模型(或矿层底板等高线图)→倾向剖和走向剖面图
	对地质分析能力的要求	一般	高
	走向、倾向剖面图和煤层底板等高线图的准确程度	一般	很好
	可剖切的有钻孔的倾向或走向剖面数量	$2n-1$(n为正方形网中的倾向或走向剖面数量)	$5n-4$(n为正方形网中的倾向或走向剖面数量)
储量估算	块段形状	四边形	三角形
	级别确定	相邻块段间除了以钻孔间距的一半从高级别储量向其下一级储量级别外推之外,只能独立分析研究	先在较大范围内通过地质分析确定储量级别,然后再划分小的储量估算块段
网型适用情况	地质构造及矿层(床)稳定性	适用于地质构造简单或中等、煤层稳定或较稳定的勘查区	适用于地质构造及煤层稳定性的各种情况。对于构造中等或复杂,煤层较稳定或不稳定地区可采用其多型网
	勘查阶段	预查、普查、详查、勘探、生产勘探	普查、详查、勘探、生产勘探
	与三维地震的关系	勘探阶段前需进行三维地震	在三维地震效果不好的地区尤其适用。在构造中等或简单、矿层(床)较稳定或稳定类型的勘查区,在不进行三维地震勘探的情况下或许也可以满足对断层和矿层(床)等控制的需要
	网型间衔接	正方形网、长方形网→正方形网、长方形网	正方形网、长方形网→R-TIN/GR-TIN
质量	综合	一般	优良

2.1.2 钻孔间距与地质可靠程度

煤田勘查是在钻孔布局的基础上,通过对钻孔资料的地质分析和地质图件的编制,对煤层及地质构造的研究达到推断、控制或探明的程度,然后估算相应级别的煤炭资源/储量。钻孔间距与地质可靠程度之间的关系一般是钻孔间距的平均值越小,地质可靠程度越高;但不能否定在钻孔间距的平均值略大的情况下,通过钻孔的合理布局和多方向地质分析,也有提高地质可靠程度的可能。

1. 中国与澳大利亚对地质可靠程度的规定对比

1)中国《固体矿产资源/储量分类》(GB/T 17766—1999)中对地质可靠程度的规定

地质可靠程度反映了矿产勘查阶段工作成果的不同精度,分为探明的、控制的、推断的和预测的四种。

预测的:是指对具有矿化潜力较大地区经过预查得出的结果。在有足够的数据并能与地质特征相似的已知矿床类比时,才能估算出预测的资源量。

推断的:是指对普查区按照普查的精度大致探明矿产的地质特征,以及矿体(点)的展布特征、品位、质量,也包括那些由地质可靠程度较高的基础储量或资源量外推的部分。由于信息有限,不确定因素多,矿体(点)的连续性是推断的,矿产资源数量的估算所依据的数据有限,可信度较低。

控制的:是指对矿区的一定范围内依照详查的精度基本探明了矿床的主要地质特征、矿体的形态、产状、规模、矿石质量、品位及开采技术条件,矿体的连续性基本确定,矿产资源数量估算所依据的数据较多,可信度较高。

探明的:是指在矿区的勘探范围内依照勘探的精度详细探明了矿床的地质特征、矿体的形态、产状、规模、矿石质量、品位及开采技术条件,矿体的连续性已经确定,矿产资源数量估算所依据的数据详尽,可信度高。

2)澳大利亚2004年《澳大利亚勘查成果、矿产资源量、矿石储量报告规范》中对地质可靠程度的规定

推断的矿产资源(inferred mineral resource):是指矿产资源的一部分,其矿石量、品位和矿物含量是以较低的地质可靠程度估算得来。它是基于以适当的技术手段从露头、探槽、采坑、巷道、钻孔等工程获得的有限的或者质量和可靠性不确定的信息,根据地质现象并假设地质或品位是连续(未经证实)的而推断出来的。推断的矿产资源的可靠程度最低。该类别的矿产资源往往包括这样一些情况,即矿物富集体或矿产已经被探明,也已经完成了有限的测量工作和取样工作,但是所取得的数据尚不足以有把握地解释地质或品位的连续性。通常有理由认为大部分推断的矿产资源在经过持续勘查后会升级为控制的矿产资源。然而,正因为推断的矿产资源具有不确定性,因此不能假设此种升级总会发生。推断的矿产资源估算的可信程度通常不足以允许技术经济评价的结果用于编制详细计划。基于这个原因,推断的矿产资源与任何类别的矿石储量都没有直接的联系。估算的可靠程度往往尚不足以容许恰当地使用技术和经济参数或者尚不能对经济意义进行评价。对这一类别的矿产资源

进行技术经济研究时应当慎重。

控制的矿产资源(indicated mineral resource):是指矿产资源的一部分,其矿石量、体重、形态、物理特征、品位和矿物含量以合理的可靠程度估算得来。它通过适当的技术手段从露头、探槽、采坑、巷道、钻孔等工程获得勘查、取样及测试分析信息的基础。这些工程间距太宽或者间距不恰当,无法确定地质或品位的连续性,但是这些工程间距足以对地质或品位的连续性做出假设。控制的矿产资源可靠程度低于探明的矿产资源,但高于推断的矿产资源。当矿化的性质、质量、数量和分布允许对地质轮廓做出可信的解释以及对矿化的连续性做出假设时,则这类矿化可以归类为控制的矿产资源。估算的可靠性足以允许运用技术和经济参数,并对经济可行性做出评价。

探明的矿产资源(measured mineral resource):是指矿产资源的一部分,其矿石量、体重、形态、物理特征、品位和矿物含量可通过较高的可靠程度估算得来。它通过适当的技术手段从露头、探槽、采坑、巷道、钻孔等工程获得勘查、取样及测试分析信息的基础。这些工程间距的密度足以确定地质或品位的连续性。探明的矿产资源可靠程度高于控制的矿产资源。当矿化的性质、质量、数量和分布已经掌握清楚,"胜任人"确定矿产资源量时,估算矿化的矿石量和品位的误差范围很小,且估算值的变化不会显著地影响潜在的经济意义,此时的矿化可以归类为探明的矿产资源。这类矿产资源要求对矿床的控制因素和地质情况的了解可靠程度高。估算的可靠性足以允许恰当地运用技术和经济参数,并能够进行经济可行性评价,其评价的确定度高于基于控制的矿产资源所做的评价确定度。

2. 中国与澳大利亚确定地质可靠程度的方法及对比

1)中国《固体矿产地质勘查规范总则》(GB/T 13908—2002)中确定地质可靠程度的方法

我国《固体矿产地质勘查规范总则》(GB/T 13908—2002)改变了《固体矿产地质勘查规范总则》(GB/T 13908—1992)、《固体矿产详查总则》(GB/T 13688—1992)、《固体矿产普查总则》(GB/T 13687—1992)中对勘查工程线距和孔距的限制性规定,取消了以往关于各勘查类型、各级储量均应有系统勘探工程控制的规定,仅提供了各勘查阶段工程间距的参考值。

《固体矿产地质勘查规范总则》(GB/T 13908—2002)中工程间距的确定方法如下:

工程间距是指最相邻勘查工程控制矿体的实际距离,其间距应根据反映矿床地质条件复杂程度的勘查类型来确定。首先要看矿体的整体规模,并结合其主要因素确定工程间距,即使是分段勘查,也要从整体规模入手。不同地质可靠程度、不同勘查类型的勘查工程间距视实际情况而定,不限于加密一倍或放稀为原来的1/2。当矿体沿走向和倾向的变化不一致时,工程间距要适应其变化;矿体出露地表时,地表工程间距应比深部工程间距适当加密。

工程间距通常采用与同类矿床类比的办法确定。也可根据已完工的勘查成果,运用地质统计学的方法或SD法确定。

由于矿床的形成条件各异,勘查工程间距的确定应充分考虑矿床自身特点,并应在施工过程中进行必要的调整。各矿种(类)勘查规范可制定相应的参考工程间距要求。

在《煤、泥炭地质勘查规范》(DZ/T 0215—2002)的资料性附录 D 中给出了煤田勘探中钻探工程基本线距的参考值,见表2.2和表2.3。

表2.2 构造复杂程度类型钻探工程基本线距表

构造复杂程度	各种探明程度对构造控制的基本线距/m	
	探明的	控制的
简单	500~1000	1000~2000
中等	250~500	500~1000
复杂		250~500

注:极复杂构造只宜边探边采,线距不做具体规定

表2.3 煤层稳定程度类型钻探工程基本线距表

煤层稳定程度	各种探明程度对煤层控制的基本线距/m	
	探明的	控制的
简单	500~1000	1000~2000
中等	250~500	500~1000
复杂		375*
		250

* 只适合煤层厚度变化很大,且突然增厚、变薄现象,全区可采或大部分可采;
注:极复杂构造只宜边探边采,线距不做具体规定

2)澳大利亚2004年《澳大利亚勘查成果、矿产资源量、矿石储量报告规范》中确定地质可靠程度的方法

澳大利亚2004年《澳大利亚勘查成果、矿产资源量、矿石储量报告规范》(JORC规范)的结构比较自由,对于定义和操作方面的要求相对规范得不细,而且在确保合格人员(competent person,CP)对其行为负责的同时,允许其在进行专业判断时,有相当的自由度。这种责任和承担责任的理念使规范具有足够的灵活性,使其可以应用于各种各样的情形,而不至于使规范成为不合格的条文。例如,JORC不规定采用什么方法进行资源储量估算,也没用明确要求每一资源储量类别的钻探工程基本线距和孔距,而是授权合格人员根据自己的专业学识和经验及具体矿床特征来确定。显然,要想使这样的规范能够顺利实施,就必须采取某种有效的机制来约束合格人员的行为。在澳大利亚,合格人员必须是大洋洲矿冶学会(Aus-IMM)或澳大利亚地球科学家协会(AIG)的会员,并且具有5年及以上相关矿床类型勘查的从业经验,这两个机构都是国家级的行业组织,都相应地制定了切实有效的、具有可操作性的,并且是强制性的职业道德规范。同时,澳大利亚证券交易所上市规则规定要求公开报告中必须列出合格人员的真实姓名,从而使合格人员接受行业和法规的同时监督(阳正熙,2011)。

支配JORC规范运作的主要原则是透明性(transparency)、实在性(materiality)和权责性(competence)。"透明性"要求所披露的资源储量报告含有足够多的、简洁明了的信息,能够让公开报告的读者理解这些信息而不至于被误导;"实在性"要求所披露的资源储量报告含有全部相关数据,以便使投资者及其投资顾问能够对所报道资源储量的可行性做出合理的判断;"权责性"要求所披露的资源储量报告是由具有相应资质并且受强制性职业道德规范

约束的人员完成(阳正熙,2011)。

JORC 规范的目的是制定澳大利亚勘查结果、矿产资源和矿石储量报告的最低标准,以及确保这些类别的公开报告中包括了投资者和顾问就所报告的结果和所进行的估算进行无偏判断时据理所应知道的所有信息(阳正熙,2011)。

近 20 年来,澳大利亚在建立和完善固体矿产资源储量划分标准方面处于国际领先地位,JORC 规范被澳大利亚和新西兰股市全盘采纳,是矿业界和股票交易所密切合作的典范(阳正熙,2011)。

3) 对比分析

我们知道,探明的或控制的储量是以地质可靠程度确定的,不是以具体的钻探工程线距、孔距来确定的。以中国二类二型的煤田勘探区为例,不是达到 500m 的线距、孔距就可以探明地质构造和煤层的连续性和稳定性,也许 200m 都不行,也许 700m 就可以,这要看所在局部小区域的具体情况。

在中国,基本线距的提出,无形中等于将钻孔束缚在直线剖面上了,并引发了以下一系列问题:使钻孔分布的更多的方向性和更好的分散性成为不可能;使更多方向的综合地质分析成为不可能;使地质人员的分析能力再高也不能充分发挥;使虽然采用地质工程师、项目负责人、总工程师逐级审查的单位负责制也无法解决由钻孔布局带来的原始数据分布的结构性缺陷。另外,在矿产勘查的实际工作中,《煤、泥炭地质勘查规范》(DZ/T 0215—2002)的资料性附录 D 中给出的钻探工程基本线距被教条性地广泛应用,勘探单位为了保证勘察设计或报告的顺利通过,基本上都保守性地按其设计线距和孔距;评审单位为了统一评审标准,也基本上都保守性地按其评审线距和孔距。两者的协同保守,就等于将参考性的钻探工程基本线距当做规范性的来执行了。可以说,钻探工程基本线距参考性资料的提出,其正、副作用都有,从其观点的导向对地质人员思维及行为的影响来看,副作用较大。

可见,JORC 规范中对于各资源储量类别确定时钻探工程基本线距和孔距的不确定、不约束,给根据矿层(床)的具体情况灵活布局钻孔进行多方向地质分析研究提供了方便性和可行性,等于抓住了提高勘查质量的根本点。

因此,问题的关键不是澳大利亚采用合格人员负责制,我国采用单位负责制;而是我们被《煤、泥炭地质勘查规范》(DZ/T 0215—2002)的资料性附录 D 中给出的钻探工程基本线距束缚住了,使更多方向的地质分析研究无法实现。

3. R-TIN/GR-TIN 勘查网与中国《固体矿产地质勘查规范总则》(GB/T 13908—2002)的符合情况

中国《固体矿产地质勘查规范总则》(GB/T 13908—2002)中对勘查网型和钻孔间距没有限制性限定。国土资源部咨询研究中心严铁雄在《固体矿产勘查规范应用讲义课件》中明确说明了这一问题,具体如下:

矿产勘查不是单靠工程就能得出正确结论的。任何可供开发利用的矿产,都是遵循其内在规律产出的,只有探索、掌握地质规律进行勘查,才能又好又快地做出正确评价。这就要加强综合研究,只有提高地质研究程度,才能客观、真实地反映矿产的产出特征,为矿产开发提供依据。

规范中所列每一个矿种的勘查类型与工程间距,都是根据我国数十个、数百个有代表性的生产矿山,数十年、十余年的生产资料,经探采对比、分析研究、高度概括的结果。针对每一个具体矿产地的勘查,则应该具体分析、论证确定最佳工程间距,而不应该盲目照搬《煤、泥炭地质勘查规范》(DZ/T 0215—2002)的资料性附录 D 中的工程间距。确定勘查类型的五个主要地质因素,适用于大多数矿种。有些矿种则有特有的因素,如石灰岩的岩溶发育程度是其因素之一;铝土矿有大厚度工程率的要求;汞矿和淋积型稀土矿则有含矿率的要求等。在附录中列出勘查类型和工程间距参考表,一是多年来的习惯,也考虑到新加入勘查该矿种的专业人员没有经验,工作难以开展,提供以往勘查经验供参考。

对矿体控制的地质可靠程度的检验标准,是针对矿体连续性而言,不应以是否达到了规范中的某个参考工程间距来衡量。附录 D 中只列出"控制的资源量"的工程间距,是因为控制的资源量需要系统工程控制,而推断的资源量无需系统工程控制,探明的资源量并不要求系统加密一倍,需要从实际出发加密工程,就是要发挥承担项目专家的主观能动性,要求这些专家在勘查过程中,根据区内地质特征及矿体的变化,及时调整工程间距,而不是定了就一成不变,工程间距的确定,要根据勘查目的结合矿体的具体地质特征、整体规模确定。不同类型的间距,不限于加密一倍或放稀为原来的 1/2。工程的合理间距,以勘查目的和所要探获的资源储量类型的要求为准。实践出真知,发挥勘查专家的主观能动性,才能贯彻现行分类和标准。地质规律、矿体的形成模式、产出特征不以人们的意志为转移,只有在野外不断充分收集第一手资料,不断使自己的思路不唯上、不唯书,发挥主观能动性,使工作部署适应勘查区的客观实践,才能事半功倍。转变观念是贯彻现行分类、标准的关键,要克服计划经济的思维模式,克服传统观念的束缚,遵循市场的需求,按照勘查对象的具体特征和规律,从实际出发而不是死抠书本来确定工程间距,进行勘查,才能又好又快地完成目标任务。

详查时,要圈出区内矿体的总体分布范围,对主要矿体进行系统控制,做出是否具有工业价值的评价。目的是为将来的矿山建设总体部署提供依据,防止以后的设施或其他因素压矿。勘探是在具有工业价值的矿体地段,遵循为矿山建设设计提供依据,坚持缺什么补什么的原则,对与矿山设计、生产相关的问题,通过投入相应工作予以解决,如选矿试验程度不足,重新采样试验;对系统控制仍不能满足要求的地段,应加密工程进一步控制,但无需全面系统加密。

地质工作就是从实践到认识,到再实践再认识的反复过程,从中不断提高认识使之更加符合客观实际。因此,它适用"法无定法"的原则。

2.1.3 储量估算

用正方形、长方形、菱形圈定储量,是出于其对角线方向距离较长,但对矿层(床)或构造的控制不足,如图 2.3(a)中第 6 小块的三角形,因此增加第四个顶点,进行综合考虑。但是,在正方形、长方形、菱形网中,相邻四个顶点在同一个圆上,等于用两个相邻直角三角形控制同一个圆的范围,而三个点即可以控制一个圆,浪费了一个点(图 2.4)。当总边长相等时,锐角三角形比直角三角形确定的圆的面积约小 10%,控制效果更好。或者说,锐角三角形所确定的面积与总边长约是锐角三角形边长94%的直角三角形所确定的面积近似相等。因此,对于圈定储量而言,不在同一个圆上的两个相邻的锐角三角形要比正方形、长方形、菱形具有优势,它可以控制两个相交圆的范围,且短边可以对长边进行拦截控制,如图2.3(b)所示。具体如下:①若一个三角形分别与其外侧的三个三角形组成的三个四边形的边长均小于2200m,则其控制程度优于500m×500m的正方形网(因边长不等的四边形,若其面积近于250000m^{2}时,其总边长约为2200m);②若三角形中某边的长度在500~710m,且两侧小于350m的范围内均有1个或2个钻孔配合控制,或其外侧第二圈较近,且每边的长度均小于500m,则其控制效果应优于的500m×500m的正方形网。

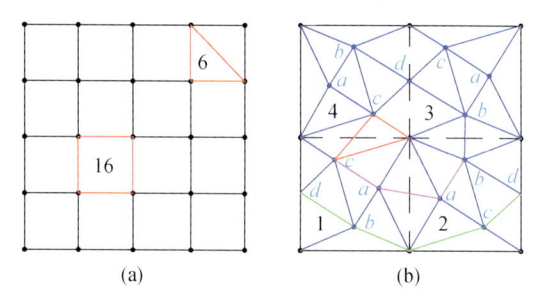

图2.3　正方形网与R-TIN中边长控制示意图

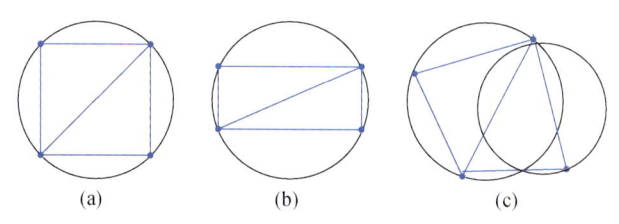

图2.4　正方形、长方形、两个不相等的相邻三角形的圆形控制范围对比示意图

国外估算矿产资源/储量的方法中有一种三角形模型法(triangular models),即以三个相邻见矿工程相连构成矿块,以三个见矿工程的平均厚度作为三角棱柱体矿块的高,每个三角形内矿层(体)的品位根据位于三个顶点处的品位值确定(阳正熙,2011)。虽然每个小块内资源/储量的数值是单独计算的,但每个小块内对煤层及地质构造的探明或控制的研究不应是独立的,而应与相邻小块相互联系、相辅相成。

采用R-TIN/GR-TIN圈定储量属于三角形模型法,它是以钻孔间多方向交错分散、呼应配合的R-TIN/GR-TIN勘查网为基础,先在相邻三角形的较大范围内进行地质分析,以煤层的连续性、稳定性和构造的复杂性确定煤炭储量的级别,然后再以单个三角形估算资源/储量,它与传统的相邻块段内除了以钻孔间距的一半从高级别储量向其下一级储量级别外推之外,只能独立确定煤炭储量级别的方法相比具有更好的优越性。如图2.3(a)所示,对于正方形网中第16小块正方形各边的控制,其外围的控制点都分布在与该正方形的四条边相同的直线方向上,没有交错,因此作用小;而对于图2.3(b)R-TIN网中红色三角形中最长边的控制,其外围在一个3段的粉色弧形之外还有一个4段的绿色弧形,且控制点交错分布,即呈双弧点位交错式联合控制,作用大。因此,即使三角形中最长边长些,但若其外围点位的控制可以推断或确定该三角形内煤层的连续性和稳定性,就可以圈定相应级别的储量。

例如,在煤层较稳定、构造复杂程度中等的煤田勘查区的勘探阶段,根据500m×500m的正方形网所获得的钻孔资料进行地质研究,在假设没有断层被隐藏、没有扣除各种损失的情况下,用四边形法进行储量估算,设探明储量的理论最大值为$A\%$,但因网型中"弱区"宽、长、曲率小,无法保证断层不被隐藏,使实际的探明储量比例可能远小于$A\%$。而根据基础正方形边长为1000m,其内三个控制点分别为$a(200m, 200m)$、$b(800m, 500m)$、$c(500m, 800m)$的R-TIN勘探网(图2.1)所获得的钻孔资料进行地质研究,在没有扣除各种损失的情况下,用三角形法进行储量估算,虽然个别三角形块段的面积略大,但由于钻孔间互相呼应配合,可以提高断层捕捉率,很好地探明或控制较大断层,可以在较大的范围内提高对煤层和构造的研究程度并提高其储量级别,使实际的探明储量的范围远大于以各个单独的三角形小块圈定的探明储量的范围之和,这样,探明储量的比例将大于正方形网中的$A\%$。在此基础上,将可以更好地根据构造特点和煤层稳定性再布设加密钻孔。若将节省的钻孔都加进去,则可以比正方形网更好地提高探明储量的比例及先期开采地段探明的资源/储量在本地段资源/储量总和中所占的比例。

在实际工作中,虽然R-TIN勘查网中基础正方形内三个钻孔的位置会有所调整,各方向的控制间距会有所变化,但由于钻孔间的交错分散与呼应配合,仍有利于从多方向上、从整体上控制或探明矿层(床)或断层。而只要能够从多方向上、从整体上可以很好地控制或探明矿层(床)或断层,虽然个别方向控制间距略大,但不影响其地质可靠性,其储量级别也应相应提高。

2.1.4 GR-TIN及其$\sqrt{3}$加密网的具体方案

1. GR-TIN的具体方案示例

若GR-TIN中基础正方形的边长L为1000m,当其内部的3个采样点分别为$a(0.3L, 0.3L)$、$b(0.4L, 0.75L)$、$c(0.8L, 0.4L)$时(图2.5),其特点如下:

(1)该网中有12个边长,其长度分别为460.98m(内a-b)、509.90m(内a-c)、531.51m(内b-c)、424.26m(a-近a顶点)、471.70m(b-近b顶点)、447.21m(c-近c顶点)、650.00m(b-第4顶点)、632.46m(c-第4顶点)、632.46m(c-c)、583.10m(a-c)、626.50m(a-b)、667.08m(b-b),其平均值为553.10m,小于边长为500m的正方形网的平均边长(569m)。其中,2个近于500m,4个小于500m,6个大于500m,均明显小于边长为500m的正方形的对角线长度(707m)。

(2)三方向网络的间隔约为410~470m,均小于500m,且呈连续的大幅度折曲,可以很好地控制或探明断层和矿层(床)的变化。

2. GR-TIN一级$\sqrt{3}$加密网的具体方案示例

若GR-TIN中基础正方形的边长L为2000m,当其内部的3个采样点分别为$a(0.3L, 0.3L)$、$b(0.4L, 0.75L)$、$c(0.8L, 0.4L)$时,其一级$\sqrt{3}$加密网(重心加密,图2.6)的特点如下:

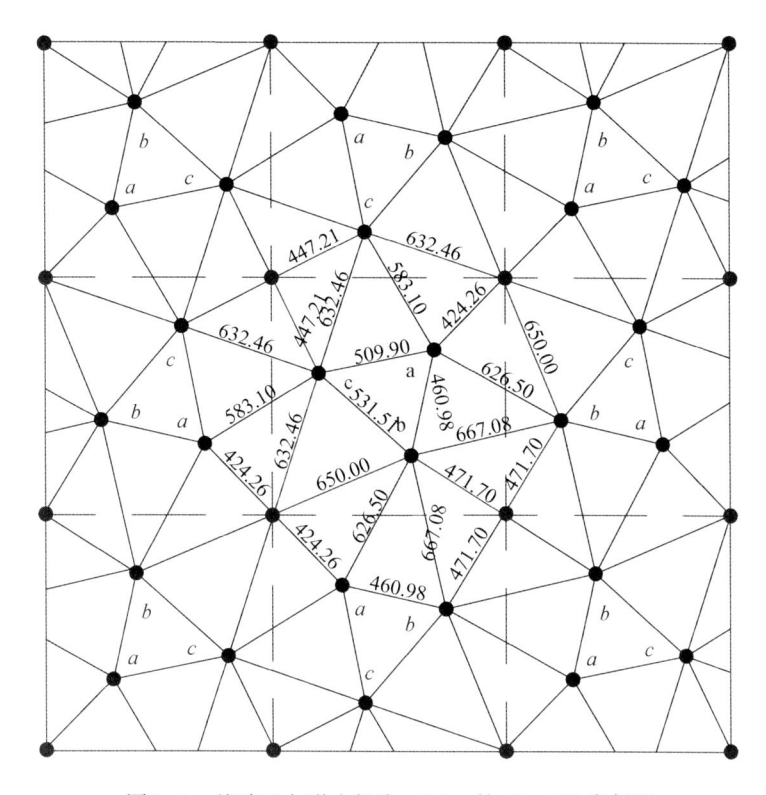

图 2.5 基础正方形边长为 1000m 的 GR-TIN 实例图

（1）该网中有 36 个边长，其长度分别为 444.72m、628.93m、703.17m、806.23m、802.77m、603.69m、778.17m、703.17m、670.00m、600.93m、507.72m、640.31m、569.60m、659.96m、647.21m、760.12m、712.58m、622.72m、736.35m、566.67m、583.10m、542.63m、647.22m、659.97m、666.67m、666.66m、596.28m、566.67m、596.28m、507.72m、421.64m、600.93m、778.17m、533.33m、596.28m、603.69m，其平均值为 631.45。其中，1 个略大于 707m，29 个小于 707m，6 个明显大于 707m。

（2）三方向网络的间隔约为 540～570m，均略大于 500m，但呈连续的大幅度折曲，可以较好地控制或探明断层和矿层(床)的变化。

（3）三角形 abc 内的加密点近于基础正方形的中点，坐标为(1000m,967m)。

3. GR-TIN 二级 $\sqrt{3}$ 加密网的具体方案示例

若 GR-TIN 中基础正方形的边长 L 为 4000m，当其内部的 3 个采样点分别为 $a(0.3L, 0.3L)$、$b(0.4L,0.75L)$、$c(0.8L,0.4L)$ 时，其二级 $\sqrt{3}$ 加密网（重心加密，图 2.7）的特点如下：

（1）该网中有 108 个边长，其长度分别为 419.28m、592.95m、662.95m、662.95m、628.94m、755.88m、755.58m、723.49m、645.98m、755.43m、616.25m、697.44m、672.57m、838.58m、950.11m、1003.95m、690.32m、835.04m、613.03m、837.69m、889.46m、830.29m、899.94m、866.67m、835.04m、766.27m、611.42m、721.11m、653.57m、702.73m、759.47m、660.72m、837.69m、613.02m、837.69m、759.47m、819.52m、808.90m、801.02m、835.03m、

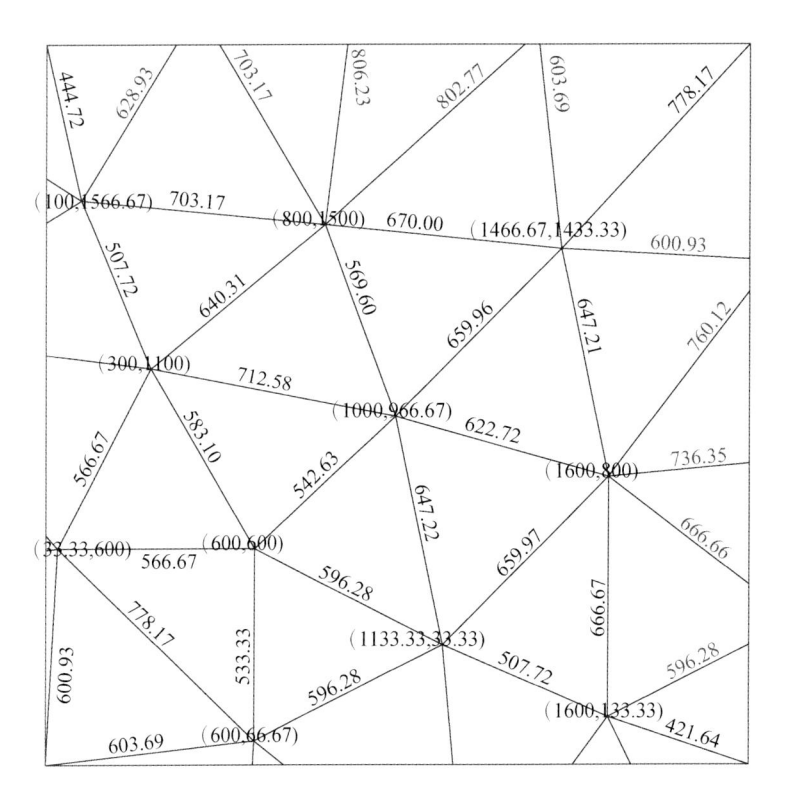

图 2.6 基础正方形边长为2000m 的 GR-TIN 一级$\sqrt{3}$加密网实例图

图边处的数字表示该边长是以该图中左上角和右下角的对角线为轴折合后与对应边处相应边长之和

835.04m、835.33m、667.04m、789.13m、614.64m、746.68m、689.68m、708.68m、766.26m、660.71m、843.27m、613.02m、647.89m、689.25m、749.65m、738.70m、767.56m、805.23m、835.03m、835.04m、717.33m、667.04m、581.61m、754.90m、689.97m、723.85m、766.26m、723.50m、851.72m、690.31m、613.03m、565.69m、518.78m、625.78m、679.87m、738.92m、915.17m、837.69m、805.23m、754.57m、640.68m、656.59m、746.68m、766.27m、684.58m、817.10m、795.04m、872.71m、691.39m、640.98m、711.11m、647.13m、669.45m、715.43m、767.11m、777.46m、735.68m、716.65m、843.28m、656.22m、716.65m、596.29m、629.39m、668.15m、619.17m、628.54m、562.18m、397.52m,其平均值为724.97。其中,10个略大于707.11m,47个小于707.11m,51个明显大于707.11m。

(2)三方向网络的间隔较大,约为620~680m,均明显大于500m,连续折曲的幅度不大,在局部区域会出现断层失控的情况。

(3)对资源/储量的控制程度低于500m×500m的正方形网。

(4)可在边长为950.11m、1002.85m、645.38m的三角形中增加一个钻孔。

(5)可采用缩小基础正方形边长的方法提高控制程度,如将其基础正方形边长的0.9倍(3600m)作为GR-TIN二级$\sqrt{3}$加密网中基础正方形的边长,这时,三方向网络的间隔为560~610m。

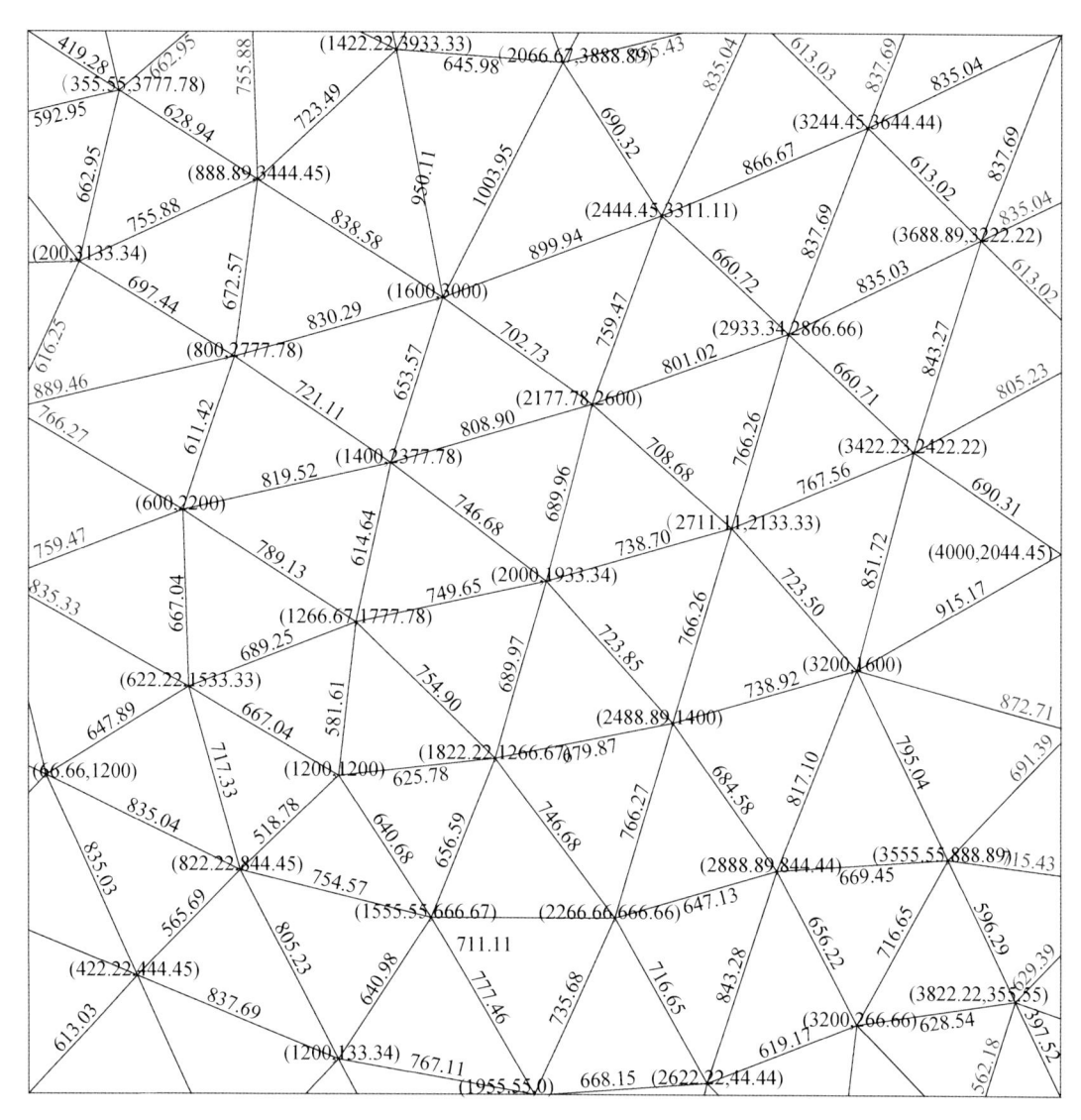

图 2.7 基础正方形边长为 4000m 的 GR-TIN 二级 $\sqrt{3}$ 加密网实例图

图边处的数字表示该边长是以该图中左上角和右下角的对角线为轴折合后与对应边处相应边长之和

4. GR-TIN 三级 $\sqrt{3}$ 加密网的具体方案示例

若 GR-TIN 基础正方形的边长为 6000m,当 3 个采样点分别为 $a(0.3L,0.3L)$、$b(0.4L,0.75L)$、$c(0.8L,0.4L)$ 时,其三级 $\sqrt{3}$ 加密网(重心加密,图 2.8)的特点如下:

(1) 该网中有 324 个边长,其长度分别为 297.32m、417.33m、468.77m、534.49m、564.48m、465.12m、524.11m、538.98m、556.66m、655.64m、717.08m、590.56m、785.67m、603.69m、778.17m、603.69m、778.17m、590.46m、601.44m、623.81m、600.93m、600.93m、441.89m、541.28m、524.11m、628.94m、611.22m、672.65m、703.16m、733.00m、638.77m、806.21m、697.79m、734.69m、802.77m、666.75m、793.88m、603.69m、785.67m、603.69m、

778.17m、603.69m、778.17m、574.17m、611.22m、622.61m、629.44m、598.36m、625.49m、646.84m、623.81m、597.48m、600.92m、595.24m、637.60m、547.16m、624.70m、636.73m、656.20m、819.82m、922.50m、888.68m、646.83m、754.90m、588.38m、746.44m、617.55m、778.17m、617.54m、771.40m、617.54m、771.40m、634.23m、644.83m、703.17m、763.68m、712.51m、669.99m、628.55m、623.80m、600.93m、578.21m、587.11m、485.09m、645.02m、571.44m、628.55m、591.41m、654.42m、544.90m、700.35m、576.93m、707.27m、603.79m、699.29m、603.79m、731.73m、632.06m、765.38m、609.09m、706.68m、697.97m、734.44m、705.63m、694.60m、683.57m、652.16m、628.54m、605.02m、644.44m、681.06m、507.72m、660.07m、528.22m、640.32m、548.84m、645.98m、569.58m、652.53m、593.90m、659.97m、619.84m、692.11m、647.21m、725.55m、625.78m、760.12m、608.68m、771.81m、740.13m、708.76m、697.79m、666.86m、636.34m、612.32m、645.97m、689.70m、598.36m、621.12m、531.72m、626.67m、551.77m、607.46m、571.98m、613.63m、594.32m、620.73m、619.84m、659.97m、647.22m、692.12m、690.77m、813.84m、607.86m、671.83m、691.13m、743.45m、712.58m、682.13m、622.72m、622.72m、622.72m、829.69m、760.11m、619.04m、628.54m、679.86m、666.67m、549.75m、591.82m、625.59m、580.01m、644.25m、574.03m、576.49m、574.88m、594.32m、613.63m、619.84m、620.73m、647.21m、659.96m、650.54m、699.65m、733.67m、636.35m、603.70m、632.46m、523.05m、725.30m、603.27m、661.56m、668.51m、639.62m、611.42m、583.31m、591.39m、610.20m、579.48m、727.08m、566.68m、653.58m、551.66m、583.10m、543.55m、596.80m、542.62m、618.43m、581.61m、647.23m、620.74m、650.55m、659.97m、657.06m、631.68m、666.68m、610.20m、579.49m、596.29m、496.91m、506.74m、645.30m、612.73m、614.63m、629.41m、602.57m、573.60m、544.90m、556.89m、526.80m、496.91m、444.44m、565.79m、717.07m、541.15m、642.24m、516.87m、522.33m、471.68m、574.03m、555.56m、606.55m、593.47m、675.287m、621.14m、681.05m、660.72m、689.25m、629.33m、600.41m、604.51m、535.19m、506.75m、444.44m、397.53m、655.63m、566.67m、477.91m、541.71m、596.29m、651.02m、537.02m、507.72m、478.69m、562.18m、421.63m、281.09m、600.93m、786.30m、554.43m、707.80m、529.73m、636.83m、444.58m、542.73m、568.40m、573.60m、636.85m、610.20m、644.82m、629.32m、712.50m、662.95m、653.95m、573.48m、604.50m、534.42m、590.49m、578.24m、562.63m、650.25m、647.89m、617.45m、587.10m、600.93m、778.17m、577.31m、777.56m、555.66m、711.46m、533.33m、572.73m、600.41m、596.27m、668.14m、604.51m、736.34m、603.69m、590.57m、577.46m、706.67m、702.73m、600.93m、778.17m、600.93m、778.17m、518.21m、771.40m、622.32m、590.46m、622.33m、603.69m、603.69m、603.69m，其平均值为626.55m。其中，45个大于707m的边长中有10个略大于707m。

（2）三方向网络的间隔约为380～550m，钻孔间连续折曲的幅度较小，在局部区域会出现断层失控的情况。

（3）对资源/储量的控制程度高于500m×500m的正方形网。

（4）边长为623.71m、818.05m、922.19m的三角形和边长为586.04m、898.57m、922.19m的三角形是以922.19m的边为公共边的相邻三角形，可在922.19m边的中点或近处增加一个钻孔。

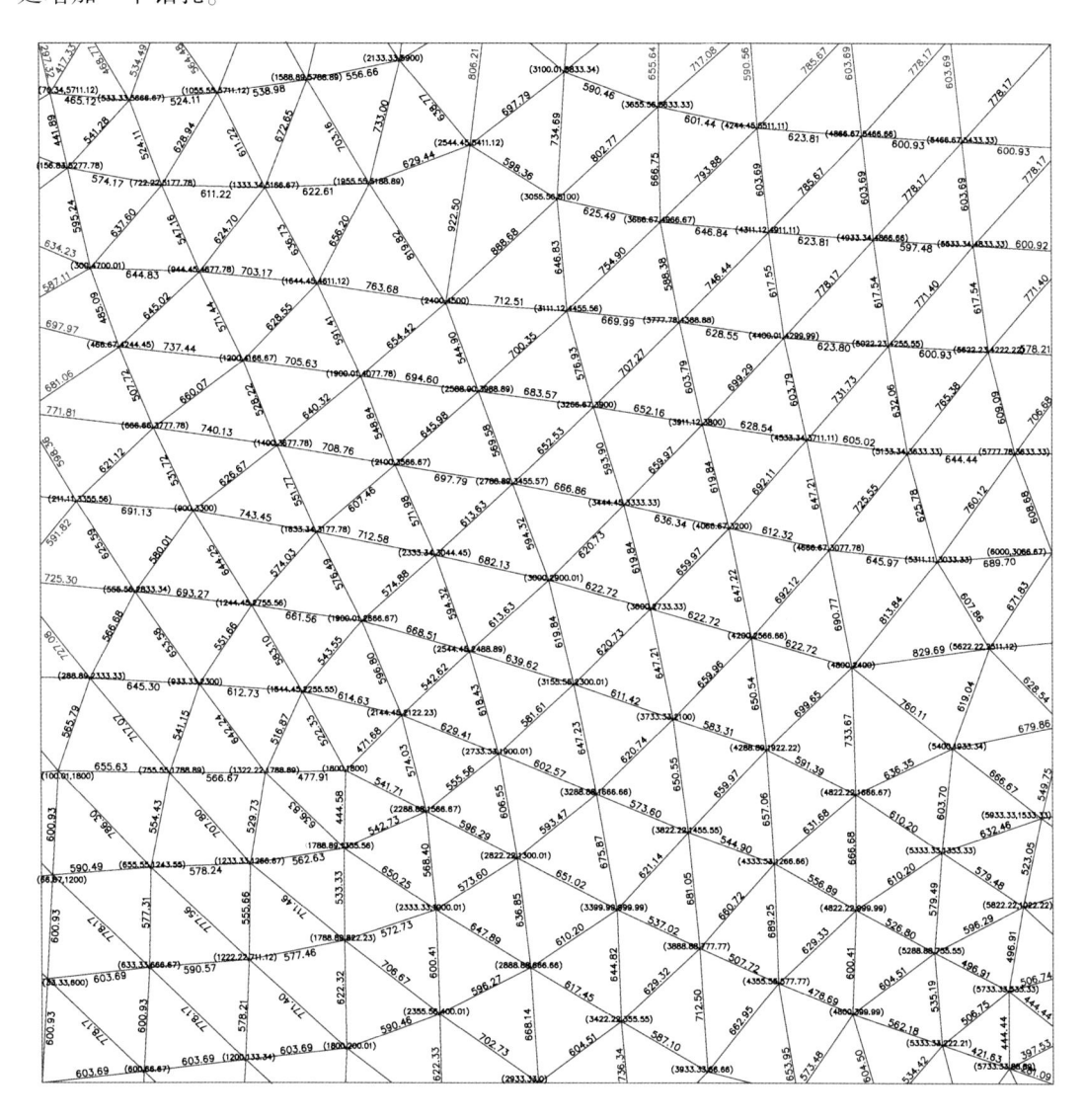

图 2.8 基础正方形边长为 6000m 的 GR-TIN 三级 $\sqrt{3}$ 加密网实例图

图边处的数字表示该边长是以该图中左上角和右下角的对角线为轴折合后与对应边处相应边长之和

2.2 设计或反演案例

2.2.1 地形图缩放设计案例

如图 2.9 所示,它是采用 1.2.3 节中的 GR-TIN 实例(图 1.10)对地形图进行缩放,并与正方形网进行对比。采用正方形网时,350m 等高线内和线上有 3 个采样点[图 2.9(a)];采用图 1.10 中的 GR-TIN 时,在图 2.9(b)~(e)的 4 个方案中,350m 等高线内和线上分别有 6 个、5 个、6 个、6 个采样点。可见,GR-TIN 的缩放效果明显优于正方形网。

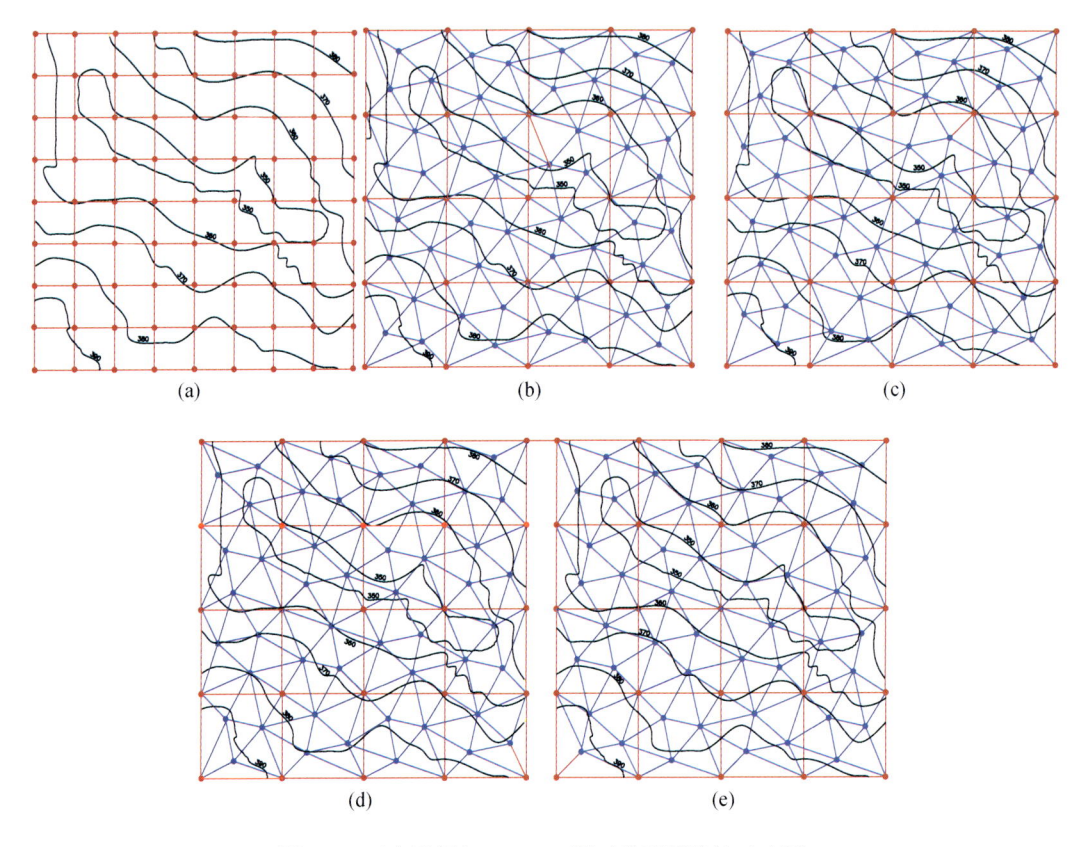

图 2.9 正方形网与 RG-TIN 用于地形图缩放对比图

2.2.2 1∶5 万或 1∶2.5 万水系沉积物测量设计案例

现有的 1∶5 万或 1∶2.5 万水系沉积物测量中采样点的布设是在长、宽均为 0.5km 的方格内布设 1 个或 2 个采样点。按每方格内有两个采样点计算,每平方千米内有 8 个采样点。如果采用基础正方形边长为 1km 的 GR-TIN,以 1km² 的范围作为一个大方格,则一个大方格内有 7 个采样点,与现有布点方法相比节省 1 个采样点。调查区面积越大,节省的采样点越多。以长 2km、宽 4km 的调查区为例,正方形网需 64 个采样点,如图 2.10(a)中的方案 1;基础正方形边长为 1km 的 GR-TIN 需 39 个采样点,如图 2.10(b)中的方案 2,较正方形网节省 25 个采样点,节省率为 39%。从水平和垂直两方向控制间距的平均值来看,方案 1 为 250m,方案 2 也为 250m。从网络中三角形的面积来看,方案 1 中的小而均匀,方案 2 较方案 1 中的大 1.7~2.4 倍,但方案 2 疏密相间,在多方向上的呼应配合更合理。方案 1 在勘查区边界上没有采样点,方案 2 在边界上有 12 个采样点。因此,综合来看,方案 2 与方案 1 的控制效果相近。

在该调查区,若采用基础正方形边长为0.8km的GR-TIN,共有56个采样点,如图2.10(c)中的方案3,平均每平方千米有7.125个采样点,较正方形网节省8个采样点,节省率为13%。方案3中三角形的面积较方案1中的大1.1~1.6倍,但方案3疏密相间,在多方向上的呼应配合更合理。方案1在勘查区边界上没有采样点,方案3在边界上有10个采样点。因此,综合来看,方案3的控制效果比方案1好。

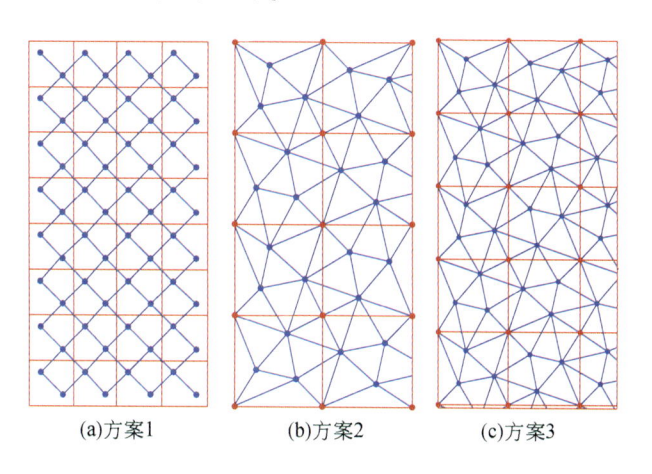

(a)方案1　(b)方案2　(c)方案3

图2.10　菱形网与RG-TIN用于水系沉积物测量对比图

2.2.3　1∶5万或1∶2.5万土壤地球化学测量设计案例

常用的1∶5万或1∶2.5万土壤地球化学测量中采样点的布设是在长、宽均为1km的方格内布设9个采样点[图2.11(a)],采样点在各方格内的布置方式相同,在连续的方格内,采样点的分布呈均匀状。该布点方法的实质是正方形网。如果以1km²方格内从第1条水平测线和垂直测线起至第3条水平测线和垂直测线的范围作为正方形网的一个田字格,则这个边长为666.67m的田字格内部只有1个采样点,在水平和垂直两方向的控制间距均为333.33m。如果以该田字格的范围作为GR-TIN中的一个基础正方形,保留田字格4个顶点处的采样点,将其余5个采样点去掉,在方格内新设3个采样点[图2.11(b)],则在水平

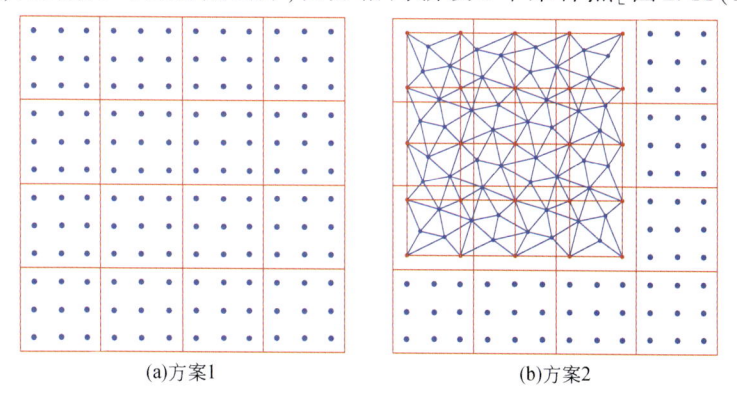

(a)方案1　(b)方案2

图2.11　正方形网与RG-TIN用于地球化学填图方案对比图

和垂直两方向上控制间距的平均值为167m;三角形的面积是上述9点法的0.83~1.18倍;且在多方向上的呼应配合更合理,控制效果明显优于正方形网。在节省采样点数量方面,以长、宽均为3km的调查区为例,采用正方形网的方案1[图2.11(a)],需81个采样点,采用基础正方形边长为0.8km的GR-TIN的方案2[图2.11(b)],需73个采样点,较正方形网节省8个采样点,节省率约为10%。虽然节省的采样点不多,但其对局部异常的发现和控制明显优于正方形网。

2.2.4 超低密度地球化学填图设计案例

根据《矿产勘查中的分形、混沌与ANN》一书(李长江、麻土华,1999),中国矿田(床)呈分形分布构成的密集区的"特征尺度"为20~150km,其中,中型规模以上矿床密集区的"特征尺度"为20~350km;以100km×100km的采样网格作为超低密度地球化学填图的采样密度,一般是不会漏掉"特征尺度"为20~150km的矿田(床)密集区,或者"特征尺度"为20~350km的大、中型矿床密集区;在密集区内,以20km×20km的采样网格进行采样,可能也不会漏掉中型规模以上的大型或超大型矿床(李长江、麻士华,1999)。

如果以800km×800km作为GR-TIN中基础正方形的边长,采用GR-TIN的三级$\sqrt{3}$加密网,则与在该范围(800km×800km)内以田字格式进行四级加密所得的100km×100km的正方形网相比,节省50%以上的采样点,同时,又可获得较好的分析结果,也应该不会漏掉"特征尺度"为20~150km的矿田(床)密集区,或者"特征尺度"为20~350km的大、中型矿床密集区;在密集区内,采用GR-TIN的六级$\sqrt{3}$加密网较20km×20km的正方形网节省近40%的采样点,同时,又可获得较好的分析结果,可能也不会漏掉中型规模以上的大型或超大型矿床。

2.2.5 煤田勘探设计案例

1. 对比案例1

以8000m×8000m范围内的煤田二类二型勘查区为例。

方案1:勘探阶段,若采用500m×500m的正方形网,需17排17列,共289个钻孔,以对角线分割所得三角形的平均边长为569m,如图2.12(a)所示。

方案2:勘探阶段,若采用1000m×1000m正方形网基础上的GR-TIN,需钻孔273个,三角形的平均边长为553m,如图2.12(b)所示。

方案2与方案1相比,节省16个钻孔,省孔率为5.5%,三角形的平均边长缩短了2.9%,控制效果明显优于方案1。

方案3:勘探阶段,若采用1000m×1000m正方形网基础上GR-TIN的A形网,需钻孔305个,如图2.12(c)所示。

方案3与方案1相比,需增加16个钻孔,但有一个方向系列的主导剖面,控制效果明显优于方案1和方案2。

(a)方案1　　　　　　　　　(b)方案2　　　　　　　　　(c)方案3

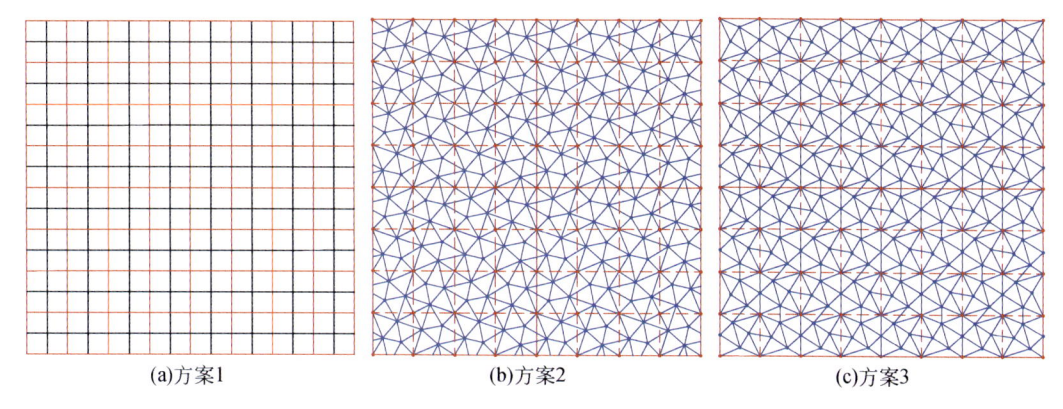

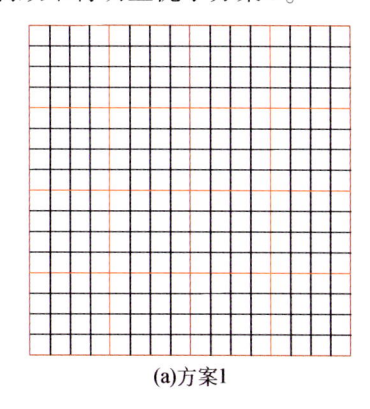

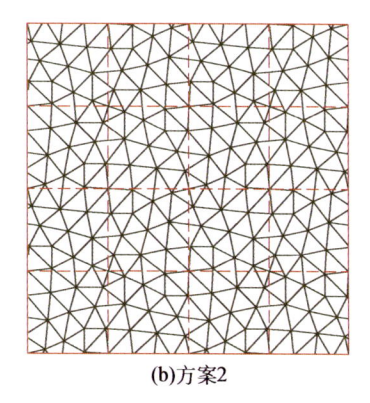

图 2.12　煤田勘探对比案例 1 示意图

2. 对比案例 2

以 8000m×8000m 范围内的煤田二类二型勘查区为例。

方案 1:勘探阶段,若采用 500m×500m 的正方形网,需 17 排 17 列,共 289 个钻孔,以对角线分割所得三角形的平均边长为 569m,如图 2.13(a)所示。

方案 2:在勘探阶段,若采用 2000m×2000m 正方形网基础上的 GR-TIN 一级 $\sqrt{3}$ 加密网,需钻孔 201 个,三角形的平均边长为 632.16m,如图 2.13(b)所示。

方案 3:勘探阶段,若采用 400m×400m 的正方形网,需 21 排 21 列,共 441 个钻孔,以对角线分割所得三角形的平均边长为 455m,如图 2.13(c)所示。

方案 4:勘探阶段,若采用 1600m×1600m 正方形网基础上的 GR-TIN 一级 $\sqrt{3}$ 加密网,需 311 个钻孔,三角形的平均边长为 506m,如图 2.13(d)所示。

方案 2 与方案 1 相比,节省 88 个钻孔,省孔率为 30.4%,三角形的平均边长增加了 11.1%,控制效果次于方案 1;但若将节省的 88 个钻孔都在勘探阶段加进去,布设在需特别控制之处,控制效果将明显优于方案 1。

方案 4 与方案 3 相比,节省 130 个钻孔,省孔率为 29.5%,三角形的平均边长增加了 11.2%,控制效果次于方案 3;但若将节省的 130 个钻孔都在勘探阶段加进去,布设在需特别控制之处,控制效果将明显优于方案 3。

(a)方案1　　　　　　　　　(b)方案2

(c)方案3　　　　　　　　　　　(d)方案4

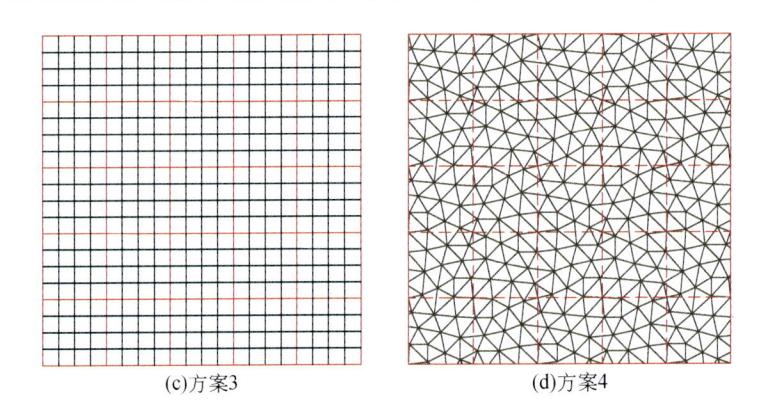

图 2.13　煤田勘探对比案例 2 示意图

方案 4 与方案 1 相比,方案 4 增加了 22 个钻孔,增孔率为 7.6%,但三角形的平均边长缩短了 11.1%,控制效果将明显优于方案 1。

3. 对比案例 3

以 7200m×7200m 范围内的煤田二类二型勘探区为例。

方案 1:勘探阶段,若采用 500m×500m 的正方形网,需 15 排 15 列,共 225 个钻孔,以对角线分割所得三角形的平均边长为 569m,如图 2.14(a)所示。

方案 2:若在预查阶段采用 3600m×3600m 的正方形网,普查阶段采用 3600m×3600m 正方形网基础上的 GR-TIN,详查阶段采用其一级 $\sqrt{3}$ 加密网,勘探阶段采用其二级 $\sqrt{3}$ 加密网,需 149 个钻孔,三角形的平均边长为 652m,如图 2.14(b)所示。

方案 2 与方案 1 相比,节省了 33.8% 的钻孔,三角形的平均边长增加了 14.6%,控制效果次于正方形网;但若将节省的 76 个钻孔都在勘探阶段加进去,布设在需特别控制之处,控制效果将明显优于方案 1。

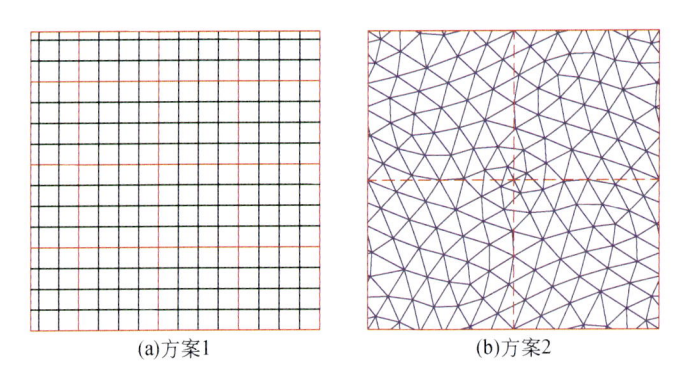

(a)方案1　　　　　　　　　　　(b)方案2

图 2.14　煤田勘探对比案例 3 示意图

4. 对比案例 4

以 6000m×6000m 范围内的煤田二类二型勘探区为例。

方案1：勘探阶段，若采用500m×500m的正方形网，需13排13列，共169个钻孔，以对角线分割所得三角形的平均边长为569m，如图2.15(a)所示。

方案2：勘探阶段，若采用375m×375m的正方形网，需17排17列，共289个钻孔，以对角线分割所得三角形的平均边长为530m，如图2.15(b)所示。

方案3：若在预查阶段采用6000m×6000m正方形网基础上的GR-TIN，普查阶段采用其一级$\sqrt{3}$加密网，详查阶段采用其二级$\sqrt{3}$加密网，勘探阶段采用其三级$\sqrt{3}$加密网，需112个钻孔，三角形的平均边长为626.17m，如图2.15(c)所示。

方案3与方案1相比，节省钻孔57个，省孔率为33.7%，三角形的平均边长大了10%，控制效果明显次于方案1；但若将节省的57个钻孔都在勘探阶段加进去，布设在需特别控制之处，控制效果将明显优于方案1。

方案3与方案2相比，节省钻孔177个，省孔率为61.2%，三角形的平均边长大了18.1%，控制效果明显次于方案2；但若将节省的177个钻孔都在勘探阶段加进去，布设在需特别控制之处，控制效果将明显优于方案2。

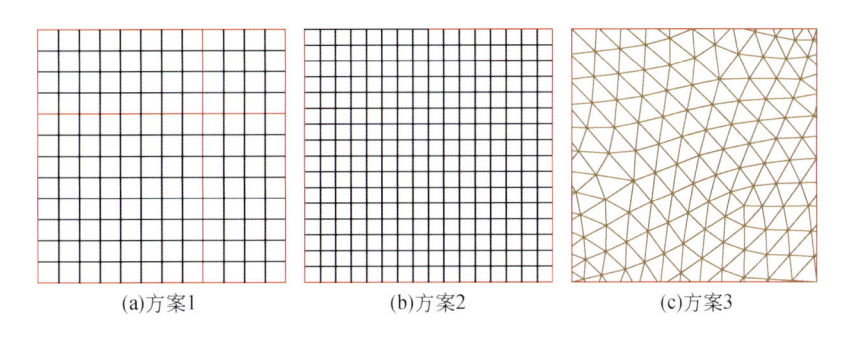

(a)方案1　　(b)方案2　　(c)方案3

图2.15　煤田勘探对比案例4示意图

2.2.6　煤田勘探反演案例

以C矿7、10、12倾向勘探线上83-4、77-2、83-6、87-3、85-4、89-2、89-3、92-1钻孔所圈定范围内的11号煤层为例进行反演。

1. 原钻探工程布置及煤层底板等高线图

如图2.16所示，在C矿7、10、12勘探线上83-4、77-2、83-6、87-3、85-4、89-2、89-3、92-1钻孔所圈定的范围内，原有钻孔26个，分别为83-4、78-7、92-1、91-1、89-3、83-1、63-4、88-3、99-1、99-2、2000-2、99-4、2000-3、77-2、88-2、90-1、90-5、89-2、87-2、83-5、89-1、83-6、87-1、87-3、88-4、85-4。

2. 采用R-TIN的钻探工程布置及煤层底板等高线图

如图2.17所示，以83-4、77-2、90-1、92-1钻孔圈定的范围为基本单元，在其内部布设3个钻孔D-1、D-2、D-3。研究范围内与其配套的相邻方形中三角形顶点处钻孔的位置有

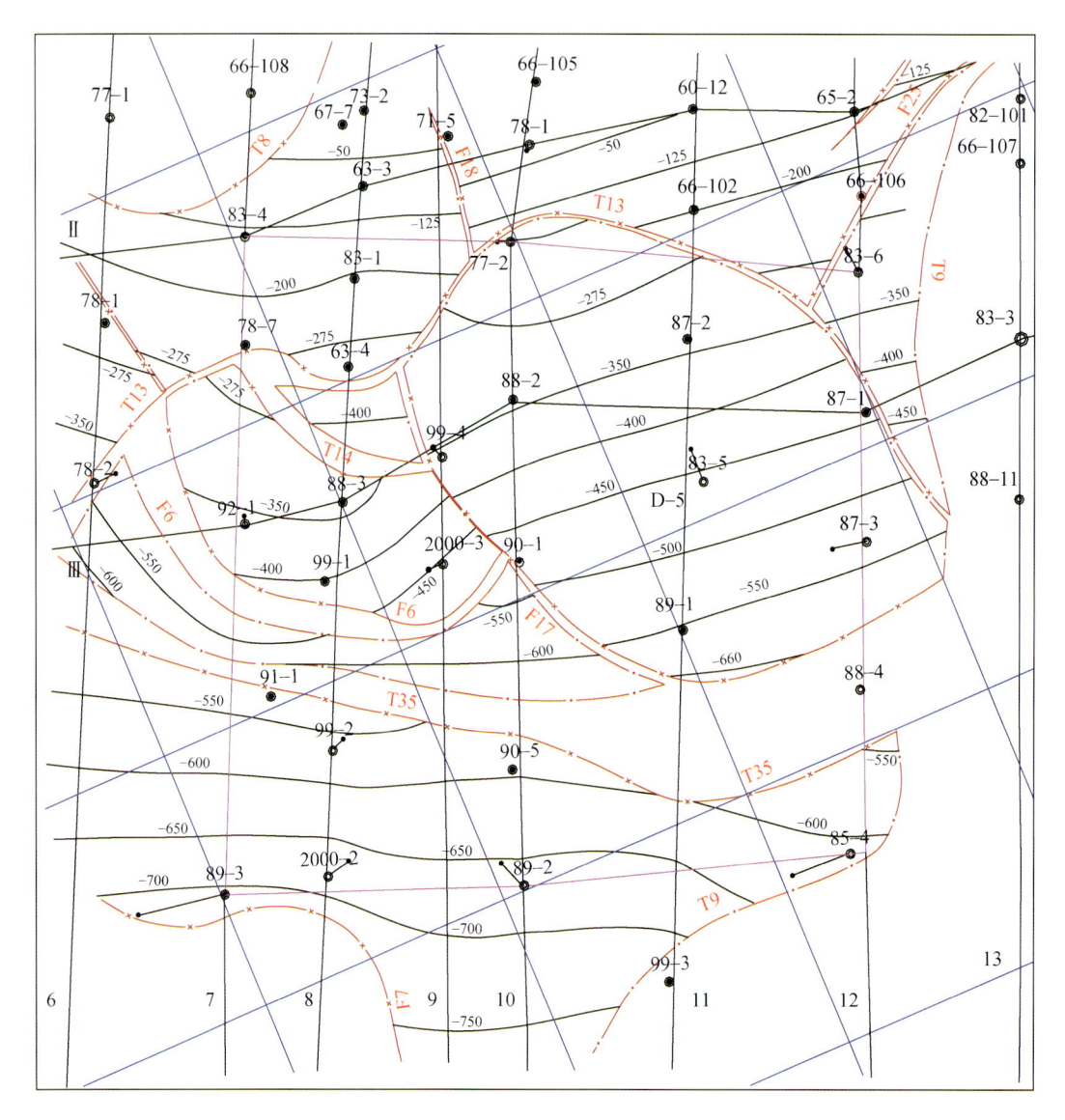

图 2.16 原钻探工程布置及煤层底板等高线图

所变动。原钻孔中的 83-4、77-2、83-6、87-3、85-4、89-2、89-3、92-1、90-1 仍然使用。新设钻孔为 D-1～D-12。共 21 个钻孔。

勘查图件的编制步骤为，首先编制 R-TIN 中相邻两个钻孔间的小剖面图；然后，以一系列相邻两钻孔间的小剖面图(附图 1～附图 44)为基础，编制 11 号煤层底板等高线图。

两个钻孔间小剖面组成的剖面系统的整体分析如下：

(1) 90-1 钻孔未见断层 F6，但在 D-11—90-1 连线的小剖面中，若 D-11 钻孔已完工，见到了 F6 断层，并求得其产状，则可求出断层 F6 在 D-11—90-1 连线剖面中的伪倾角，进而推测出 F6 断层在该剖面上的位置。

(2) 依据小剖面系统的整体合理性分析发现，通过 D-6、D-5、D-4、D-3、D-8、D-9、D-

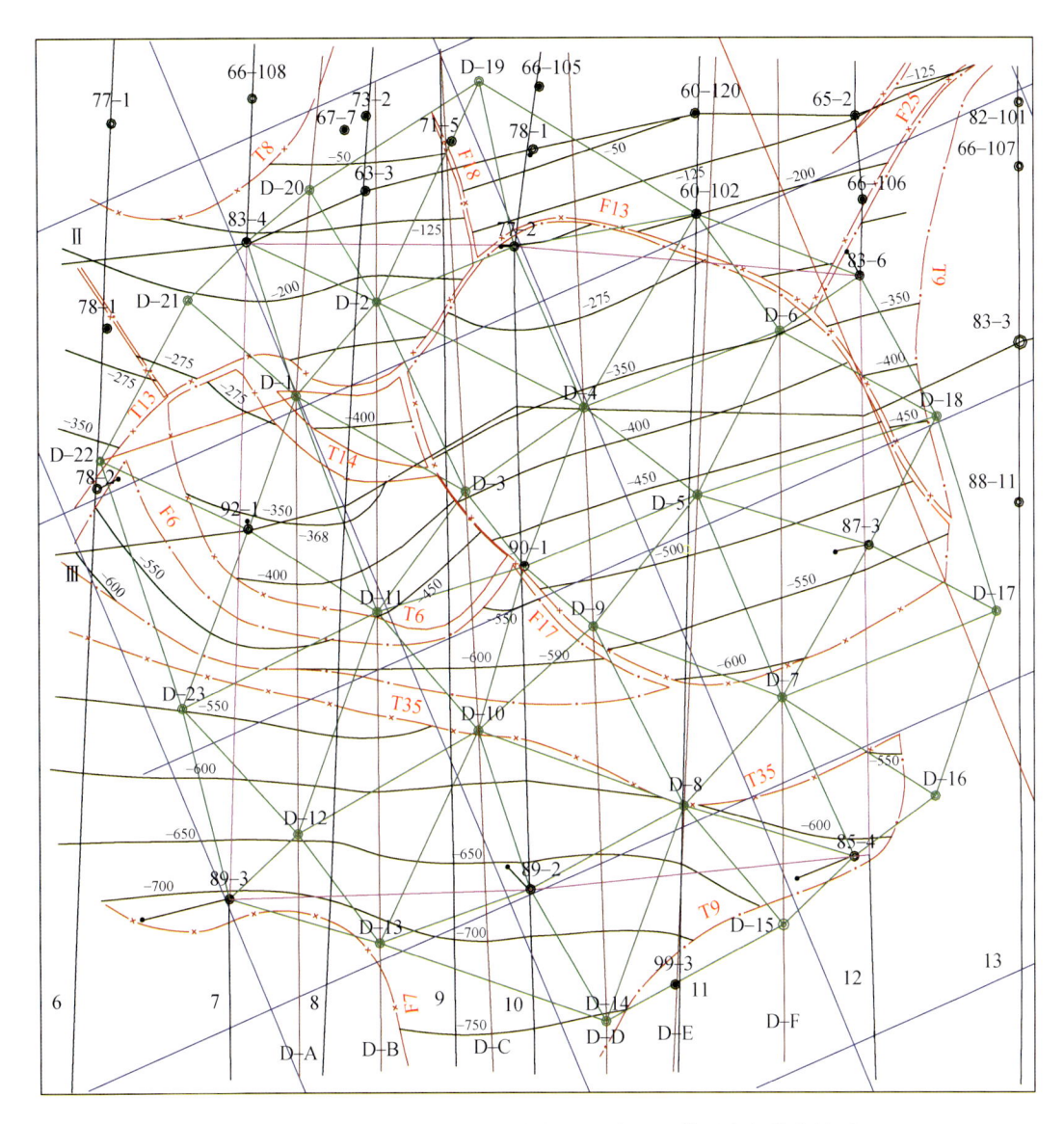

图2.17 采用R-TIN基本网的钻探工程布置及煤层底板等高线图

10、D-11钻孔的传递,83-6钻孔中T9断层以下的煤层与90-1和89-2钻孔相矛盾。具体为,83-6钻孔中见有27层,从D-6、D-5、D-4、D-3、D-8、D-9、D-10、D-11钻孔的传递情况来看,从剖面合理性的角度来分析,在90-1和89-2两钻孔中均应见27层,而实际两钻孔中均未见该层。其余钻孔及剖面间无明显不合理之处。

该问题的分析如下:

从倾向来看,D-5、D-6和90-1三个钻孔中T9以下的第一个煤层应与83-6钻孔中T9以下的第一个煤层为同一煤层。这样,83-6、90-1和89-2钻孔中煤层的确定可能存在不妥之处。

如果90-1钻孔中的29层是27层,则D-6与D-5两钻孔中的29层也应是27层,而这将导致87-3至D-5剖面中27层的倾向与T9上段煤层的倾向相反；如果89-2钻孔中的29层是27层，则D-8钻孔中的29层也应是27层，这将导致85-4至D-8剖面中22层与27层间的距离偏大。

如果将83-6钻孔中的27、29、30、33层分别依次调为29、30、33、35层。这样的调整和与83-6钻孔同在原12剖面上的87-3和85-4两个钻孔并无矛盾，因87-3钻孔相对浅些，只打到27层，而该27层的层位不变；85-4钻孔由于F32断层的切割，只见到同一断盘的22层，同一断盘内其余的27、29、30、33、35、36层均未见到，无法对该方案进行验证。但修改后，D-8至85-4剖面中T9断层以上、以下两段中煤层倾角相差较大，下段较陡，但与12剖面中85-4钻孔处的实际情况相符；与附图45（原12剖面图，图中蓝色的27为原定煤层号，绿色的29、30、33、35、36为修改后的煤层号，修改前依次为27、29、30、33、35）中87-3钻孔向盆地深处T9断层上盘的陡坎逆冲和F32断层下盘对T9断层反向上冲引起的T9断层和F32断层之间区段内煤层倾角在陡坎处较大的情况相符；与附图46（原11剖面图）中T9断层以下27层的分布情况也相符；其余各剖面均无明显不符之处。

（3）小剖面中11号煤层与各高程线交点的位置与原11号煤层底板等高线图中的相应位置略有出入，并不完全一致。由于原11号煤层底板等高线图是根据原7、8、9、10、11、12倾向剖面图编制的，等高线图上所用各煤层高程点只分布在倾向勘探线上，其他位置的高程点均是根据相邻倾向勘探线上的高程点顺势连接而成，其准确性不是很好；而R-TIN小剖面图上煤层与各高程线交点的位置比根据正方形网的倾向剖面图编制的煤层底板等高线图上的位置要准确。因此，这类现象的出现是必然的。

3. 两方案对比

原方案：为避免正方形网的不足，在实际的勘查实践中，在7、10两倾向剖面间增加了8、9两条倾向勘探线，在10、12两倾向剖面间增加了一条11倾向勘探线。新增倾向剖面上的钻孔与邻近的原倾向剖面上的钻孔呈错位布局，原倾向剖面上的加密钻孔除91-1偏离勘探线外，余者仍采用正方形网的加密方法。实际布孔共计26个，较正方形网加密方案多1个钻孔，较R-TIN方案多5个钻孔。该方案的不足之处是在90-5、89-2、85-4钻孔之间控制不足。

R-TIN方案：与原方案相比，解决了90-5、89-2、85-4钻孔之间控制不足的问题，但有三点不足，一是在77-2和D-6之间，T13断层没有钻孔控制；二是83-4与92-1两钻孔中间处T13断层复杂，控制粗略；三是在断层T13、T14、F17之间所夹块段复杂，控制粗略。但若将范围扩大，即将其外围的D-13~D-23钻孔考虑进来，则上述前两点不足均可较好解决；由于断层T13、T14、F17之间所夹块段很小，且其中已有钻孔D-1，再根据83-4、92-1、D-2、D-3、D-21钻孔可以对第三个问题进行一定的推测。

D-7、D-8、D-10三个钻孔虽然没有见到11号煤层，但D-7钻孔见到了9-1、9-2号煤层，D-8、D-10钻孔均见到了12、13号煤层，可作为这三个钻孔中对11号煤层进行推测的间接依据。

R-TIN的反演方案是在只有正方形格网上钻孔信息的基础上进行的，可随着钻探工程的施工，根据已完工钻孔中获得的断层和煤层产状信息将未施工的D-7、D-8、D-10钻孔调整到邻近的煤层断块内，控制效果会更好。

R-TIN 的布孔方案与正方形网相比省孔率为 16%[(25-21)/25]，与实际方案相比省孔率为 20%[(26-21)/25]。

通过上述两方案的对比，R-TIN 在煤田勘探中的适用情况可总结如下：

(1) R-TIN 不仅节省钻孔，在多方向上缩小控制间距，还能通过剖面网络，使不直接相邻的钻孔间也产生联系，有利于从多方向上对煤层和地质构造进行综合分析、对比和解释，使所进行的地质推测、控制或查明明显优于正方形网。

(2) 对煤层较稳定或不稳定、构造中等或复杂勘探区尤为适用。

第3章　旋转虚拟岩心法求解非定向钻孔岩心中断层或矿层产状

固体矿产勘查不同于液体、气体矿产勘查，岩心中隐含的断层和矿层产状信息会影响到相关问题的解决。这些相关问题为：断层或矿层的追踪控制与钻孔位置的调整，尤其是当某断层只有一个钻孔遇到时；剖面图中断层或矿层的准确性；断层与矿层的对比；矿层底板等高线图与三维地质模型的准确性及编制方法。

因此，从新的角度探讨该问题的解决方法，有利于不同方法间的互补或验证，有利于更好解决该问题。

本章建立了取出后的直立岩心中断层或矿层产状与其在地下原产状间的空间解析关系，并以此为基础，探讨了一种以参考层数据为基础，在一个非定向钻孔岩心见断层或矿层的情况下求解其产状的方法。

3.1　已有方法概述

定向钻孔虽然能够获取岩心中矿层、断层等地质结构面的产状信息，但费用较高。

对于非定向钻孔，虽然目前采用的金刚石绳索取心工艺，可使钻孔偏斜率小于1%；但作者认为，从增加有限信息的分散性和提高三维地质建模质量两方面考虑，应尽力避免垂直钻孔。原因如下：第一，垂直钻孔中的地质信息均分布在一个垂直方向上，可以避免由于钻孔歪斜在剖面图上产生的投影误差，这对于传统的以剖面图为基础编制矿层底板等高线图是非常有利的；但对于利用歪斜钻孔中的数据采用非剖面的三角形网络直接进行三维地质建模而言，钻孔是直或曲均可，且该方法已成为三维地质建模的主流。第二，从钻孔数据的分散性方面考虑，同一个垂直钻孔中相邻几个孔段数据平面位置间的夹角为零或极小，数据间的相似系数太大，只能求得矿层或断层的倾角，不利于对矿层或断层的倾向和走向进行分析，不利于恢复钻孔附近矿层和断层的赋存形态；而在歪斜钻孔中相邻几个孔段数据平面位置间的夹角增大，降低了数据间的相似系数，可以求出矿层或断层的产状，对于恢复钻孔附近矿层和断层的赋存形态有利。

对于非定向的三维弯曲钻孔，岩心中断层或矿层的产状[图3.1、图3.2，其中，图3.1(a)、(b)是一半岩心的两面]与其在地下原产状间的关系复杂，不能直接对应，使我们从岩心中无法直接获得断层和矿层产状的真实信息；这使我们从非定向钻孔岩心中得到的除矿石的物理性质、化学性质、显微性质之外的最重要信息只是地质点的三维坐标。而由于岩心采取率的影响，采用的三维坐标主要依据测井资料确定。可见，对于非定向的三维弯曲钻孔，虽然投入了很高的钻探成本，但从岩心中获得的有用信息明显不足。

图 3.1　岩心中断层实例

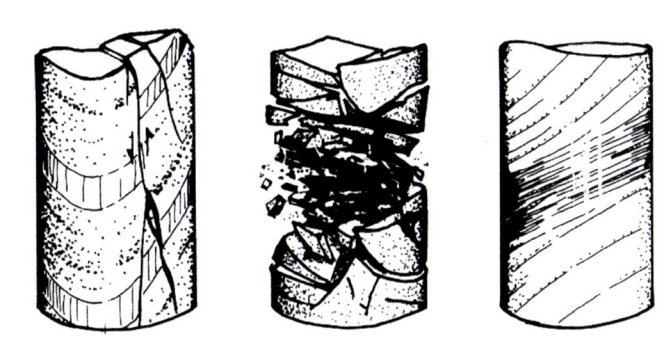

图 3.2　岩心中断层示意图

从钻探机出现,尤其是在 1940 年 Kreiter 的《矿床找矿勘探学》教材出版之后,地质工作者从不同角度探讨了从非定向的歪斜钻孔岩心中获得断层或矿层产状的方法,可以归为以下五类。

1) 第一类——岩心几何分析方法

四川省地质矿产勘查开发局四〇三地质队杨本锦、刘云霞于 1997 年探讨了利用岩心轴角换算地层产状的几何方法,它求得的是两个斜孔之间小块段的矿层产状,无法求得单个钻孔中矿层或断层产状;连云港化工高等专科学校唐炎森于 1997 年探讨了根据单个弯曲钻孔中几个孔段的资料利用球面投影小圆交点公式求解地下岩层产状的几何方法;成都理工大学石永泉于 2007 年探讨了利用 3 个钻孔穿过岩石同一标志面的不同标高,计算出岩石标志面(结构面)产状的几何方法;河南省煤炭地质勘查研究总院常学军于 2013 年探讨了利用钻孔岩心倾角求解地层真倾角的几何方法,它是在假设岩心已经完成地面定向的基础上进行的。

该类方法的不足之处如下:

(1) 除钻孔天顶角之外的两个数据——钻孔倾斜方位与矿层走向线间的夹角和矿层心倾角,均是在岩心进行地面定向之后量取的,需要先进行地面定向;而若完成了岩心地面定向,则可将岩心放在定向装置中直接量取矿层产状,如图 3.3 所示,它是澳大利亚詹姆斯库

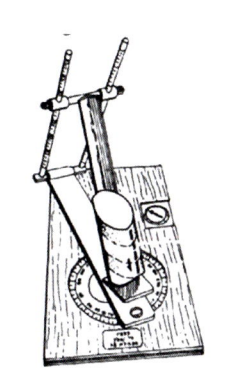

图 3.3　定向钻孔岩心的定向装置

克大学(James Cook University)的莱恩(Laing)于1989年为定向钻孔岩心设计的岩心定向装置(Marjoribanks,2010)。

(2)有的几何分析方法是在假设已知岩心中矿层走向的前提下进行的,而矿层走向是根据相邻几个钻孔资料确定的"以直代曲"的大致走向,有一定的误差,且当矿层走向变化较大时,误差也较大。从其计算公式可以看出,走向的误差将影响量取参数中矿层心倾角和钻孔倾斜方位与矿层走向线间夹角的误差,进而影响所求矿层倾角的误差。

(3)对各种类型的考虑不全面。

(4)在利用相邻两钻孔岩心轴夹角圆锥公切面的产状求解地层产状的方法中,等于在两钻孔范围内将曲面当做平面处理,且对于只有一个钻孔见断层时断层产状的求解不适用。

2)第二类——赤平投影方法

开滦股份吕家坨矿业分公司李福柱于2011年从赤平极射投影原理出发,推导出根据单个歪斜钻孔中几个孔段的资料计算矿层产状的一般方法;浙江大学董士尤等于1988年探讨了根据一个穿过单斜地层钻孔中三组不同深度的测斜数据,用赤平投影原理求解矿层产状的方法。

该类方法的不足之处为,所用资料来源于同一钻孔中两个或三个孔段,等于将其范围内的矿岩层产状当成不变处理,且对于只有一个钻孔见断层时断层产状的求解不适用。

3)第三类——岩心地面定向技术

原中南工业大学高森于1995年研究出岩心地面定向技术,可以确定出岩心上所观察到的结构面的产状。其方法是用结构面特性和标志先进行常规测定,再用精密仪器进行物性参数测定,经电算程序计算和统计处理,可使岩心定向。

4)第四类——钻孔成像技术

福建华东岩土工程有限公司刘福权研究了全景式钻孔电视成像系统。中国地质大学王正成和侯胜利于2007年研究出3D定向钻孔雷达系统,其深度上的精度为20cm,平面方位上的精度为10°。

该类方法的不足之处是,由于存在图像拼接问题,不可避免地将产生一定的方位误差,进而影响倾角误差。

5)第五类——传统的三点法

传统的三点法(Marjoribanks,2010),即在相邻三个见同一矿层或断层钻孔的范围内,利用三孔中的深度资料用"以直代曲"的方法确定矿层或断层的产状。在实际工作中,我们所使用的矿层或断层产状主要是应用该方法求得。

3.2 岩心中断层(矿层)产状与其在地下原产状间的解析关系

3.2.1 旋转虚拟岩心

图3.4~图3.10是不同条件下直立岩心和倾斜岩心中断层(矿层)间空间关系示意图。

第3章 旋转虚拟岩心法求解非定向钻孔岩心中断层或矿层产状

在图3.4~图3.10中,将倾斜圆柱1理解为倾斜岩心1,用红色线表示,其中的断层(矿层)及辅助线用黄色线表示;将直立圆柱2理解为直立岩心2,用蓝色线表示,其中的断层(矿层)及辅助线用绿色线表示;直立岩心2与倾斜岩心1的交线用粉色线表示;可见线用实线表示,不可见线用虚线表示。

在图3.4~图3.6中,倾斜岩心1与直立岩心2中断层(矿层)间关系的图示说明如下:①ACVU平面是直立岩心2的顶部水平截面,O是顶部水平截面的圆心,OA垂直于OC、OU,OA和OV在一条直线上。②ECTU是直立岩心2沿UOC方向不动,A点向上抬起角度r(钻孔在该段岩心上的天顶角,简称岩心天顶角)到达E点,V点向下落到T点时的倾斜岩心1。③OA为岩心倾伏方位的方向。④B点是圆柱体2中ACVU圆上的一点,OB为断层(矿层)的走向方向,OBI为断层(矿层)面,在垂直于OB的方向上断层(矿层)倾角为α',若为断层,记为α'_f,若为矿层,记为α'_m,I点为直立岩心2中断层(矿层)OBI与沿OC方向垂直向下的立面在直立圆柱2外表面上的交点,$\angle OCI=90°$。⑤F点和J点分别是B点和I点在倾斜岩心1上的对应点,OFJ为倾斜岩心1中的断层(矿层)。⑥G点是OA的延长线与倾斜岩心1外表面上的交点,UGC是倾斜岩心1与直立岩心2的顶部水平截面延长面的交线;⑦K点为FJ直线与UGC平面的交点,OK是OFJ与直立岩心2顶部水平截面的交线,为倾斜岩心1中断层(矿层)OFJ的走向线;OFJ在垂直于OK方向上的倾角即为倾斜岩心1中断层(矿层)的真倾角α,若为断层,记为α_f,若为矿层,记为α_m。⑧M点是F点在ACVU平面上的垂足点。⑨H点是过F点平行于EG的直线与UGC弧线的交点。⑩D点是过B点平行于OA的直线与OC的交点,Q点是过F点平行于CU的直线与OE的交点,在倾斜岩心1的顶截面上,FQ//DO。⑪P点为倾斜岩心1中断层(矿层)OFJ斜面上过F点的真倾斜线与UGC平面的交点,FP⊥OK。⑫N点是BC直线与OK直线的交点。⑬D、M、B、H四点在同一条直线上。⑭L点是OK直线与UGC弧线的交点。⑮W点是OB线与UGC弧线的交点。⑯O、P、N、K、L五点在同一条直线上。⑰C、F、J、K、H五点在同一斜面上,C、K、H三点在上述五点所在斜面与UGC平面的交线上。

在图3.7~图3.9中,倾斜岩心1与直立岩心2中断层(矿层)间关系的图示说明与图3.4~图3.6的图示说明的不同之处是,R点是走向为UOC的断层(矿层)在过O点的倾斜线方向上与直立圆柱2的侧表面的交点,S点是R点在倾斜圆柱1上的对应点;D、H、I、J、K、L、M、N、P、Q、W点不体现。

在图3.10中,倾斜岩心1与直立岩心2中断层(矿层)间关系的图示说明与图3.7~图3.9的图示说明的不同之处是,R点是走向为UOC的断层(矿层)在过O点的倾斜线方向上与直立圆柱2底面的交点。

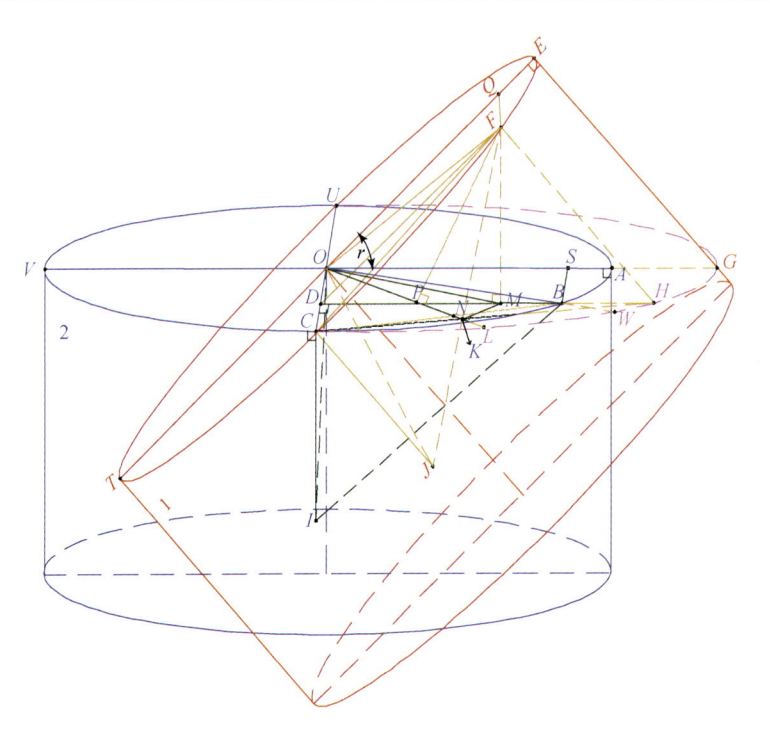

图 3.4 $0°\leqslant v<180°$、$v<\angle UOL$、$v<\angle UOW$、$\angle UOL-\angle UOW<90°$,断层(矿层)斜对于
C 方向时直立岩心和倾斜岩心中断层(矿层)间空间关系示意图

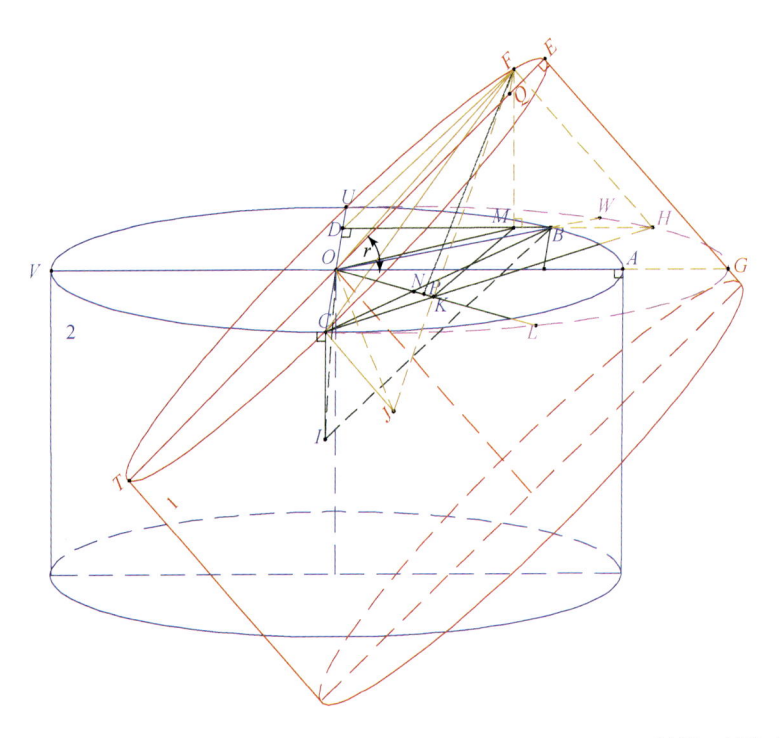

图 3.5 $0°\leqslant v<180°$、$v<\angle UOL$、$\angle UOW<v$、$\angle UOL-v<90°$、$v-\angle UOW<90°$,断层(矿层)斜对于
G 方向时直立岩心和倾斜岩心中断层(矿层)间空间关系示意图

第3章　旋转虚拟岩心法求解非定向钻孔岩心中断层或矿层产状 ·65·

图3.6　$0°\leqslant v<180°$、$\angle UOL<90°$、$\angle UOW<v$、$\angle UOL-\angle UOW<90°$，断层（矿层）斜对于
G方向时直立岩心和倾斜岩心中断层（矿层）间空间关系示意图

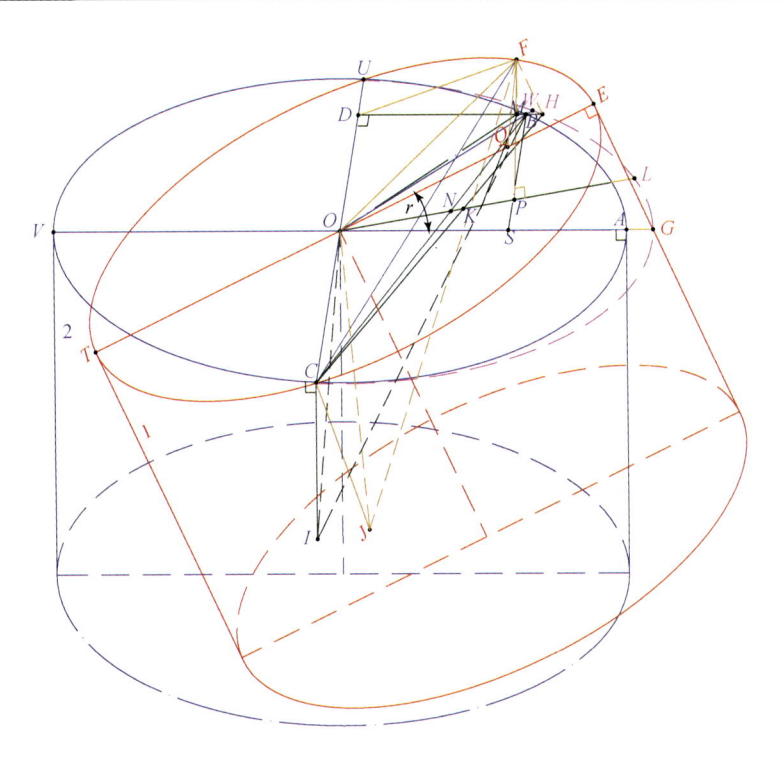

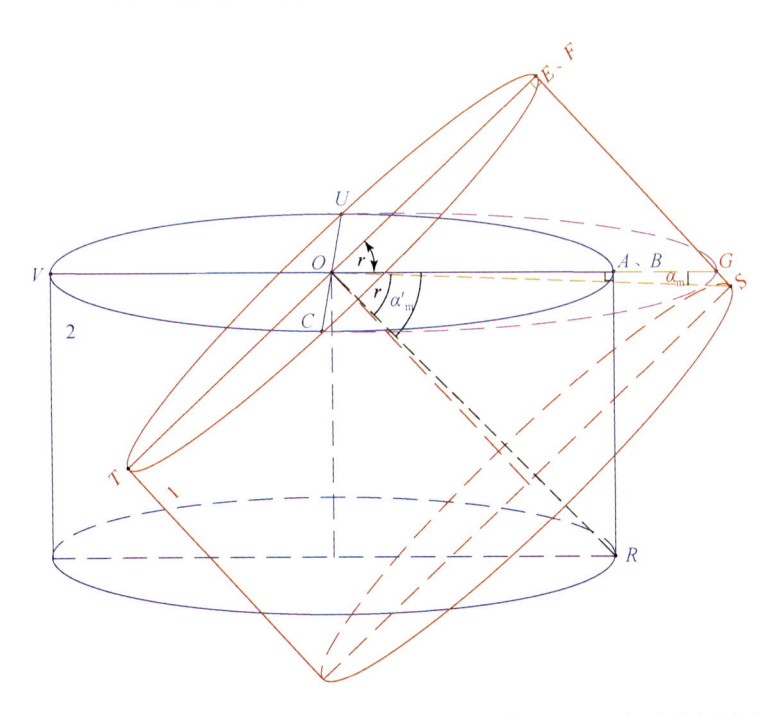

图3.7　岩心倾伏方位与直立岩心和倾斜岩心中断层（矿层）倾向均相同时，
直立岩心和倾斜岩心中断层（矿层）间空间关系示意图

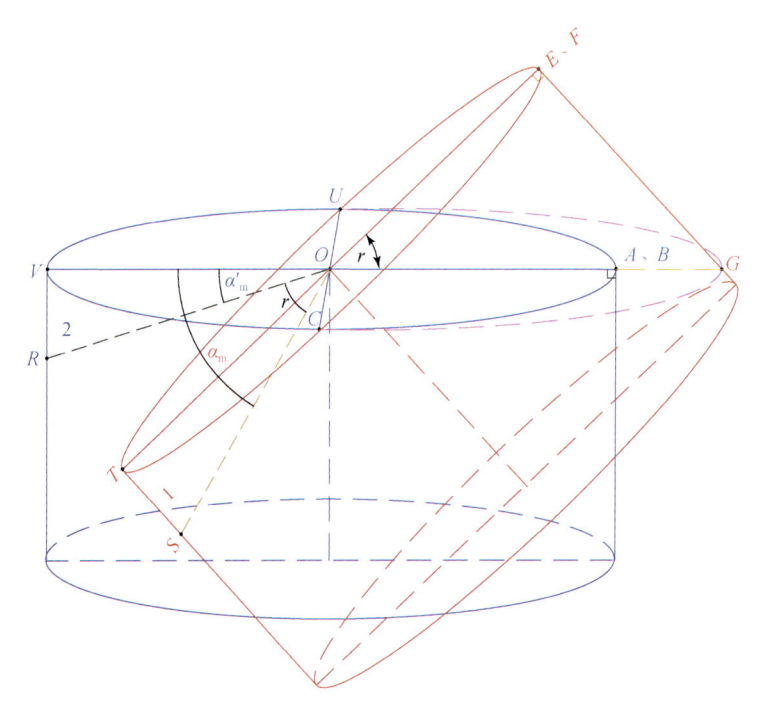

图 3.8 岩心倾伏方位与直立岩心和倾斜岩心中断层(矿层)倾向均相反时，直立岩心和倾斜岩心中断层(矿层)间空间关系示意图

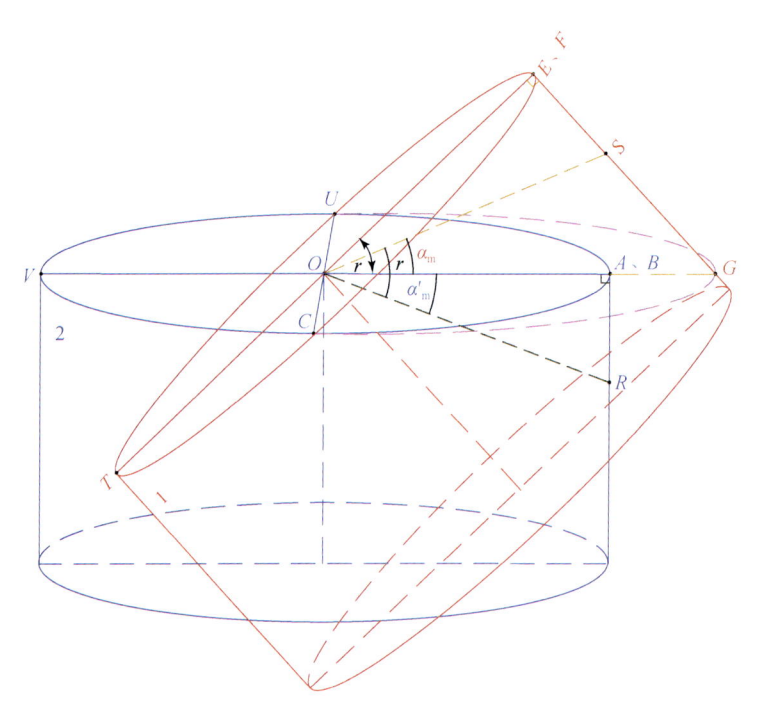

图 3.9 岩心倾伏方位与直立岩心中断层(矿层)倾向相同、与倾斜岩心中断层(矿层)倾向相反时，直立岩心和倾斜岩心中断层(矿层)间空间关系示意图

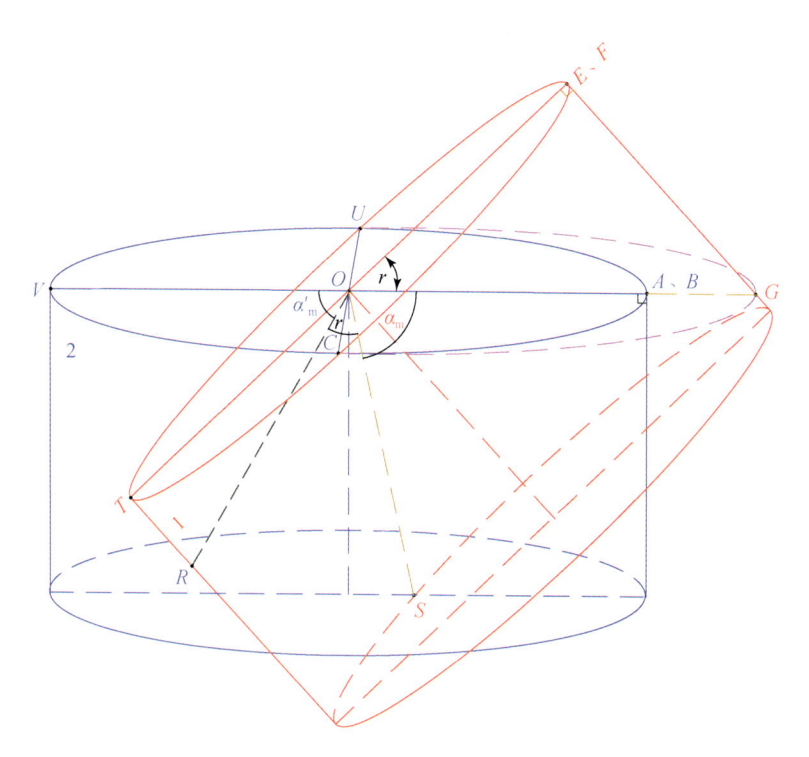

图 3.10　岩心倾伏方位与直立岩心中断层(矿层)倾向相反、与倾斜岩心中断层
(矿层)倾向相同时,直立岩心和倾斜岩心中断层(矿层)间空间关系示意图

3.2.2　数学模型

1. 类型

除边界类型外,直立岩心和倾斜岩心中断层(矿层)间的空间关系有 A、B、C 三种类型。

(1) A 类型的条件。将岩心倾伏方位的方向定为 OA 方向时,$0°\leqslant v<180°$,$v<\angle UOL$、$v<\angle UOW$、$\angle UOL-\angle UOW<90°$,断层(矿层)斜对于 C 方向,如图 3.4 所示。

(2) B 类型的条件。将岩心倾伏方位的方向定为 OA 方向时,$0°\leqslant v<180°$,$v<\angle UOL$、$\angle UOW<v$、$\angle UOL-v<90°$、$v-\angle UOW<90°$,断层(矿层)斜对于 G 方向,如图 3.5 所示。

(3) C 类型的条件。将岩心倾伏方位的方向定为 OA 方向时,$0°\leqslant v<180°$,$\angle UOL<v$、$\angle UOW<v$、$\angle UOL-\angle UOW<90°$,断层(矿层)斜对于 G 方向,如图 3.6 所示。

边界类型有 D、E、F、G 四种类型。

D 类型:条件是岩心倾伏方位与直立岩心和倾斜岩心中断层(矿层)倾向均相同,如图 3.7 所示。这种情况下,倾斜岩心中断层(矿层)的走向、倾向与直立岩心相同,倾斜岩心中断层(矿层)倾角等于直立岩心中断层(矿层)倾角减岩心天顶角,即 $\alpha=\alpha'-r$。

E 类型:条件是岩心倾伏方位与直立岩心和倾斜岩心中断层(矿层)倾向均相反,如图 3.8 所示。这种情况下,倾斜岩心中断层(矿层)的走向、倾向与直立岩心相同,倾斜岩心中断层(矿层)倾角等于直立岩心中断层(矿层)倾角加岩心天顶角,即 $\alpha=\alpha'+r$。

F 类型:条件是岩心倾伏方位与直立岩心中断层(矿层)倾向相同、与倾斜岩心中断层(矿层)倾向相反,如图 3.9 所示。这种情况下,倾斜岩心中断层(矿层)的走向与直立岩心相同,但由于 $\alpha'<r$,倾斜岩心与直立岩心中断层(矿层)的倾向相反,倾斜岩心中断层(矿层)倾角等于岩心天顶角减直立岩心中断层(矿层)倾角,即 $\alpha=r-\alpha'$。

G 类型:条件是岩心倾伏方位与直立岩心中断层(矿层)倾向相反、与倾斜岩心中断层(矿层)倾向相同,如图 3.10 所示。这种情况下,倾斜岩心中断层(矿层)的走向与直立岩心相同,但由于 $\alpha'+r>90°$,倾斜岩心与直立岩心中断层(矿层)的倾向相反,倾斜岩心中断层(矿层)倾角等于直立岩心中断层(矿层)倾角与岩心天顶角之和的补角,即 $\alpha=180°-(\alpha'+r)$。

2. 数学模型

$(1)\ \sin\angle FOM = \sin r \cdot \cos\angle AOB$ (3.1)

$(2)\ FH = OF \cdot \cos\angle AOB \cdot \tan r$ (3.2)

$(3)\ BC^2 = 2R^2(1-\cos(90°\pm\angle AOB))$ (3.3)

$(4)\ \tan\angle FHK = BC/FH$ (3.4)

$(5)\ \tan\angle CBD = (1\pm\sin\angle AOB)/\cos\angle AOB$ (3.5)

$(6)\ \tan\angle CBI = \tan\alpha' \cdot \cos(90°-\angle CBD\pm\angle AOB)$ (3.6)

$(7)\ \angle HFK = 90°-\angle CBI$ (3.7)

$(8)\ FK = FH \cdot \sin\angle FHK/\sin(180°-\angle FHK-\angle HFK)$ (3.8)

$(9)\ \tan\angle COI = \tan\alpha' \cdot \cos\angle AOB$ (3.9)

$(10)\ \sin\angle BOI = \sin\angle COI/\sin\alpha'$ (3.10)

$\qquad \angle BOI = 180°-\arcsin(\sin\angle COI/\sin\alpha')$ (3.11)

$(11)\ CI = BC \cdot \tan\angle CBI$ (3.12)

$(12)\ OI^2 = R^2 + CI^2$ (3.13)

$(13)\ BI^2 = BC^2 + CI^2$ (3.14)

$(14)\ \sin\angle OBI = OI \cdot \sin\angle BOI/BI$ (3.15)

$(15)\ \angle OFK = \angle OBI$ (3.16)

$(16)\ OK^2 = R^2 + FK^2 - 2R \cdot FK \cdot \cos\angle OFK$ (3.17)

$(17)\ \sin\angle FOK = FK \cdot \sin\angle OFK/OK$ (3.18)

$(18)\ \sin\alpha = \sin\angle FOM/\sin\angle FOK$ (3.19)

$(19)\ \cos\angle PMO = \tan\angle FOM/\tan\alpha$ (3.20)

$(20)\ \angle MOK = 90°-\angle PMO$ (3.21)

$(21)\ \sin\angle FKM = R \cdot \sin\angle FOM/FK$ (3.22)

$(22)\ \cos\angle PMK = \tan\angle FKM/\tan\alpha$ (3.23)

$(23)\ OM = OF \cdot \cos\angle FOM$ (3.24)

$(24)\ \angle OMK = \angle PMO \pm \angle PMK$ (3.25)

$(25)\ FM = OF \cdot \sin\angle FOM$ (3.26)

$(26)\ MK^2 = FK^2 - FM^2$ (3.27)

$(27) \sin\angle OKM = OM \cdot \sin\angle OMK/OK$ \hfill (3.28)

$\angle OKM = 180° - \arcsin(OM \cdot \sin\angle OMK/OK)$ \hfill (3.29)

$(28) \cos\angle AOM = \tan\angle FOM/\tan r$ \hfill (3.30)

$(29) \angle AOK = \angle MOK \pm \angle AOM$ \hfill (3.31)

$\angle AOK = \angle AOM - \angle MOK$ \hfill (3.32)

$(30) \angle MOK = 180° - \angle OMK - \angle OKM$ \hfill (3.33)

$(31) \sin\angle MOK = MK \cdot \sin\angle OMK/OK$ \hfill (3.34)（黄桂芝,2011b）

式中,R 为岩心半径。

在式(3.25)中,若 $OK^2 \geq OM^2(1-\sin^2\angle MOK)$,取加号;否则,取减号。若 $OM^2 \leq OK^2 + MK^2$,选用式(3.28);否则,选用式(3.29)。

在 A 类型的数学模型中,式(3.3)、式(3.5)、式(3.6)中取减号;式(3.10)、式(3.11)中取式(3.10);式(3.31)、式(3.32)中取式(3.31),且取加号;其余公式都采用。在 B 类型的数学模型群中,式(3.3)、式(3.5)、式(3.6)中取加号;式(3.10)、式(3.11)中取式(3.11);式(3.31)、式(3.32)中取式(3.31),且取减号,其余公式都采用。在 C 类型的数学模型群中,式(3.3)、式(3.5)、式(3.6)中取加号;式(3.10)、式(3.11)中取式(3.11);式(3.31)、式(3.32)中取式(3.32),其余公式都采用。

3. 类型确定

依据岩心倾伏方位角的范围、断层(矿层)的大致倾向、岩心倾伏方位角与断层(矿层)大致走向间的关系确定类型(图3.11),设 v 为岩心倾伏方位。

(1)若岩心倾伏方位与矿层底板等高线图中量取的断层(矿层)倾向相同,则为 D 或 G 类型,将根据矿层底板等高线图求得的矿层倾角记为 α_{m0},用它计算结果中的 α_m,选取与 α_{m0} 一致的 α_m 作为断层(矿层)倾角,倾向按所确定的 D 或 G 类型而定,走向不变(图3.7和图3.10)。若岩心倾伏方位与矿层底板等高线图中量取的断层(矿层)倾向相反,则为 E 或 F 类型,用矿层底板等高线图中量取的 α_{m0} 检验 E、F 两类型计算结果中的 α_m,选取与 α_{m0} 一致的 α_m 作为断层(矿层)倾角,倾向按所确定的 E 或 F 类型而定,走向不变(图3.8和图3.9)。

(2)$180° > v \geq 0°$,将 v 方向定为 OG 方向时,断层(矿层)大致斜对于 C 方向;OL 的方位角[据钻孔资料的断层(矿层)的大致走向]大于 v,且 OL 的方位角$-v<90°$[图3.11(a1)(a2)]。应属于图3.11(a1)或(a2)这两种情况中的一种,但不能确定,因此先选择 A、B 两套数学模型分别计算(图3.4、图3.5)。使用式(3.33)和式(3.34)对两套数学模型的计算结果分别进行检验,选用通过验证的那一种情况及其计算结果。无论选用 A 套或 B 套数学模型,倾斜岩心上断层(矿层)走向等于 v 加$\angle AOK$,$\angle AOK$ 是倾斜岩心上断层(矿层)走向线与岩心方位角的夹角;倾斜岩心上断层(矿层)倾向等于其在 GC 端的走向加 90°。

(3)当 $180° > v \geq 0°$,将 v 方向定为 OG 方向时,断层(矿层)大致斜对于 G 方向;OL 的方位角$<v$,且 $v-OL$ 的方位角$<90°$[图3.11(b)]。应选择 C 套数学模型计算(图3.6)。倾斜岩心上断层(矿层)走向等于 v 减去$\angle AOK$;倾斜岩心上断层(矿层)倾向等于其在 GU 端的走向加 90°。

(4)当180°>v≥0°,将v方向定为OG方向时,断层(矿层)大致斜对于G方向;v<OL的方位角,且OL的方位角-v<90°[图3.11(c)]。应选择C套数学模型计算(图3.6)。倾斜岩心上断层(矿层)走向等于v加∠AOK;倾斜岩心上断层(矿层)倾向等于其在GC端的走向减90°。

(5)当180°>v≥0°,将v方向定为OG方向时,断层(矿层)大致斜对于U方向;OL的方位角<v,且v-OL的方位角<90°[图3.11(d1)、(d2)]。应属于图3.511(d1)、(d2)两种情况中的一种,但不能确定。该种情况与图3.11(a1)、(a2)在类型上相同,因此同样可以先选择A、B两套数学模型分别计算(图3.4和图3.5)。使用式(3.33)和式(3.34)对两套数学模型的计算结果分别进行检验,选用通过验证的那一种情况及其计算结果(或采用以下方法判断,当tanα>sinr/tan∠AOB时,属于B类,选用B套数学模型;当tanα≤sinr/tan∠AOB时,属于A类,选用A套数学模型)。无论选用A套或B套数学模型,倾斜岩心上断层(矿层)走向等于v减去∠AOK;倾斜岩心上断层(矿层)倾向等于其在GU端的走向加270°。若OL的方位角-v=0,则是图3.11(a2)所示的类型,采用B套数学模型计算。

(6)当360°>v≥180°,将v方向定为OZ方向时,断层(矿层)大致斜对于Z方向;v<OL的方位角,且OL的方位角-v<90°[图3.11(e)]。该种情况与图3.11(b)在类型上相同,因此同样可以选择C套数学模型计算(图3.6)。倾斜岩心上断层(矿层)走向等于v加∠AOK;倾斜岩心上断层(矿层)倾向等于其在ZU端的走向减90°。

(7)当360°>v≥180°,将v方向定为OZ方向时,断层(矿层)大致斜对于C方向;OL的方位角<v,且v-OL的方位角<90°[图3.11(f1)、(f2)]。应属于图3.11(f1)或(f2)这两种情况中的一种,但不能确定。该种情况与图3.11(a1)、(a2)在类型上相同,因此同样可以先选择A、B两套数学模型分别计算(图3.4和图3.5)。使用式(3.33)和式(3.34)对两套数学模型的计算结果分别进行检验,选用通过验证的那一种情况及其计算结果(或采用以下方法判断,当tanα>sinr/tan∠AOB时,属于B类,选用B套数学模型;当tanα≤sinr/tan∠AOB时,属于A类,选用A套数学模型)。无论选用A套或B套数学模型,倾斜岩心上断层(矿层)走向等于v减去∠AOK;倾斜岩心上断层(矿层)倾向等于其在ZC端的走向减90°。

(8)当360°>v≥180°,将v方向定为OZ方向时,断层(矿层)大致斜对于U方向;v<OL的方位角,且OL的方位角-v<90°[图3.11(g1)、(g2)]。应属于图3.11(g1)或(g2)这两种情况中的一种,但不能确定。该种情况也与图3.11(a1)、(a2)在类型上相同,因此同样先选择A、B两套数学模型分别计算(图3.4和图3.5)。使用式(3.33)和式(3.34)对两套数学模型的计算结果分别进行检验,选用通过验证的那一种情况及其计算结果(或采用以下方法判断,当tanα>sinr/tan∠AOB时,属于B类,选用B套数学模型;当tanα≤sinr/tan∠AOB时,属于A类,选用A套数学模型)。无论选用A套或B套数学模型,倾斜岩心上断层(矿层)走向等于v加∠AOK;倾斜岩心上断层(矿层)倾向等于其在ZU端的走向减270°。

(9)当360°>v≥180°,将v方向定为OZ方向时,断层(矿层)大致斜对于Z方向;OL的方位角<v,且v-OL的方位角<90°[图3.11(h)]。该种情况与图3.11(b)在类型上相同,因此同样可以选择C套数学模型计算(图3.6)。倾斜岩心上断层(矿层)走向等于v减去∠AOK;倾斜岩心上断层(矿层)倾向等于其在ZC端的走向加90°。

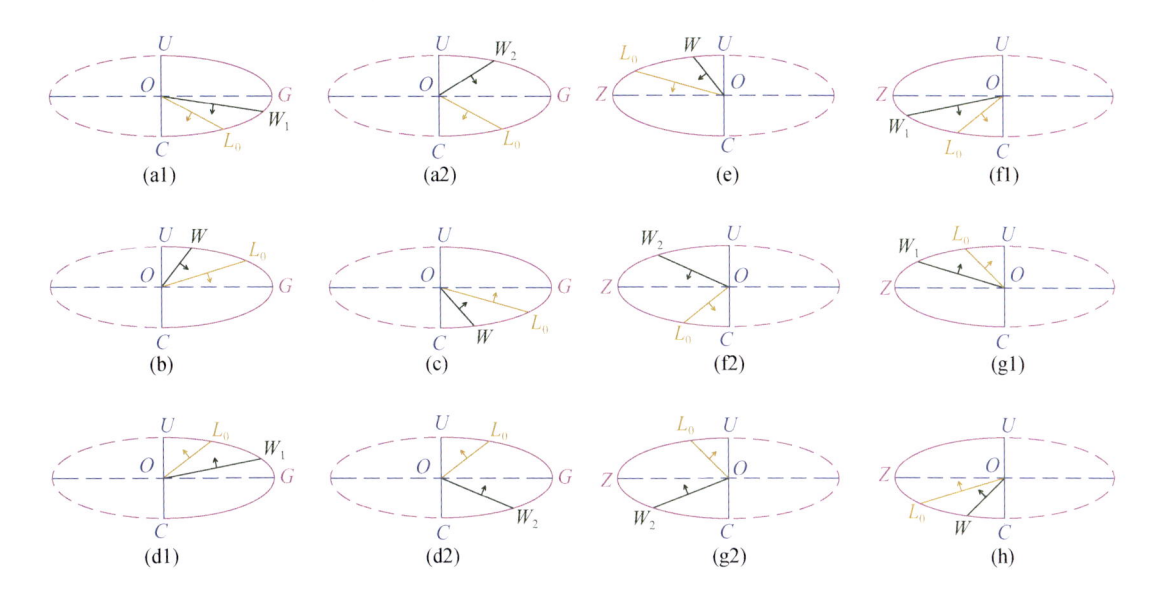

图 3.11　确定歪斜钻孔岩心中断层(矿层)产状类型示意图

OG(或 OZ)表示岩心方位角方向；W_1、W_2 表示直立岩心中断层(矿层)走向的两种可能；
L_0 表示倾斜岩心中断层(矿层)的大致走向

3.3　求　解　方　法

3.3.1　D、E、F、G 类型的方法与步骤

按 3.2.2 节中类型确定部分(1)中的方法与步骤即可。

3.3.2　A、B、C 类型的方法与步骤

1. 求岩心中距离断层最近的参考层在该钻孔处的倾角和大致走向

为避免表述混乱,将钻孔中见到的距离断层最近的矿层(岩层)称为参考层。在 GR-TIN/R-TIN 勘查网的基础上,采用第 5 章中求解三角形曲面内产状变化过渡点的方法求解参考层内的加密点；在钻孔数据和加密点数据的基础上,用数字地面模型(digital terrain model,DTM)方法分别编制参考层在该钻孔附近大致走向两侧的局部底板等高线(图 3.12),并进行等高线拟合。选择上述两者中底板等高线合理的一幅,并根据图中的底板等高线求参考层在该钻孔处的倾角 α_{m0} 和大致走向 L_0。

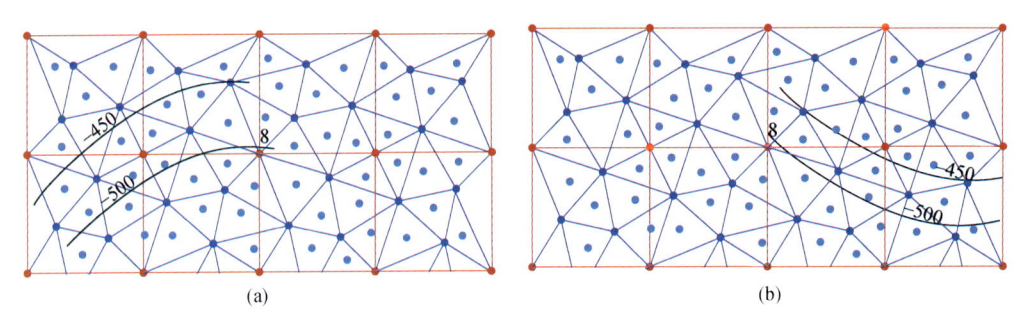

图 3.12　参考层在钻孔两侧的局部底板等高线

2. 构造虚拟岩心

1）断层和参考层在同一个岩心段中

将岩心直立，若在直立岩心的顶部水平截面上断层走向或参考层走向不经过顶面的圆心[图 3.13(a)]，则将它们在保持其产状不变的条件下虚拟推至顶面的圆心处[图 3.13(b)]。

2）断层和参考层在两个可以很好拼合的相邻岩心段中

将岩心直立，若断层和参考层在两个可以很好拼合的相邻岩心段中，且断层走向或参考层走向均不经过其所在岩心段顶面的圆心[图 3.13(c)]，则将它们在保持其产状不变的条件下虚拟推至同段岩心顶面的圆心处[图 3.13(d)]。

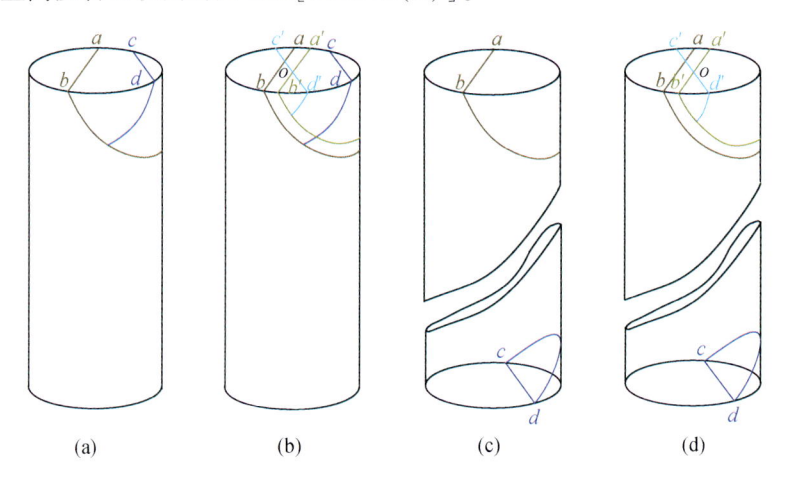

图 3.13　虚拟岩心示意图

图(a)是断层和参考层在同段岩心中，且均不经过顶面圆心的示意图；图(b)是将图(a)中的断层和参考层在保持其产状不变的条件下推至岩心顶面圆心处虚拟位置的示意图；图(c)是断层与参考层在相邻的可以很好拼合的两个岩心段中，且均不经过顶面圆心的示意图；图(d)是将图(c)中的断层和参考层在保持其产状不变的条件下推至同段岩心顶面圆心处虚拟位置的示意图

3. 求 $\angle AOB_m$、$\angle AOK_m$

将图 3.4~图 3.6 中的 OFJ、图 3.7~图 3.10 中的 OFS 理解为参考层，求直立岩心 2 中与断层底面（或顶面）相接触或虚拟接触的参考层走向与岩心方位间所夹锐角 $\angle AOB$，将其

记为$\angle AOB_m$,求倾斜岩心1中与断层底面(或顶面)相接触或虚拟接触的参考层走向与岩心方位间所夹锐角$\angle AOK$,将其记为$\angle AOK_m$。

在已知OA、OB、OC、OE、OF、OU都是岩心半径,已知r、α'_m、α_{m0},令$\alpha_m = \alpha_{m0}$的基础上,求解式(3.1)~式(3.19)公式,求出直立岩心2中与断层底面(或顶面)相接触或虚拟接触的参考层走向与岩心方位间所夹锐角$\angle AOB_m$;然后,再增加已知条件$\angle AOB_m$,求解式(3.1)~式(3.32),求出倾斜岩心1中与断层底面(或顶面)相接触或虚拟接触的参考层走向与岩心方位角间所夹锐角$\angle AOK_m$;用式(3.33)和式(3.34)分别验证$\angle AOB_m$和$\angle AOK_m$,若两种验证方法中求得的$\angle MOK$与式(3.1)~式(3.32)中求得的$\angle MOK$相等,则式(3.1)~式(3.19)中求得的$\angle AOB_m$和式(3.1)~式(3.32)中求得的$\angle AOK_m$有效;若不相等,则无效。然后,按3.2.2节中类型确定部分(2)~(9)中求解走向和倾向的方法求解走向和倾向。

对于矿层走向变化较小的块段,可将$\angle AOK_m$设为已知,求α_m。

4. 求$\angle AOB_f$

将图3.4~图3.6中的OFJ、图3.7~图3.10中的OFS理解为断层,将直立岩心旋转至岩心中与断层底面(或顶面)相接触或虚拟接触的参考层走向等于所求的AOB_f处,即对岩心进行地面定向,并测量该位置时岩心中断层的走向、倾向和倾角;然后依据直立岩心中参考层走向与断层走向间的相对位置求得直立岩心中断层走向与岩心方位间所夹锐角$\angle AOB$(图3.13),将其记为$\angle AOB_f$;之后确定数学模型的类型。

5. 求$\angle AOK_f$和α_f

求倾斜岩心1中断层走向与岩心倾伏方位间所夹锐角$\angle AOK_f$和断层倾角α_f。

采用断层所在岩心的方位角和天顶角,将公式中的α'_m、α_m、$\angle AOB_m$和$\angle AOK_m$分别换为α'_f、α_f、$\angle AOB_f$和$\angle AOK_f$。不同的是,A套数学模型独立,B、C两套数学模型中两选一。在已知天顶角r、直立岩心2中的断层倾角α'_f和断层走向与岩心方位所夹锐角$\angle AOB_f$的基础上,根据所选的数学模型求出倾斜岩心1中断层走向与岩心方位间所夹锐角$\angle AOK_f$和断层倾角α_f;用式(3.33)和式(3.34)分别检验$\angle AOK_f$和α'_f,若两种方法中求得的$\angle MOK$与从A、B、C套数学模型求得的$\angle MOK$相等,则求得的α_f和$\angle AOK_f$有效,若不相等,则无效。

6. 近垂直钻孔中断层产状的求解方法

对于求解单一近垂直钻孔中的断层产状,可选产状平稳、近于空间平面的一个矿层或岩层作为参考层(距离断层应较近),用邻近的三个钻孔求其产状,然后,将有断层的岩心段拼接到有参考层的岩心上,根据岩心中断层产状与参考层产状间的关系,求得断层产状。

旋转虚拟岩心法求解非定向钻孔岩心中断层(矿层)产状的方法已编成计算机应用程序。

3.3.3 特点

旋转虚拟岩心法(rotary virtual cores method)的特点是,从岩心中采取的数据容易获取,可通过几何分析进行岩心地面定向,有利于通过计算机编程对数据进行分析处理,所得结果准确性较好。但当直立岩心中断层(矿层)产状水平时不适用。

该方法求解断层产状时,若为逆断层,断层面清晰,所得结果准确性好;若为韧性断层,其变形带产状明显,所得结果准确性也好;若为正断层,破碎带产状不规则,则可以根据断层角砾岩的方向、节理的方向性等确定断层产状(岳立孝,2005);或应用煤的镜质组反射率(陈家良等,2005)及CT扫描法构建的数字岩心分析近断层破碎带处矿物晶体的拉伸、重结晶及重新定向排列,恢复古应力场,然后根据岩石破裂规律(朱志澄等,2008)分析断层面的产状(谢仁海等,2007)。

3.3.4　A、B、C类型的合理性分析

1. 总体思路的合理性

1)岩心中断层(矿层)产状的唯一确定

在非定向钻孔的倾斜岩心中,当岩心方位角、天顶角、断层(矿层)的倾角和大致倾向这四个要素确定时,断层(矿层)的走向唯一确定,如图3.14所示。

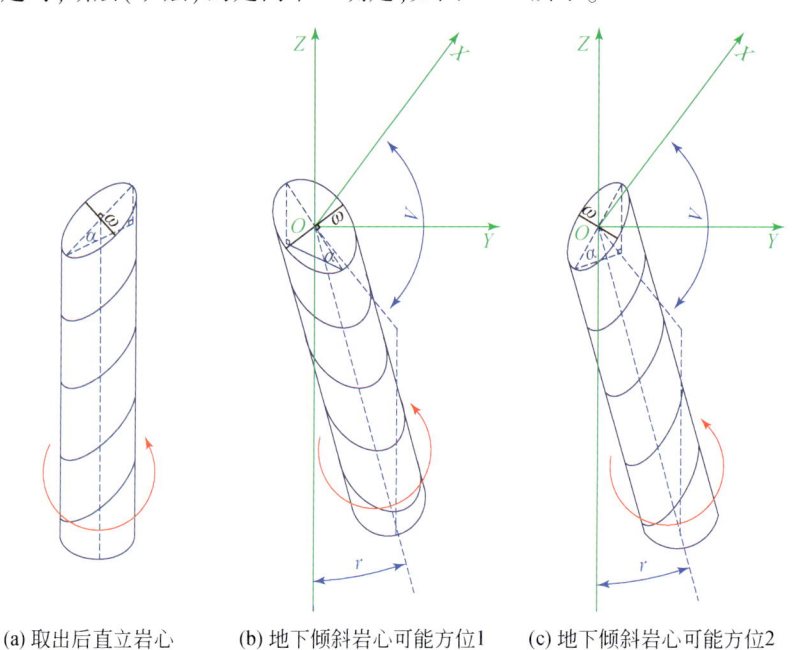

(a)取出后直立岩心　　(b)地下倾斜岩心可能方位1　　(c)地下倾斜岩心可能方位2

图3.14　地下倾斜岩心和取出后直立岩心中岩层空间关系示意图

v为岩心倾伏方位;r为岩心天顶角;ω为岩心中岩层走向;α为岩心中岩层倾角

2)岩心中断层与矿层产状间关系的唯一确定

如果同一段岩心中既有断层又有矿层,岩心中断层与矿层之间的关系是唯一确定的。只要求出岩心中矿层产状(可依据局部底板等高线图),就可以根据该岩心中断层与矿层之间的相对位置求出断层产状。

2. 具体思路的合理性

1) 欲求断层产状,先求矿层产状

当只有一个非定向钻孔遇到断层时,因我们无法直接求得其倾斜岩心中断层在地下真实空间中的产状,我们可先将问题转移到与其在同一个岩心或相邻岩心中的矿层上,然后再寻找方法。

2) 在矿层底板等高线上求矿层真倾角和大致倾向

当采用 GR-TIN 及其 $\sqrt{3}$ 加密网作为矿产勘查网时,因钻孔间交错分散,可较好地提高矿层底板等高线的控制程度。依此,我们假定:将在矿层底板等高线图上求得的矿层倾角和倾向当做矿层的真倾角和大致倾向。

3) 求解倾斜岩心中矿层走向

在虚拟的倾斜岩心中,在判断矿层走向与岩心方位角之间相对关系的类型之后,根据岩心方位角和天顶角,以及 2) 中求得的矿层倾角和矿层大致倾向四个要素,可以求解出倾斜岩心中矿层的真实走向。这一步的出发点是认为,在此虚拟的倾斜岩心中的矿层走向要较在矿层底板等高线上求得的矿层走向准确。

4) 求解直立岩心中矿层走向

将 3) 中求得的倾斜岩心按岩心方位角和天顶角逆向回归直立得直立岩心,并求解出该直立岩心中矿层的走向。这一步的目的是,将问题转移到虚拟直立岩心中的矿层上。

5) 量取直立岩心中断层走向、倾向、倾角

在 4) 中求得的直立岩心中,量取断层倾角。根据已知的矿层走向,通过矿层与断层间的相互位置及量取的矿层走向与断层走向间夹角,求得直立岩心中断层的走向、倾向。这一步的目的是,通过同一段直立岩心中矿层和断层间的相互关系,将问题转移到虚拟直立岩心中的断层上。

6) 求解倾斜岩心中断层走向、倾向和倾角

将已知断层走向、倾向、倾角的直立岩心在岩心方位角的方位上按天顶角推成倾斜岩心(即进行岩心地面定向),然后求解其中的断层的走向、倾向和倾角,该产状即为非定向钻孔倾斜岩心中断层在地下原位时的真实产状。这一步的旋转是 4) 中的反向旋转,其目的是,将问题最终转回到倾斜岩心中的断层上。

3. 误差的合理性

该方法中使用了一个已知条件,即矿层倾角,该值在局部等高线图上量取。因局部等高线图是在采用 GR-TIN/R-TIN 及其 $\sqrt{3}$ 加密网布置钻孔,并根据原始钻孔资料及逐级加密而得的内插数据编制而成,具有较好的准确性,因此,在该图中求得的矿层倾角和倾向与真实的倾角和倾向间的误差应相对较小。

当矿层所在的岩心与断层所在的岩心为两个相邻的岩心段,且方位角与天顶角均变化时,两个岩心段在地下实际空间中呈有角度交接。即,如果矿层所在的岩心与断层所在的岩心为两个相邻的岩心段,我们用它们拼接而成的虚拟岩心的接合处应有个弯折。但考虑两个相邻岩心段的方位角与天顶角的变化应是渐变、较小,所以可将由此所导致的误差忽略

不计。

3.4 公式推导

1. 相关公式推导

如图 3.15 所示,α_1 为真倾角,α_2、α_3 为伪倾角,ω 为伪倾向与真倾向间所夹锐角,θ 为伪倾向与走向间所夹锐角,δ 为伪倾斜线与真倾斜线间所夹锐角,AB、CG 为走向方向,AD、BC 为倾斜线方向,FD、EC 为倾向方向。据此,推导出以真、伪倾斜线间夹角换算真、伪倾角的公式[式(3.35)],该公式在以下多次使用。

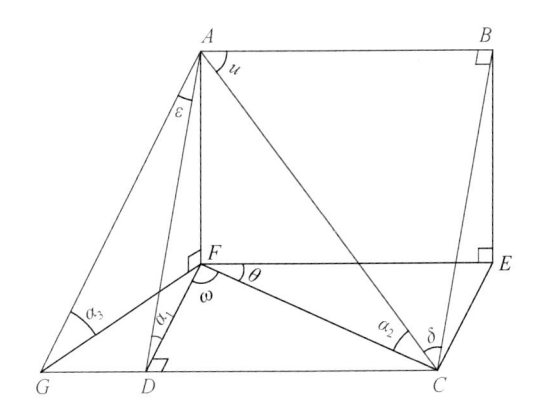

图 3.15 真、伪倾角间关系示意图

在直角三角形 AFD 中,
$\sin\alpha_1 = AF/AD$
在直角三角形 AFC 中,
$\sin\alpha_2 = AF/AC$
在直角三角形 ABC 中,
$$\sin u = BC/AC = AD/AC = \sin\alpha_2/\sin\alpha_1 \tag{3.35}$$
或
$\cos\delta = \sin\alpha_2/\sin\alpha_1$

2. A、B、C 套数学模型推导

1) A 套数学模型推导

如图 3.4 所示。设岩心半径为 R。

(1) 由式(3.1)可知,在三角形 EOF 和直角三角形 EOG、直角三角形 FMO 中,根据式(3.35),

有 $\sin\angle FOM/\sin r = \cos\angle EOF$,
而 $\angle AOB = \angle EOF$,

有 $\sin\angle FOM = \sin r \cdot \cos\angle AOB$。

(2) 由式(3.2)可知,在直角三角形 DFH 中,$FH/DF = \tan r$;

在直角三角形 DOF 中,$DF/OF = \cos\angle OFD$;

在直角三角形 ODF、OQF 中,$DF//OQ$、$DF = OQ$、$FQ//OD$、$FQ = OD$。

而 $OF = OA = R$,

有 $\angle OFD = \angle QOF = \angle AOB$,

$FH = DF \cdot \tan r = OF \cdot \cos\angle AOB \cdot \tan r$。

(3) 由式(3.3)可知,在三角形 BOC 中,$\angle BOC = 90° - \angle AOB$,

根据余弦定理,

有 $BC^2 = R^2 + R^2 - 2R \cdot \cos(90° - \angle AOB)$。

(4) 由式(3.4)可知,因 $CI = CJ$,

有 $\tan\angle FHK = \tan\angle FHC = CF/FH = BC/FH$。

(5) 由式(3.5)可知,在直角三角形 ODB 中,

$OD/OB = \sin\angle OBD$,$OD = OB \cdot \sin\angle OBD$;

在四边形 $OSBD$ 中,

$DB//OS$,$BS//DO$,

有 $\angle OBD = \angle AOB$;

在直角三角形 BDC 中,

$CD/BD = \tan\angle CBD$,

因 $CD = R - OD$,$OB = R$,

有 $\tan\angle CBD = CD/BD = R(1-\sin\angle AOB)/R \cdot \cos\angle AOB = (1-\sin\angle AOB)/\cos\angle AOB$。

(6) 由式(3.6)可知,在三角形 OBC 中,垂直于 OB 方向的倾角为直立岩心中的真倾角 α',设沿 BC 方向的伪倾角为 $\angle CBI$,根据原真、伪倾角间关系式(朱志澄等,2008),

有 $\tan\angle CBI = \tan\alpha' \cdot \cos(90° - \angle OBD - \angle CBD)$,

因 $\angle OBD = \angle AOB$,

有 $\tan\angle CBI = \tan\alpha' \cdot \cos(90° - \angle AOB - \angle CBD)$。

(7) 由式(3.7)可知,因直角三角形 CBI ≌ 直角三角形 CFJ,

有 $\angle CBI = \angle CFJ$,

故 $\angle HFK = 90° - \angle CFJ = 90° - \angle CBI$。

(8) 由式(3.8)可知,在三角形 FKH 中,根据正弦定理,

有 $FK/\sin\angle FHK = FH/\sin(180° - \angle FHK - \angle HFK)$,

$FK = FH \cdot \sin\angle FHK/\sin(180° - \angle FHK - \angle HFK)$。

(9) 由式(3.9)可知,在三角形 OBC 中,OB 为矿层走向,$\angle COI$ 为矿层沿 OC 方向的伪倾角,根据原真、伪倾角间关系式,

有 $\tan\angle COI = \tan\alpha' \cdot \cos\angle AOB$

或 $\tan\angle COI = CI/OC = BC \cdot \tan\angle CBI/R$(两公式互相验证)。

(10) 由式(3.10)可知,在三角形 OBC 和直角三角形 COI、BOI 中,根据式(3.35),

有 $\sin\angle BOI = \sin\angle COI/\sin\alpha'$。

（11）由式（3.12）可知，在直角三角形 BCI 中，

有 $CI=BC \cdot \tan \angle CBI$。

（12）由式（3.13）可知，在直角三角形 OCI 中，

有 $OI^2 = OC^2 + CI^2$

而 $OC=R$，故，$OI^2 = R^2 + CI^2$。

（13）由式（3.14）可知，在直角三角形 BCI 中，$BI^2 = BC^2 + CI^2$

（14）由式（3.15）可知，在三角形 BOI 中，$BI/\sin \angle BOI = OI/\sin \angle OBI$

有 $\sin \angle OBI = OI \cdot \sin \angle BOI / BI$。

（15）由式（3.16）可知，因三角形 $OBI \cong$ 三角形 OFJ，$\angle OBI = \angle OFJ$，而 $\angle OFJ = \angle OFK$，

有 $\angle OFK = \angle OBI$。

（16）由式（3.17）可知，在三角形 OFK 中，$OK^2 = OF^2 + FK^2 - 2 \cdot OF \cdot FK \cdot \cos \angle OFK$，

而 $OF=R$，

有 $OK^2 = R^2 + FK^2 - 2R \cdot FK \cdot \cos \angle OFK$。

（17）由式（3.18）可知，在三角形 OFK 中，根据正弦定理，

有 $OK/\sin \angle OFK = FK/\sin \angle FOK$，

$\sin \angle FOK = FK \cdot \sin \angle OFK / OK$。

（18）由式（3.19）可知，在三角形 FOK、三角形 MOK 和直角三角形 FOM 中，根据式（3.35），

有 $\sin \angle FOK = \sin \angle FOM / \sin \alpha$，

$\sin \alpha = \sin \angle FOM / \sin \angle FOK$。

（19）由式（3.20）可知，在三角形 OFP、三角形 OMP 和直角三角形 FMO、FMP 中，根据式（3.35），

有 $\tan \angle FOM = \tan \alpha \cdot \cos \angle PMO$，

$\cos \angle PMO = \tan \angle FOM / \tan \alpha$。

（20）由式（3.21）可知，$\angle MOK = 90° - \angle PMO$。

（21）由式（3.22）可知，在直角三角形 FMK 中，

$\sin \angle FKM = FM/FK = R \cdot \sin \angle FOM / FK$。

（22）由式（3.23）可知，在三角形 PFK、三角形 PMK 和直角三角形 FMP、FMK 中，根据原真、伪倾角间关系式，

有 $\tan \angle FKM = \tan \alpha \cdot \cos \angle PMK$，

$\cos \angle PMK = \tan \angle FKM / \tan \alpha$。

（23）由式（3.24）可知，在直角三角形 FMO 中，$OM = OF \cdot \cos \angle FOM$。

（24）由式（3.25）可知，在三角形 OMK 中，$\angle OMK = \angle PMO + \angle PMK$。

（25）由式（3.26）可知，在直角三角形 FMO 中，$FM = OF \cdot \sin \angle FOM$。

（26）由式（3.27）可知，在直角三角形 FMK 中，$MK^2 = FK^2 - FM^2$。

（27）由式（3.28）可知，在三角形 OKM 中，根据正弦定理，

有 $OM/\sin \angle OKM = OK/\sin \angle OMK$，

$\sin \angle OKM = OM \cdot \sin \angle OMK / OK$。

(28) 由式(3.30)可知,在三角形 AOM 和直角三角形 FMO、直角三角形 FQO 中,根据原真、伪倾角间关系式,

有 $\cos\angle AOM = \tan\angle FOM / \tan r$。

(29) 由式(3.31)可知,在三角形 AOK 中,$\angle AOK = \angle MOK + \angle AOM$。

(30) 由式(3.33)可知,在三角形 MOK 中,$\angle MOK = 180° - \angle OMK - \angle OKM$。

(31) 由式(3.34)可知,在三角形 OMK 中,根据正弦定理,

有 $\sin\angle MOK = MK \cdot \sin\angle OMK / OK$。

2) B 套数学模型推导

如图 3.5 所示。与 A 套数学模型不同的是,

(1) 由式(3.3)可知,在三角形 BOC 中,$BC^2 = R^2 + R^2 - 2R \cdot \cos(90° + \angle AOB)$。

(2) 由式(3.5)可知,在直角三角形 BDC 中,

$\tan\angle CBD = CD/BD = R(1 + \sin\angle AOB)/R \cdot \cos\angle AOB = (1 + \sin\angle AOB)/\cos\angle AOB$。

(3) 由式(3.6)可知,在四边形 ODBS 中,

$\tan\angle CBI = \tan\alpha' \cdot \cos(90° - \angle CBD + \angle AOB)$。

(4) 由式(3.11)可知,在三角形 OBC 和直角三角形 COI、BOI 中,根据式(3.35),

有 $\angle BOI = 180° - \arcsin(\sin\angle COI / \sin\alpha')$。

(5) 由式(3.31)可知,在三角形 AOK 中,$\angle AOK = \angle MOK - \angle AOM$。

3) C 套数学模型推导

如图 3.6 所示。与 B 套数学模型不同的是,

由式(3.32)可知,在三角形 AOK 中,$\angle AOK = \angle AOM - \angle MOK$。

3.5 实　　例

已知一个非定向钻孔的一段见断层的岩心。岩心中见不到与断层带底部相接触的粉砂岩层的层面,但与其很好拼合的下一段岩心段中距上段岩心中断层底面 0.6m 处可见到上段岩心中粉砂岩层的底面。将岩心直立,在拼合后的直立岩心中,粉砂岩层的倾角为 23°、断层的倾角为 50°,粉砂岩层走向与断层走向间所夹锐角为 25°,断层走向大于粉砂岩走向,断层与粉砂岩层倾向相同。根据相邻钻孔资料所做的该粉砂岩局部底板等高线图中量取的该粉砂岩层在该钻孔处的倾角为 35°,大致走向为 100°。该段岩心的天顶角为 20°、方位角为 50°。求倾斜岩心中断层的产状。求解过程如下。

1. 求倾斜岩心中与断层带底部相接触的粉砂岩层走向和倾向

依据已知条件,属于图 3.11(a1)、(a2)的类型,但不知是图 3.5(a1)或(a2),因此,应使用 A 套和 B 套数学模型分别计算。

按 A 套数学模型计算过程如下。

(1) 根据已知的 $r = 20°$,$\alpha_m' = 23°$,$\alpha_m = \alpha_{mo}' = 35°$,$OA = OB = OF = OE = OC = OU = R = 50$mm,求解 A 套数学模型的式(3.1)~式(3.10)、式(3.12)~式(3.19),得直立后的岩心中粉砂岩走向与岩心倾伏方向间所夹锐角 $\angle AOB_m$,$\angle AOB_m = 20°$;

(2)增加已知条件∠AOB_m=20°,求解A套数学模型的式(3.1)~式(3.10)、式(3.12)~式(3.31),得直立后的岩心中粉砂岩走向与岩心倾伏方向间所夹锐角∠AOK_m,∠AOK_m=50°;

(3)用式(3.33)和式(3.34)分别检验∠AOB_m和∠AOK_m的准确性,两种方法中求得的∠MOK与式(3.1)~式(3.10)、式(3.12)~式(3.31)中求得的∠MOK相等,因此,在式(3.1)~式(3.10)、式(3.12)~式(3.19)中求得的∠AOB_m和式(3.1)~式(3.10)、式(3.12)~式(3.31)中求得的∠AOK_m有效。

按B套数学模型计算没有通过检验,因此无效。故采用A套数学模型的计算结果。

该钻孔中与断层带底部相接触的粉砂岩层的走向和倾向如下:

走向:∠AOK_m=50°+50.18°=100.18°。

倾向:100.18°+90°=190.18°。

2. 求倾斜岩心中断层走向、倾向和倾角

已知:断层倾角 $\alpha'_f=50°$,岩心天顶角 $r=20°$,因直立岩心中岩层走向与断层走向间的夹角 $\theta=25°$,断层走向大于岩层走向,所以,

∠AOB_f=θ+∠AOB_m=25°+20°=45°

因断层倾向与岩层倾向相同,故断层倾向于图3.4中的 C 方向,属于图3.5(a1)的情况,采用A套数学模型计算,得∠AOK_f=53.38°。

用式(3.33)和式(3.34)分别检验∠AOB_f和∠AOK_f,两种方法中求得的∠MOK与式(3.1)~式(3.10)、式(3.12)~式(3.31)中求得的∠MOK相等,因此,在式(3.1)~式(3.10)、式(3.12)~式(3.19)中求得的∠AOB_f和式(3.1)~式(3.10)、式(3.12)~式(3.31)中求得的∠AOK_f有效。

该钻孔在该岩心中所见断层的产状如下:

断层走向=v+∠AOK_f=50°+53.38°=103.38°

断层倾向=103.38°+90°=193.38°

断层倾角=65.24°(黄桂芝,2011b)

3.6 数学模型计算、计算机模拟、赤平投影验证

1. A套数学模型计算、计算机模拟与赤平投影对比

已知条件为: $\alpha'_m=50°$, $r=20°$, ∠AOB=45°;设圆柱半径=50mm。

1)数学模型计算

(1) $\sin\angle FOM=\sin r\cdot\cos\angle AOB_m=\sin20°\cdot\cos45°=0.24$,∠FOM=13.99°。

(2) $FH=OF\cdot\cos\angle AOB_m\cdot\tan r=50\times\cos45°\cdot\tan20°=12.87$mm。

(3) $BC^2=2R^2(1-\cos(90°-\angle AOB_m))=2\times50^2(1-\cos(90°-45°))=1464.47$,$BC=38.27$mm。

(4) $\tan\angle FHK=BC/FH=38.27/12.87=2.977$,∠FHK=71.41°

(5) $\tan\angle CBD=(1-\sin\angle AOB_m)/\cos\angle AOB_m=(1-\sin45°)/\cos45°=0.41$,∠CBD=22.2°。

(6) $\tan\angle CBI=\tan\alpha'_m\cdot\cos(90°-\angle CBD-\angle AOB_m)=\tan50°\cdot\cos(90°-22.2°-45°)=1.10$,

第3章 旋转虚拟岩心法求解非定向钻孔岩心中断层或矿层产状

$\angle CBI = 47.75°$。

(7) $\angle HFK = 90° - \angle CBI = 90° - 47.75° = 42.25°$。

(8) $FK = FH \cdot \sin\angle FHK/\sin(180° - \angle FHK - \angle HFK) = 12.87 \cdot \sin71.41°/\sin(180° - 71.4° - 42.25°) = 13.32\text{mm}$。

(9) $\tan\angle COI = \tan\alpha'_m \cdot \cos\angle AOB_m = \tan50° \cdot \cos45° = 0.84$, $\angle COI = 40.12°$。

(10) $\sin\angle BOI = \sin\angle COI/\sin\alpha'_m = \sin40.12°/\sin50° = 0.84$, $\angle BOI = 57.27°$。

(11) $CI = BC \cdot \tan\angle CBI = 38.27 \cdot \tan47.75° = 42.13\text{mm}$。

(12) $OI^2 = R^2 + CI^2 = 50^2 + 42.13^2$, $OI = 65.39\text{mm}$。

(13) $BI^2 = BC^2 + CI^2 = 38.27^2 + 42.135^2$, $BI = 56.92\text{mm}$。

(14) $\sin\angle OBI = OI \cdot \sin\angle BOI/BI = 65.39 \times 0.84/56.92 = 0.97$, $\angle OBI = 75.08°$。

(15) $\angle OFK = \angle OBI = 75.08°$。

(16) $OK^2 = R^2 + FK^2 - 2R \cdot FK \cdot \cos\angle OFK = 50^2 + 13.32^2 - 2 \times 50 \times 13.32 \cdot \cos75.08° = 2334.49$, $OK = 48.32\text{mm}$。

(17) $\sin\angle FOK = FK \cdot \sin\angle OFK/OK = 13.32 \times \sin75.08°/48.32 = 0.27$, $\angle FOK = 15.45°$。

(18) $\sin\alpha_m = \sin\angle FOM/\sin\angle FOK = 0.24/0.27 = 0.91$, $\alpha_m = 65.2435°$。

(19) $\cos\angle PMO = \tan\angle FOM/\tan\alpha_m = \tan13.99°/\tan65.24° = 0.11$, $\angle PMO = 83.40°$。

(20) $\angle MOK = 90° - \angle PMO = 90° - 83.40° = 6.60°$。

(21) $\sin\angle FKM = R \cdot \sin\angle FOM/FK = 50 \times 0.24/13.32 = 0.91$, $\angle FKM = 65.2383°$。

(22) $\cos\angle PMK = \tan\angle FKM/\tan\alpha_m = \tan65.238°/\tan65.244° = 0.9998$, $\angle PMK = 1.26°$。

(23) $OM = OF \cdot \cos\angle FOM = 50 \times \cos14.00° = 48.52\text{mm}$。

(24) $\angle OMK = \angle PMO + \angle PMK = 83.40° + 1.26° = 84.66°$。

(25) $FM = OF \cdot \sin\angle FOM = 50 \times 0.2418447626 = 12.10\text{mm}$。

(26) $MK^2 = FK^2 - FM^2 = 13.32^2 - 12.09^2 = 31.11$, $MK = 5.58\text{mm}$。

(27) $\sin\angle OKM = OM \cdot \sin\angle OMK/OK = 48.52 \times \sin84.66°/48.32 = 0.9998$, $\angle OKM = 88.74°$。

(28) $\cos\angle AOM = \tan\angle FOM/\tan r = \tan13.996°/\tan20° = 0.68$, $\angle AOM = 46.7829$, $\angle AOK_m = \angle MOK + \angle AOM = 6.60° + 46.78° = 53.38°$。

(29) $\angle MOK = 180° - \angle OMK - \angle OKM = 180° - 84.66° - 88.74° = 6.60°$。

(30) $\sin\angle MOK = MK \cdot \sin\angle OMK/OK = 5.58 \times \sin84.66°/48.32 = 0.115$, $\angle MOK = 6.60°$。

在以图 3.4 中岩心倾伏方位 A 为东的虚拟地理方位中该断层(矿层)的产状如下：

走向: $\angle AOK + 90° = 53.38° + 90° = 143.38°$。

倾向: 走向 $+ 90° = 143.38° + 90° = 233.38°$。

倾角: $\alpha_m = 65.2435°$。

2) 计算机模拟

计算机模拟结果如图 3.16(a)~(c)所示。

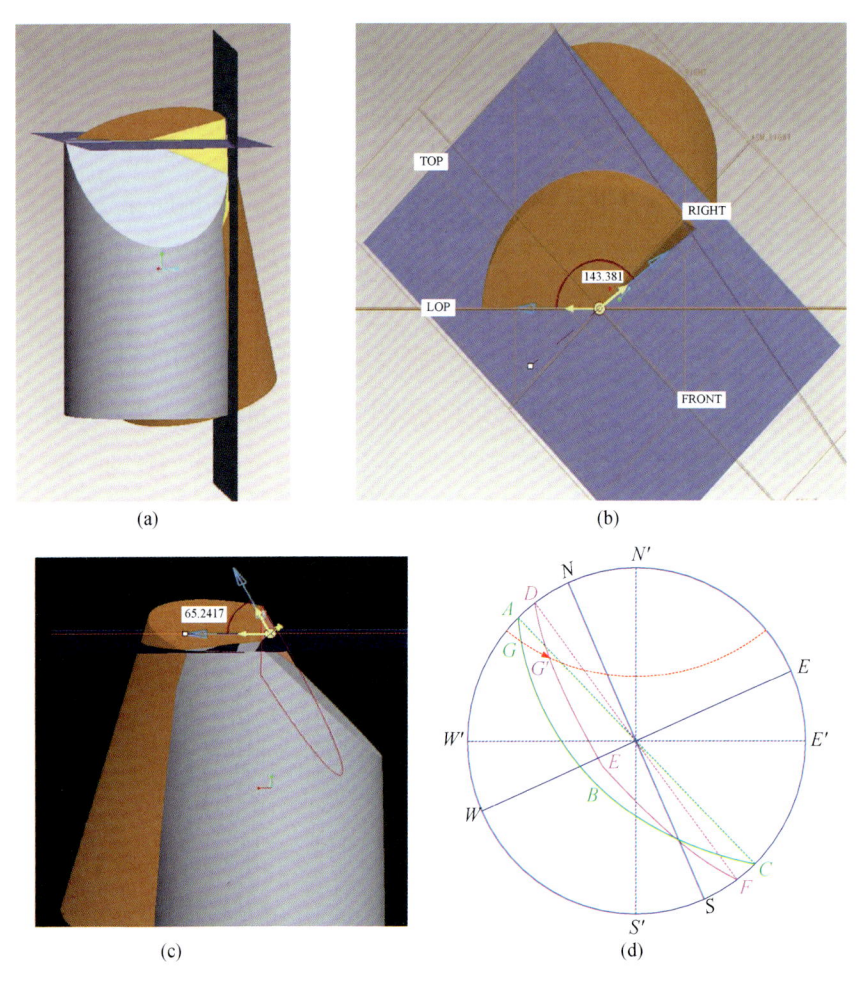

图 3.16　A 套计算机模拟与赤平投影图

(a)计算机模拟整体效果图；(b)倾斜圆柱高于直立圆柱顶面部分水平范围图；(c)倾斜圆柱上倾斜面倾角图；(d)赤平投影图

3）赤平投影验证

如图 3.16(d)所示，N、S、W、E 分别为地理方位北、南、西、东，N′、S′、W′、E′分别为以岩心的倾伏方位作为虚拟地理方位中东的方位的一套虚拟地理方位；ABC 弧是实例 A 在直立岩心中的断层(岩层)面，将 ABC 弧沿纬向小圆顺时针方向旋转 20°(r)得 DEF 弧，DEF 弧即为将实例 A 中直立岩心在 E′S′W′N′的虚拟地理方位中以 N′S′为轴且 N′S′轴保持不动的情况下，向上抬起 20°(r)的结果，就是该实例中倾斜岩心中的断层(矿层)面。最后，在 ESWN 的真实地理方位中量取 DEF 弧的走向、倾向和倾角，即为倾斜岩心中断层(矿层)面的真实产状。

4）数学模型计算与计算机模拟和赤平投影对比

从图 3.16(b)可见，计算机模拟结果中的倾斜圆柱高于直立圆柱顶面部分的水平范围与计算结果中的∠UOK=143.38°相符；从图 3.16(c)可见，计算机模拟结果中的倾斜圆柱上倾斜面倾角图与计算结果中的 α_m=65.2435°相符；从图 3.16(d)可见，赤平投影结果中 DEF 弧表示的走向、倾向、倾角与计算结果及计算机模拟结果中的走向、倾向、倾角相符。

2. B 套数学模型计算、计算机模拟与赤平投影对比

已知条件为:$\alpha'_m = 50°$,$r = 20°$,$\angle AOB = 10°$;设圆柱半径 $= 50\text{mm}$。

1) 数学模型计算

(1) $\sin\angle FOM = \sin r \cdot \cos\angle AOB_m = \sin20° \cdot \cos10° = 0.34$,$\angle FOM = 19.68°$。

(2) $FH = OF \cdot \cos\angle AOB_m \cdot \tan r = 50 \cdot \cos10° \cdot \tan20° = 17.92\text{mm}$。

(3) $BC^2 = 2R^2(1-\cos(90°+\angle AOB_m)) = 2\times50^2(1-\cos(90°+10°))$,$BC = 76.604\text{mm}$。

(4) $\tan\angle FHK = BC/FH = 76.60/17.92 = 4.27$,$\angle FHK = 76.83°$。

(5) $\tan\angle CBD = (1+\sin AOB_m)/\cos AOB_m = (1+\sin10°)/\cos10° = 1.19$,$\angle CBD = 50.00°$。

(6) $\tan\angle CBI = \tan\alpha'_m \cdot \cos(90°-\angle CBD+\angle AOB_m) = \tan50° \cdot \cos(90°-50.00°+10°) = 0.77$,$\angle CBI = 37.45°$。

(7) $\angle HFK = 90°-\angle CBI = 90°-37.45° = 52.25°$。

(8) $FK = FH \cdot \sin\angle FHK/\sin(180°-\angle FHK-\angle HFK) = 17.92\times\sin76.83°/\sin(180°-76.83°-52.25°) = 22.28\text{mm}$。

(9) $\tan\angle COI = \tan\alpha'_m \cdot \cos AOB_m = \tan50° \cdot \cos10° = 1.17$,$\angle COI = 49.57°$。

(10) $\angle BOI = 180°-\arcsin(\sin\angle COI/\sin\alpha'_m) = 180°-\arcsin(\sin49.57°/\sin50°)$,$\angle BOI = 96.47°$。

(11) $CI = BC \cdot \tan\angle CBI = 76.60\times\tan37.45° = 58.68\text{mm}$。

(12) $OI^2 = R^2+CI^2 = 50^2+58.68^2$,$OI = 77.09\text{mm}$。

(13) $BI^2 = BC^2+CI^2 = 76.60^2+58.68^2$,$BI = 96.50\text{mm}$。

(14) $\sin\angle OBI = OI \cdot \sin\angle BOI/BI = 77.09\times\sin96.47°/96.50 = 0.79$,$\angle OBI = 52.25°$。

(15) $\angle OFK = \angle OBI = 52.25°$。

(16) $OK^2 = R^2+FK^2-2R \cdot FK \cdot \cos\angle OFK = 50^2+22.28^2-2\times50\times22.28\times\cos52.25°$,$OK = 40.46\text{mm}$。

(17) $\sin\angle FOK = FK \cdot \sin\angle OFK/OK = 22.28\times\sin52.25°/40.46 = 0.44$,$\angle FOK = 26.29°$。

(18) $\sin\alpha_m = \sin\angle FOM/\sin\angle FOK = 0.34/0.4449 = 0.764$,$\alpha_m = 49.494°$。

(19) $\cos\angle PMO = \tan\angle FOM/\tan\alpha_m = \tan19.684°/\tan49.49° = 0.31$,$\angle PMO = 72.21°$。

(20) $\angle MOK = 90°-\angle PMO = 90°-72.21° = 17.79°$。

(21) $\sin\angle FKM = R \cdot \sin\angle FOM/FK = 50\times0.34/22.28 = 0.75$,$\angle FKM = 48.24°$。

(22) $\cos\angle PMK = \tan\angle FKM/\tan\alpha_m = \tan48.24°/\tan49.49° = 0.96$,$\angle PMK = 16.90°$。

(23) $OM = OF \cdot \cos\angle FOM = 50\times\cos19.68° = 47.08\text{mm}$。

(24) $\angle OMK = \angle PMO-\angle PMK = 72.21°-16.90° = 55.31°$。

(25) $FM = OF \cdot \sin\angle FOM = 50\times0.34 = 16.84\text{mm}$。

(26) $MK^2 = FK^2-FM^2 = 22.28^2-16.84^2$,$MK = 15.04\text{mm}$。

(27) $\sin\angle OKM = OM \cdot \sin\angle OMK/OK = 47.08 \cdot \sin55.31°/40.46 = 0.96$,$\angle OKM = 106.90°$。

(28) $\cos\angle AOM = \tan\angle FOM/\tan r = \tan19.68°/\tan20° = 0.98$,$\angle AOM = 10.63°$。

(29) $\angle AOK_m = \angle MOK-\angle AOM = 17.79°-10.63° = 7.17°$。

(30) $\angle MOK = 180° - \angle OMK - \angle OKM = 180° - 55.31° - 106.89° = 17.79°$。

(31) $\sin \angle MOK = MK \cdot \sin \angle OMK / OK = 15.04 \times \sin 55.31° / 40.46 = 0.3$，$\angle MOK = 17.79°$。

在以图 3.5 中岩心倾伏方位 A 为东的虚拟地理方位中该断层(矿层)的产状如下：

走向：$\angle AOK + 90° = 7.17° + 90° = 97.17°$。

倾向：走向 $+ 90° = 97.17° + 90° = 187.17°$。

倾角：$\alpha_m = 49.49°$。

2）计算机模拟

计算机模拟如图 3.17(a)~(c)所示。

3）赤平投影验证如图 3.17(d)所示，N、S、W、E 分别为地理方位北、南、西、东，N′、S′、W′、E′分别为以岩心的倾伏方位作为虚拟地理方位中东的方位的一套虚拟地理方位；ABC 弧是实例 B 在直立岩心中的断层(岩层)面，将 ABC 弧沿纬向小圆顺时针方向旋转 20°(r)得 DEF 弧，DEF 弧即为将实例 B 中直立岩心在 E′S′W′N′的虚拟地理方位中以 N′S′为轴且 N′S′轴保持不动的情况下，向上抬起 20°(r)的结果，就是该实例中倾斜岩心中的断层(矿层)面。最后，在 ESWN 的真实地理方位中量取 DEF 弧的走向、倾向和倾角，即为倾斜岩心中断层(矿层)面的真实产状。

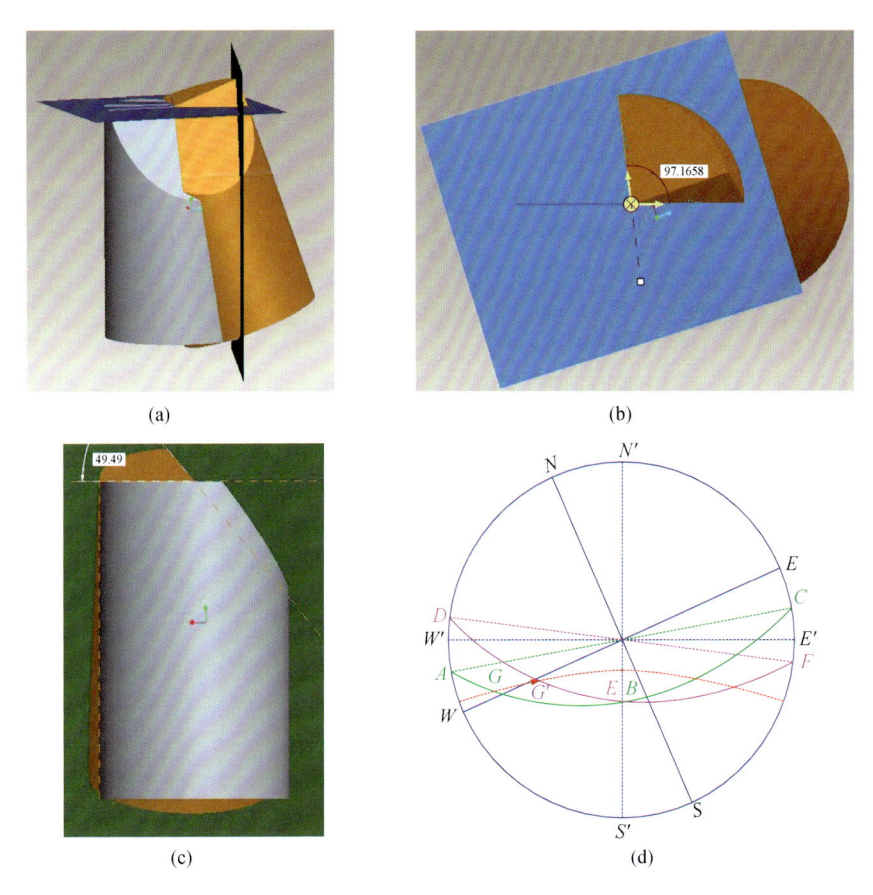

图 3.17 B 套计算机模拟与赤平投影图

(a)计算机模拟整体效果图；(b)倾斜圆柱高于直立圆柱顶面部分水平范围图；(c)倾斜圆柱上倾斜面倾角图；(d)赤平投影图

4)数学模型计算与计算机模拟和赤平投影对比

从图 3.17(b)可见,计算机模拟结果中的倾斜圆柱高于直立圆柱顶面部分的水平范围与计算结果中的 $\angle UOK = 97.17°$ 相符;从图 3.17(c)可见,计算机模拟结果中的倾斜圆柱上倾斜面倾角图与计算结果中的与 $\alpha_m = 49.49°$ 相符;从图 3.17(d)可见,赤平投影结果中 DEF 弧表示的走向、倾向、倾角与计算结果及计算机模拟结果中的走向、倾向、倾角相符。

3. C 套数学模型计算、计算机模拟与赤平投影对比

已知条件为:$\alpha'_m = 50°$,$r = 20°$,$\angle AOB = 50°$;设圆柱半径 $= 50\text{mm}$。

1)数学模型计算

(1) $\sin\angle FOM = \sin r \cdot \cos\angle AOB_m = \sin 20° \cdot \cos 50° = 0.22$,$\angle FOM = 12.70°$。

(2) $FH = OF \cdot \cos\angle AOB_m \cdot \tan r = 50 \times \cos 50° \cdot \tan 20° = 11.70\text{mm}$。

(3) $BC^2 = 2R^2(1 - \cos(90° + \angle AOB_m)) = 2 \times 50^2(1 - \cos(90° + 50°))$,$BC = 93.97\text{mm}$。

(4) $\tan\angle FHK = BC/FH = 93.97/11.70 = 8.03$,$\angle FHK = 82.90°$。

(5) $\tan\angle CBD = (1 + \sin\angle AOB_m)/\cos\angle AOB_m = (1 + \sin 50°)/\cos 50° = 2.75$,$\angle CBD = 70°$。

(6) $\tan\angle CBI = \tan\alpha'_m \cdot \cos(90° - \angle CBD + \angle AOB_m) = \tan 50° \cdot \cos(90° - 70° + 50°) = 0.41$,$\angle CBI = 22.18°$。

(7) $\angle HFK = 90° - \angle CBI = 90° - 22.18° = 67.82°$。

(8) $FK = FH \cdot \sin\angle FHK/\sin(180° - \angle FHK - \angle HFK) = 11.70 \times \sin 82.90°/\sin(180° - 82.90° - 67.82°) = 23.74\text{mm}$。

(9) $\tan\angle COI = \tan\alpha'_m \cdot \cos\angle AOB_m = \tan 50° \cdot \cos 50° = 0.77$,$\angle COI = 37.45°$。

(10) $\angle BOI = 180° - \arcsin(\sin\angle COI/\sin\alpha'_m) = 180° - \arcsin(\sin 37.45°/\sin 50°)$,$\angle BOI = 127.45°$。

(11) $CI = BC \cdot \tan\angle CBI = 93.97 \times 0.41 = 38.30\text{mm}$。

(12) $OI^2 = R^2 + CI^2 = 50^2 + 38.30^2$,$OI = 62.98\text{mm}$。

(13) $BI^2 = BC^2 + CI^2 = 93.97^2 + 38.30^2$,$BI = 101.48\text{mm}$。

(14) $\sin\angle OBI = OI \cdot \sin\angle BOI/BI = 62.98 \times \sin 127.45°/101.48 = 0.49$,$\angle OBI = 29.52°$。

(15) $\angle OFK = \angle OBI = 29.52°$。

(16) $OK^2 = R^2 + FK^2 - 2R \cdot FK \cdot \cos\angle OFK = 50^2 + 23.74^2 - 2 \times 50 \times 23.74 \times \cos 29.52°$,$OK = 31.59\text{mm}$。

(17) $\sin\angle FOK = FK \cdot \sin\angle OFK/OK = 23.74 \times \sin 29.52°/31.59 = 0.37$,$\angle FOK = 21.74°$。

(18) $\sin\alpha_m = \sin\angle FOM/\sin\angle FOK = 0.22/0.37 = 0.59$,$\alpha_m = 36.42°$。

(19) $\cos\angle PMO = \tan\angle FOM/\tan\alpha_m = \tan 12.70°/\tan 36.42° = 0.31$,$\angle PMO = 72.21°$。

(20) $\angle MOK = 90° - \angle PMO = 90° - 72.21° = 17.79°$。

(21) $\sin\angle FKM = R \cdot \sin\angle FOM/FK = 50 \times 0.22/23.74 = 0.46$,$\angle FKM = 27.58°$。

(22) $\cos\angle PMK = \tan\angle FKM/\tan\alpha_m = \tan 27.58°/\tan 36.42° = 0.71$,$\angle PMK = 44.92°$。

(23) $OM = OF \cdot \cos\angle FOM = 50 \cdot \cos 12.70° = 48.78\text{mm}$。

(24) $\angle OMK = \angle PMO - \angle PMK = 72.21° - 44.92° = 27.30°$。

(25) $FM = OF \cdot \sin FOM = 50 \times 0.22 = 11.00\text{mm}$。

(26) $MK^2 = FK^2 - FM^2 = 23.74^2 - 11.00^2$, $MK = 21.04$ mm。

(27) $\sin\angle OKM = OM \cdot \sin\angle OMK/OK = 48.78 \times \sin 27.30°/31.59 = 0.71$, $\angle OKM = 134.92°$。

(28) $\cos\angle AOM = \tan\angle FOM/\tan r = \tan 12.70°/\tan 20° = 0.62$, $\angle AOM = 51.74°$。

(29) $\angle AOK_m = \angle AOM - \angle MOK = 51.74° - 17.79° = 33.96°$。

(30) $\angle MOK = 180° - \angle OMK - \angle OKM = 180° - 27.30° - 134.92° = 17.79°$。

(31) $\sin\angle MOK = MK \cdot \sin\angle OMK/OK = 21.04 \times \sin 27.30°/31.59 = 0.31$, $\angle MOK = 17.79°$。

在以图 3.6 中岩心倾伏方位 A 为东的虚拟地理方位中该断层(矿层)的产状如下：

走向：$90° - \angle AOK = 90° - 33.96° = 56.04°$。

倾向：走向 $+90° = 56.04° + 90° = 146.04°$。

倾角：$\alpha_m = 36.42°$。

2）计算机模拟

计算机模拟如图 3.18(a)~(c)所示。

3）赤平投影验证

如图 3.18(d)所示，N、S、W、E 分别为地理方位北、南、西、东，N′、S′、W′、E′ 分别为以岩心的倾伏方位作为虚拟地理方位中东的方位的一套虚拟地理方位；ABC 弧是实例 C 在直立岩心中的断层(岩层)面，将 ABC 弧沿纬向小圆逆时针方向旋转 20°(r)得 DEF 弧，DEF 弧即为将实例 C 中直立岩心在 E′S′W′N′ 的虚拟地理方位中以 N′S′ 为轴且 N′S′ 轴保持不动的情况下，向上抬起 20°(r)的结果，就是该实例中倾斜岩心中的断层(矿层)面。最后，在 ESWN 的真实地理方位中量取 DEF 弧的走向、倾向和倾角，即为倾斜岩心中断层(矿层)面的真实产状。

4）数学模型计算与计算机模拟和赤平投影对比

从图 3.18(b)可见，计算机模拟结果中的倾斜圆柱高于直立圆柱顶面部分的水平范围与计算结果中的 $\angle UOK = 56.04°$ 相符；从图 3.18(c)可见，计算机模拟结果中的倾斜圆柱上倾斜面倾角图与计算结果中的与 $\alpha_m = 36.42°$ 相符；从图 3.18(d)可见，赤平投影结果中 DEF 弧表示的走向、倾向、倾角与计算结果及计算机模拟结果中的走向、倾向、倾角相符。

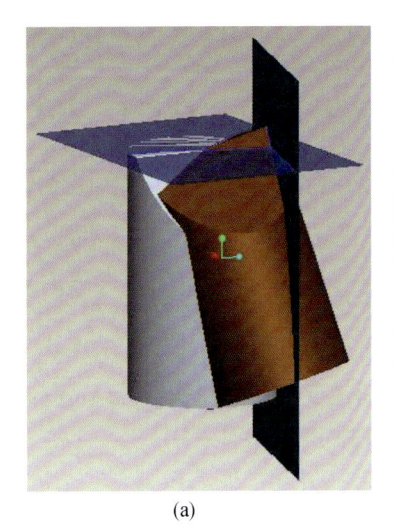

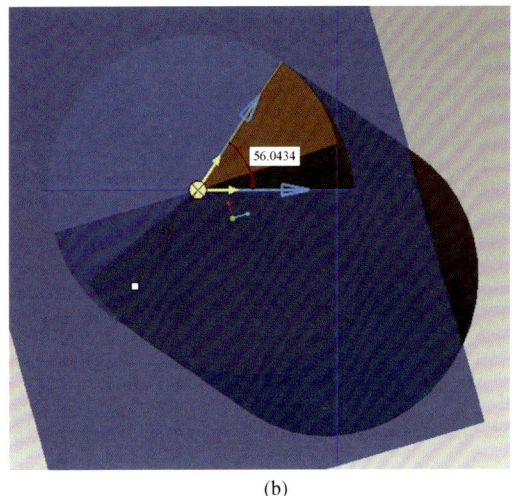

(a)   (b)

(c)　　　　　　　　　　　　　　　　(d)

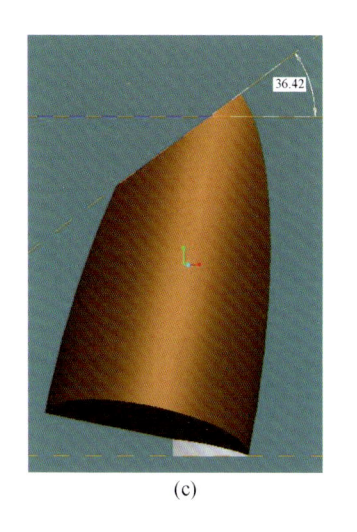

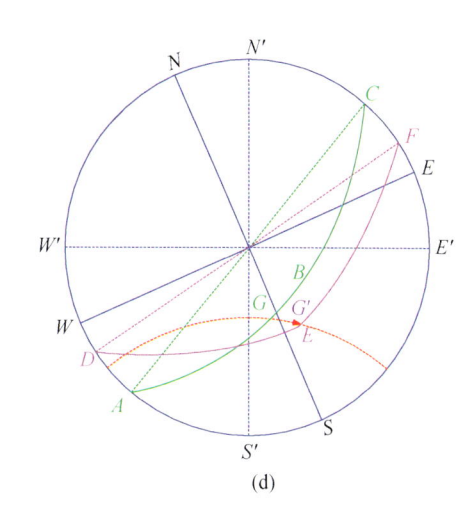

图 3.18　C 套计算机模拟与赤平投影图

(a)计算机模拟整体效果图;(b)倾斜圆柱高于直立圆柱顶面部分水平范围图;(c)倾斜圆柱上倾斜面倾角图;(d)赤平投影图

4. 计算机模拟方法的适用情况

计算机模拟旋转虚拟岩心法求断层(矿层)产状,只适用于根据直立岩心中断层(矿层)产状推出倾斜岩心中断层(矿层)产状;不适用于根据倾斜岩心中断层(矿层)产状推出直立岩心中断层(矿层)产状,因烦琐。因此,可以使用根据直立岩心推出倾斜岩心的计算机模拟方法反向验证根据倾斜岩心推出直立岩心的计算结果的正确性和准确性。

5. 赤平投影方法的适用情况

在赤平投影方法中,对于其沿纬向小圆方向的旋转选择逆时针方向或顺时针方向的问题,参照 3.2.2 节中类型确定部分(2)~(9)的情况下断层或岩层走向和倾向确定方法的说明和图 3.11,并保证所得结果与 3.2.2 节中类型确定部分(2)~(9)的情况的说明和图 3.11 相符。

从原理的可能性方面来讲,赤平投影方法求解单一非定向钻孔中断层(矿层)产状,适用于根据直立岩心中断层(矿层)产状推出倾斜岩心中断层(矿层)产状;又适用于根据倾斜岩心中断层(矿层)产状推出直立岩心中断层(矿层)产状。即正推反推都行。但从实际可行性方面来看,赤平投影方法只适用于检验数学模型计算和计算机模拟的准确性,不适用于根据直立岩心中断层(矿层)产状推出倾斜岩心中断层(矿层)产状,因为我们无法知道岩心从地下取出直立放置时其中断层(矿层)走向与岩心在地下真实空间时走向间的关系;也不适用于根据倾斜岩心中断层(矿层)产状推出直立岩心中断层(矿层)产状,因为我们从相邻钻孔的矿层底板等高线图中求得的矿层走向和倾向很难准确,据此所推的直立岩心中断层(矿层)产状的准确性不足。

第4章 解析法求断矿交点

断矿交点是矿层底板等高线图和三维地质模型中的一类重要数据,以较准确的断矿交点为基础,才可以编制较准确的矿层底板等高线图或建立较准确的三维地质模型。作者于2002年在《复杂地质条件下过断层找矿理论及巷道布置》一书中探讨了断矿交点的解析求解方法,但对可能出现的各种情况考虑不全,在此作者进行了补充。

4.1 本盘断矿交点

4.1.1 求解方法

1. 求断矿交线方位

如图4.1所示,设ω_{m1}为矿层走向中小于180°者,ω_{m2}为矿层走向中大于180°者,ω_{f1}为断层走向中小于180°者,ω_{f2}为断层走向中大于180°者,ω_1为ω_{m1}和ω_{f1}之间的夹角,ω_2为ω_{m2}与ω_{f1}或ω_{m1}与ω_{f2}之间夹角,ω为ω_1与ω_2两者中较小者,α为矿层倾角,β为断层倾角,Q_m为矿

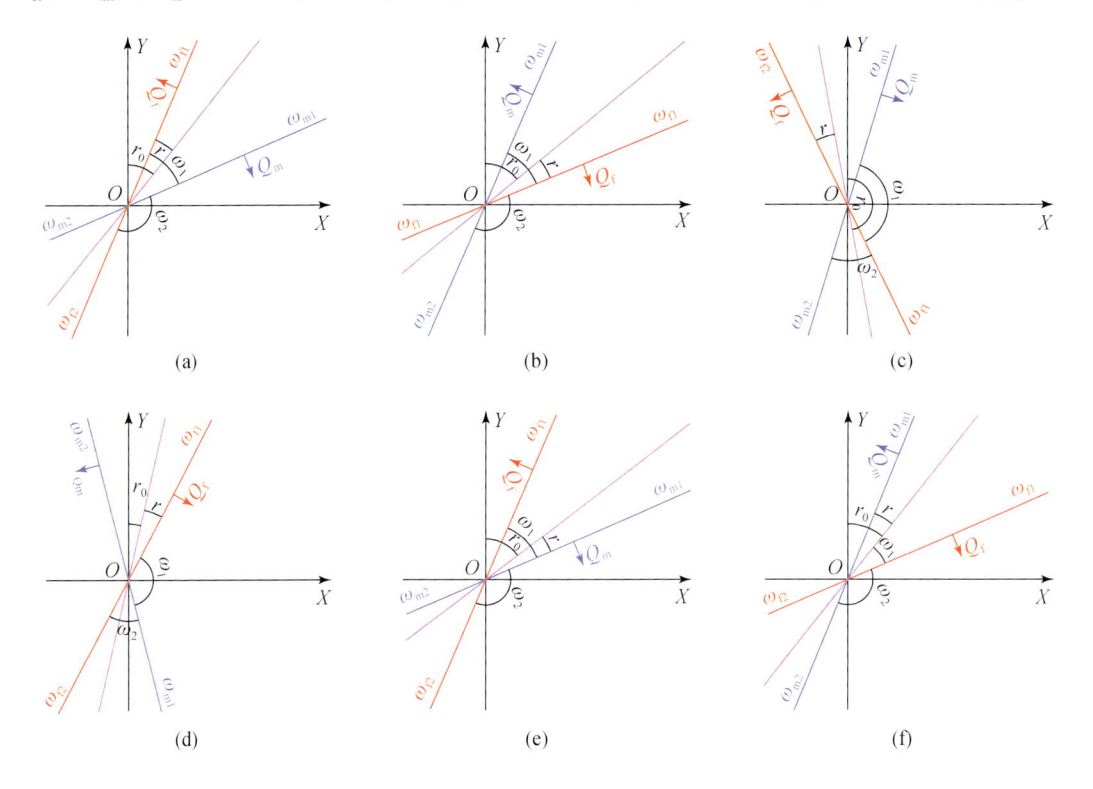

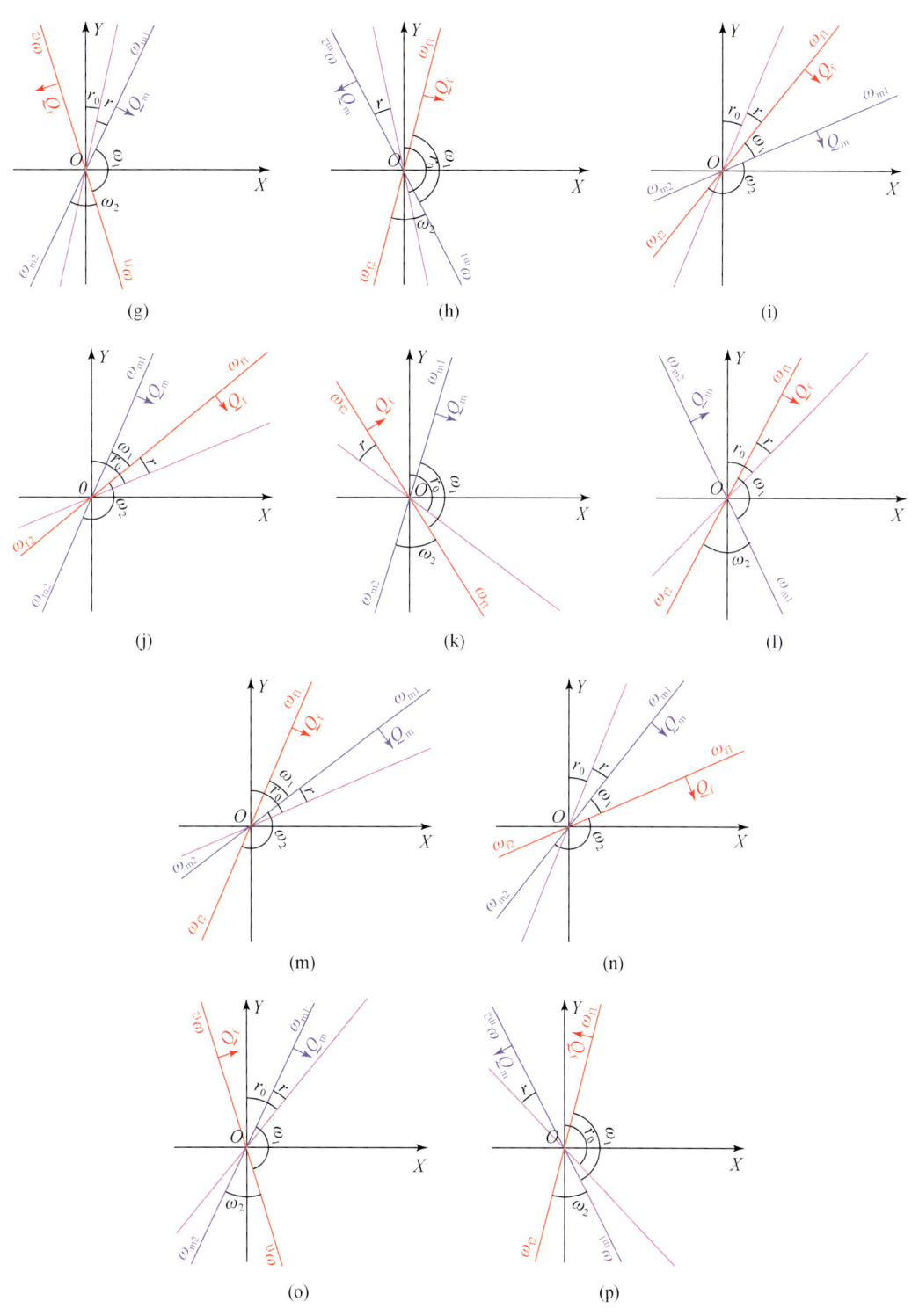

图 4.1 断矿交线方位与矿层走向、断层走向关系示意图

层倾向，Q_f为断层倾向。当断层倾角大于矿层倾角时，r为断矿交线在平面图上的投影与断层走向线间夹角；当断层倾角小于矿层倾角时，r为断矿交线在平面图上的投影与矿层走向线间夹角。r_0为断矿交线在平面图上投影的方位角。

1) 断层与矿层倾向相反

a. 断层倾角大于矿层倾角，即 $\beta>\alpha$

$$r=\arctan[\sin\omega\cdot\tan\alpha/(\tan\beta+\cos\omega\cdot\tan\alpha)] \text{（黄桂芝,1993a,1993b）} \quad (4.1)$$

若 $\omega_1\leq\omega_2$，$\omega_{m1}>\omega_{f1}$，如图 4.1(a) 所示，则，$r_0=\omega_{f1}+r$；

若 $\omega_1\leq\omega_2$，$\omega_{m1}<\omega_{f1}$，如图 4.1(b) 所示，则，$r_0=\omega_{f1}-r$；

若 $\omega_1>\omega_2$，$\omega_{m2}>\omega_{f1}$，如图 4.1(c) 所示，则，$r_0=\omega_{f1}+r$；

若 $\omega_1>\omega_2$，$\omega_{f2}>\omega_{m1}$，如图 4.1(d) 所示，则，$r_0=\omega_{f1}-r$；

若 $\omega_{m1}=\omega_{f1}$，则，$r_0=\omega_{f1}$。

b. 矿层倾角大于断层倾角，即 $\alpha>\beta$

$$r=\arctan[\sin\omega\cdot\tan\beta/(\tan\alpha+\cos\omega\cdot\tan\beta)]$$

若 $\omega_1\leq\omega_2$，$\omega_{m1}>\omega_{f1}$，如图 4.1(e) 所示，则，$r_0=\omega_{m1}-r$；

若 $\omega_1\leq\omega_2$，$\omega_{f1}>\omega_{m1}$，如图 4.1(f) 所示，则，$r_0=\omega_{m1}+r$；

若 $\omega_1>\omega_2$，$\omega_{m2}>\omega_{f1}$，如图 4.1(g) 所示，则，$r_0=\omega_{m1}-r$；

若 $\omega_1>\omega_2$，$\omega_{f2}>\omega_{m1}$，如图 4.1(h) 所示，则，$r_0=\omega_{m1}+r$；

若 $\omega_{m1}=\omega_{f1}$ 时，则，$r_0=\omega_{f1}$。

2) 断层与矿层倾向相同

a. 断层倾角大于矿层倾角，即 $\beta>\alpha$

$$r=\arctan[\sin\omega\cdot\tan\alpha/(\tan\beta-\cos\omega\cdot\tan\alpha)] \text{（黄桂芝、冯彬,2001）} \quad (4.2)$$

若 $\omega_1\leq\omega_2$，$\omega_{m1}>\omega_{f1}$，如图 4.1(i) 所示，则，$r_0=\omega_{f1}-r$；

若 $\omega_1\leq\omega_2$，$\omega_{f1}>\omega_{m1}$，如图 4.1(j) 所示，则，$r_0=\omega_{f1}+r$；

若 $\omega_1>\omega_2$，$\omega_{m2}>\omega_{f1}$，如图 4.1(k) 所示，则，$r_0=\omega_{f1}-r$；

若 $\omega_1>\omega_2$，$\omega_{f2}>\omega_{m1}$，如图 4.1(l) 所示，则，$r_0=\omega_{f1}+r$；

若 $\omega_{m1}=\omega_{f1}$，则，$r_0=\omega_{f1}$。

b. 矿层倾角大于断层倾角，即 $\alpha>\beta$

$$r=\arctan[\sin\omega\cdot\tan\beta/(\tan\alpha-\cos\omega\cdot\tan\beta)]$$

若 $\omega_1\leq\omega_2$，$\omega_{m1}>\omega_{f1}$，如图 4.1(m) 所示，则，$r_0=\omega_{m1}+r$；

若 $\omega_1\leq\omega_2$，$\omega_{f1}>\omega_{m1}$，如图 4.1(n) 所示，则，$r_0=\omega_{m1}-r$；

若 $\omega_1>\omega_2$，$\omega_{m2}>\omega_{f1}$，如图 4.1(o) 所示，则，$r_0=\omega_{m1}+r$；

若 $\omega_1>\omega_2$，$\omega_{f2}>\omega_{m1}$，如图 4.1(p) 所示，则，$r_0=\omega_{m1}-r$；

若 $\omega_{m1}=\omega_{f1}$，则，$r_0=\omega_{f1}$。

2. 求过见断层点虚拟直孔中所见矿层底板深度

$$Z'_m=Z_m\pm\sqrt{((X_f-X_m)^2+(Y_f-Y_m)^2)}\cdot\tan\alpha_1 \text{（黄桂芝,2011b）} \quad (4.3)$$

式中，(X_f,Y_f,Z_f)、(X_m,Y_m,Z_m) 分别为钻孔见断层点、矿层点的坐标。如图 4.2～图 4.19 中的图(a)所示，Z'_m 为矿层底板在 D 点处的高程，即 Z'_m 为在过 F 点虚拟直孔中所见矿层 MA 的底板深度;α_1为钻孔中见断层点 F 与见矿层点 M 连线方向剖面内矿层伪倾角。钻孔倾斜方向与矿层倾向相反时取减号,反之取加号。

3. 求平面上过钻孔中见断层点沿垂直于断矿交线方向到断矿交点距离

$$L_f = |(Z_f - Z'_m)/(\tan\beta_2 \pm \tan\alpha_2)|(黄桂芝,2011b) \tag{4.4}$$

如图 4.2~图 4.19 中的图(c)所示,剖面方向为过钻孔中见断层点垂直于断矿交线的方向,F 点为钻孔中见断层点,A_2 点为断矿交点,L_f 为平面上过钻孔中见断层点到断矿交线的最短距离,α_2 为矿层伪倾角,β_2 为断层伪倾角。式中,断层与矿层倾向相反时取加号,反之取减号。

4. 求平面上过钻孔中见断层点垂直于断矿交线的方向

如图 4.2~图 4.19 中的图(d)所示,先标注 F 点的位置,设 F 点到 A_2 点的方向为 ω_{mf},则 ω_{mf} 即为平面图上过钻孔中见断层点垂直于断矿交线的方位角。

$$\omega_{mf} = r'_0 \pm 90°(黄桂芝,2011b) \tag{4.5}$$

式中,r'_0 为在断层倾向一侧 r_0 的方位角,减号指自 r'_0 向断层倾向一侧变 90°,加号指自 r'_0 向逆断层倾向一侧变 90°。

1)下列情况下,式中取减号

(1)$Z_f > Z_m$,β_1 与 FM 方向相反,$r_0 < Q_m$,$r_0 > Q_f$(或 $r_0 < Q_f$,$r_0 > Q_m$),如图 4.2、图 4.3 所示;

(2)$Z_f > Z_m$,β_1 与 FM 方向相反,$r_0 < Q_m$,$r_0 < Q_f$(或 $r_0 > Q_m$,$r_0 > Q_f$),$\beta_2 > \alpha_2$,如图 4.4 所示;

(3)$Z_f > Z_m$,β_1 与 FM 方向相同,$r_0 < Q_m$,$r_0 > Q_f$(或 $r_0 < Q_f$,$r_0 > Q_m$),如图 4.6、图 4.9 所示;

(4)$Z_f > Z_m$,β_1 与 FM 方向相同,$r_0 < Q_m$,$r_0 < Q_f$(或 $r_0 > Q_m$,$r_0 > Q_f$),$\beta_2 > \alpha_2$,如图 4.10 所示;

(5)$Z_m > Z_f$,β_1 与 FM 方向相反,$r_0 < Q_m$,$r_0 < Q_f$(或 $r_0 > Q_m$,$r_0 > Q_f$),$\alpha_2 > \beta_2$,如图 4.15 所示;

(6)$Z_m > Z_f$,β_1 与 FM 方向相同,$r_0 < Q_m$,$r_0 < Q_f$(或 $r_0 > Q_m$,$r_0 > Q_f$),$\alpha_2 > \beta_2$,如图 4.19 所示。

2)下列情况下,式中取加号

(1)$Z_f > Z_m$,β_1 与 FM 方向相反,$r_0 < Q_m$,$r_0 < Q_f$(或 $r_0 > Q_m$,$r_0 > Q_f$),$\alpha_2 > \beta_2$,如图 4.5 所示;

(2)$Z_f > Z_m$,β_1 与 FM 方向相同,$r_0 < Q_m$,$r_0 < Q_f$(或 $r_0 > Q_m$,$r_0 > Q_f$),$\alpha_2 > \beta_2$,如图 4.11 所示;

(3)$Z_m > Z_f$,β_1 与 FM 方向相反,$r_0 < Q_m$,$r_0 > Q_f$(或 $r_0 < Q_f$,$r_0 > Q_m$),如图 4.12、图 4.13 所示;

(4)$Z_m > Z_f$,β_1 与 FM 方向相反,$r_0 < Q_m$,$r_0 < Q_f$(或 $r_0 > Q_m$,$r_0 > Q_f$),$\beta_2 > \alpha_2$,如图 4.14 所示;

(5)$Z_m > Z_f$,β_1 与 FM 方向相同,$r_0 < Q_m$,$r_0 > Q_f$(或 $r_0 < Q_f$,$r_0 > Q_m$),如图 4.16、图 4.17 所示;

(6)$Z_m > Z_f$,β_1 与 FM 方向相同,$r_0 < Q_m$,$r_0 < Q_f$(或 $r_0 > Q_m$,$r_0 > Q_f$),$\beta_2 > \alpha_2$,如图 4.18 所示。

5. 求过钻孔中见断层点到距断矿交线最短距离处断矿交点高程

设过钻孔中见断层点到距断矿交线最短距离处断矿交点的高程为 Z_{mf}:

$$Z_{mf} = Z_f \pm L_f \tan\beta_2(黄桂芝,2011b) \tag{4.6}$$

1)下列情况下,式中取减号

(1)$Z_f > Z_m$,β_1 与 FM 方向相反,$r_0 < Q_m$,$r_0 > Q_f$(或 $r_0 < Q_f$,$r_0 > Q_m$),如图 4.2、图 4.3 所示;

(2)$Z_f > Z_m$,β_1 与 FM 方向相反,$r_0 < Q_m$,$r_0 > Q_f$(或 $r_0 < Q_f$,$r_0 > Q_m$),$\beta_2 > \alpha_2$,如图 4.4 所示;

(3)$Z_f > Z_m$,β_1 与 FM 方向相同,$r_0 < Q_m$,$r_0 > Q_f$(或 $r_0 < Q_f$,$r_0 > Q_m$),如图 4.6~图 4.9 所示;

(4) $Z_f > Z_m$, β_1 与 FM 方向相同, $r_0 < Q_m$, $r_0 < Q_f$ (或 $r_0 > Q_m$, $r_0 > Q_f$), $\beta_2 > \alpha_2$, 如图 4.10 所示;

(5) $Z_m > Z_f$, β_1 与 FM 方向相反, $r_0 < Q_m$, $r_0 < Q_f$ (或 $r_0 > Q_m$, $r_0 > Q_f$), $\alpha_2 > \beta_2$, 如图 4.15 所示;

(6) $Z_m > Z_f$, β_1 与 FM 方向相同, $r_0 < Q_m$, $r_0 < Q_f$ (或 $r_0 > Q_m$, $r_0 > Q_f$), $\alpha_2 > \beta_2$, 如图 4.19 所示。

2) 下列情况下,式中取加号

(1) $Z_f > Z_m$, β_1 与 FM 方向相反, $r_0 < Q_m$, $r_0 < Q_f$ (或 $r_0 > Q_m$, $r_0 > Q_f$), $\alpha_2 > \beta_2$, 如图 4.5 所示;

(2) $Z_f > Z_m$, β_1 与 FM 方向相同, $r_0 < Q_m$, $r_0 < Q_f$ (或 $r_0 > Q_m$, $r_0 > Q_f$), $\alpha_2 > \beta_2$, 如图 4.11 所示;

(3) $Z_m > Z_f$, β_1 与 FM 方向相反, $r_0 < Q_m$, $r_0 > Q_f$ (或 $r_0 < Q_f$, $r_0 > Q_m$), 如图 4.12、图 4.13 所示;

(4) $Z_m > Z_f$, β_1 与 FM 方向相反, $r_0 < Q_m$, $r_0 < Q_f$ (或 $r_0 > Q_m$, $r_0 > Q_f$), $\beta_2 > \alpha_2$, 如图 4.14 所示;

(5) $Z_m > Z_f$, β_1 与 FM 方向相同, $r_0 < Q_m$, $r_0 > Q_f$ (或 $r_0 < Q_f$, $r_0 > Q_m$), 如图 4.16、图 4.17 所示;

(6) $Z_m > Z_f$, β_1 与 FM 方向相同, $r_0 < Q_m$, $r_0 < Q_f$ (或 $r_0 > Q_m$, $r_0 > Q_f$), $\beta_2 > \alpha_2$, 如图 4.18 所示。

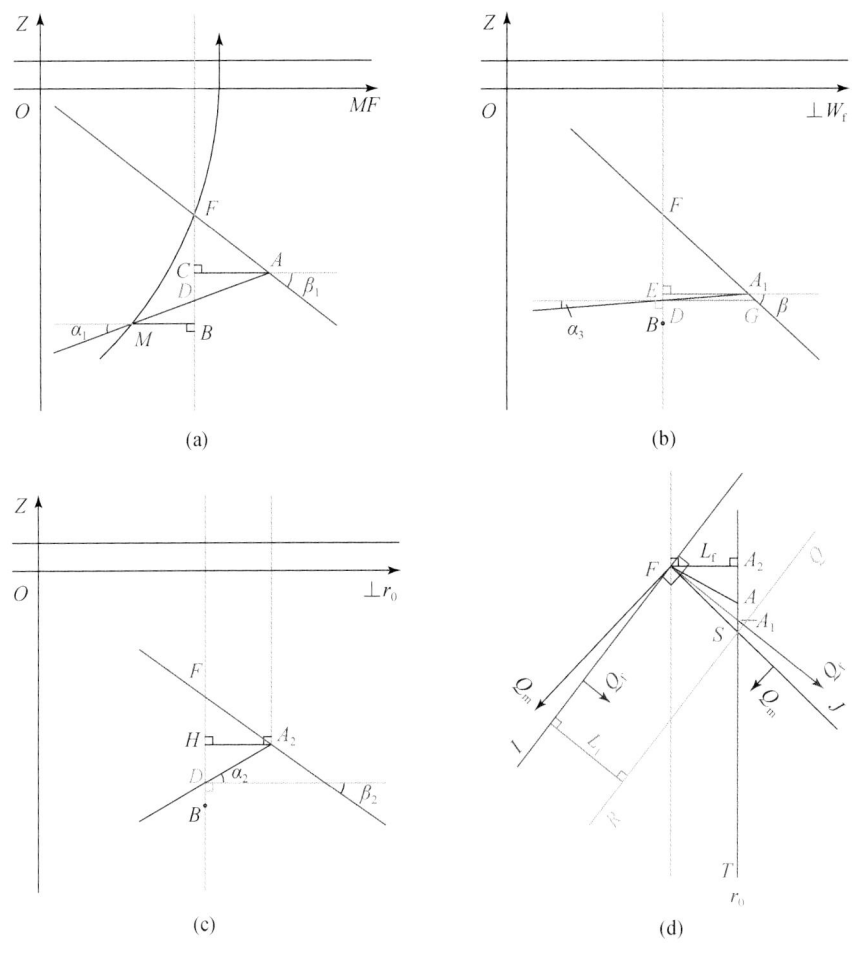

图 4.2 断矿交线在剖面与平面上对应关系示意图 1

$Z_f > Z_m$, β_1 与 FM 的平面方向相反, $r_0 < Q_m$, $r_0 > Q_f$ (或 $r_0 < Q_f$, $r_0 > Q_m$), $\beta_2 > \alpha_2$

第 4 章 解析法求断矿交点

(a)

(b)

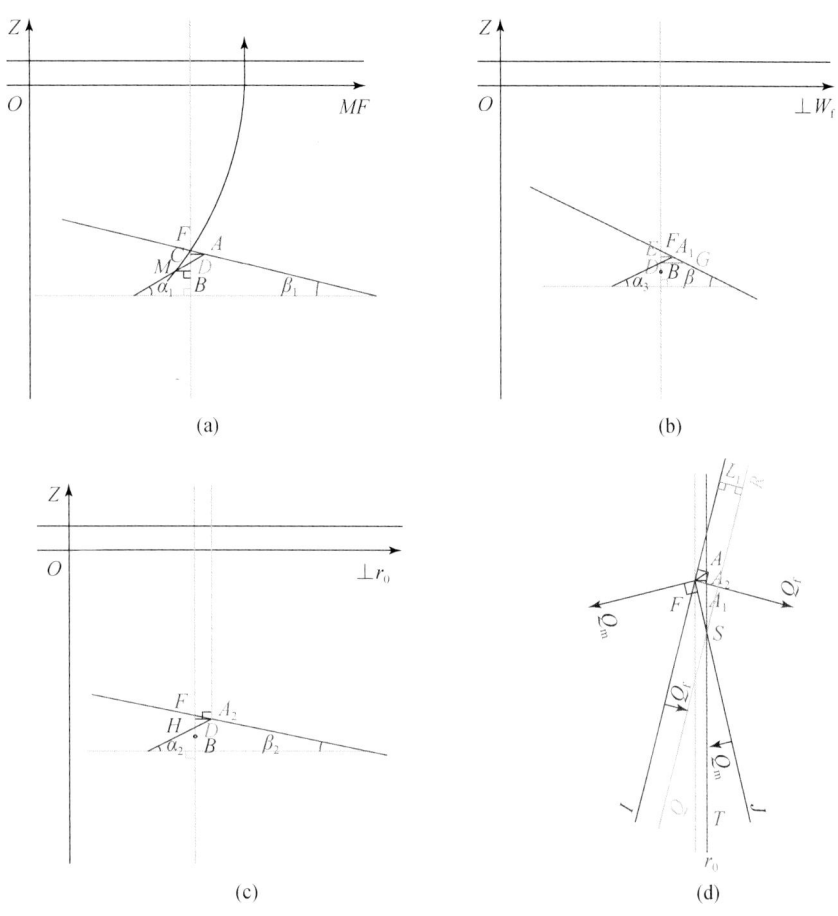

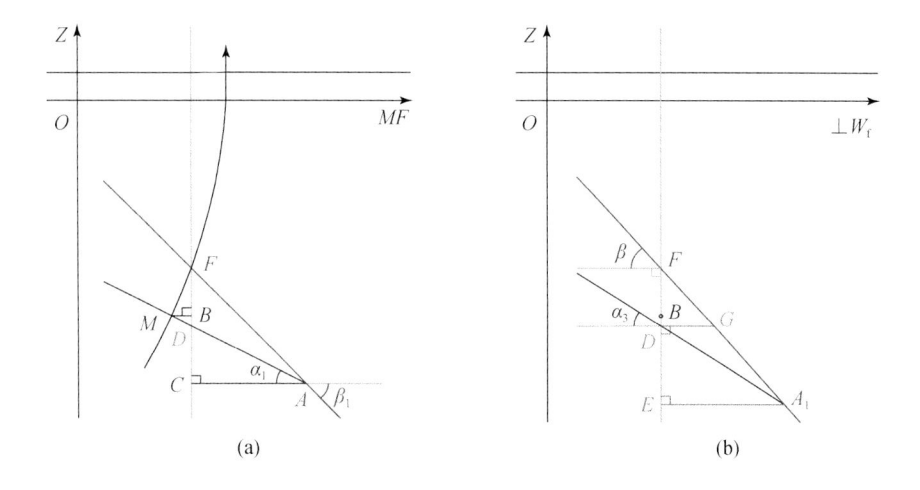

(c)

(d)

图 4.3 断矿交线在剖面与平面上对应关系示意图 2

$Z_f > Z_m$，β_1 与 FM 的平面方向相反，$r_0 < Q_m$，$r_0 > Q_f$（或 $r_0 < Q_f$，$r_0 > Q_m$），$\alpha_2 > \beta_2$

(a)

(b)

(c)　　　　　　　　　　　　(d)

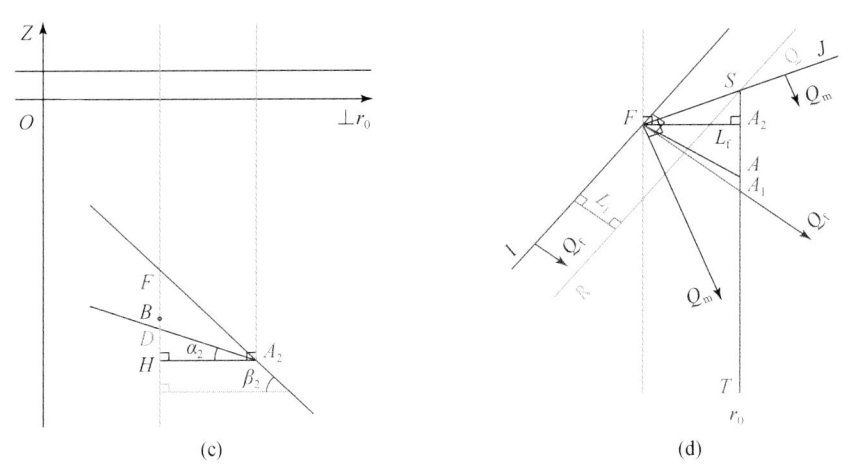

图 4.4　断矿交线在剖面与平面上对应关系示意图 3

$Z_f > Z_m$，β_1 与 FM 的平面方向相反，$r_0 < Q_m$，$r_0 < Q_f$（或 $r_0 > Q_m$，$r_0 > Q_f$），$\beta_2 > \alpha_2$

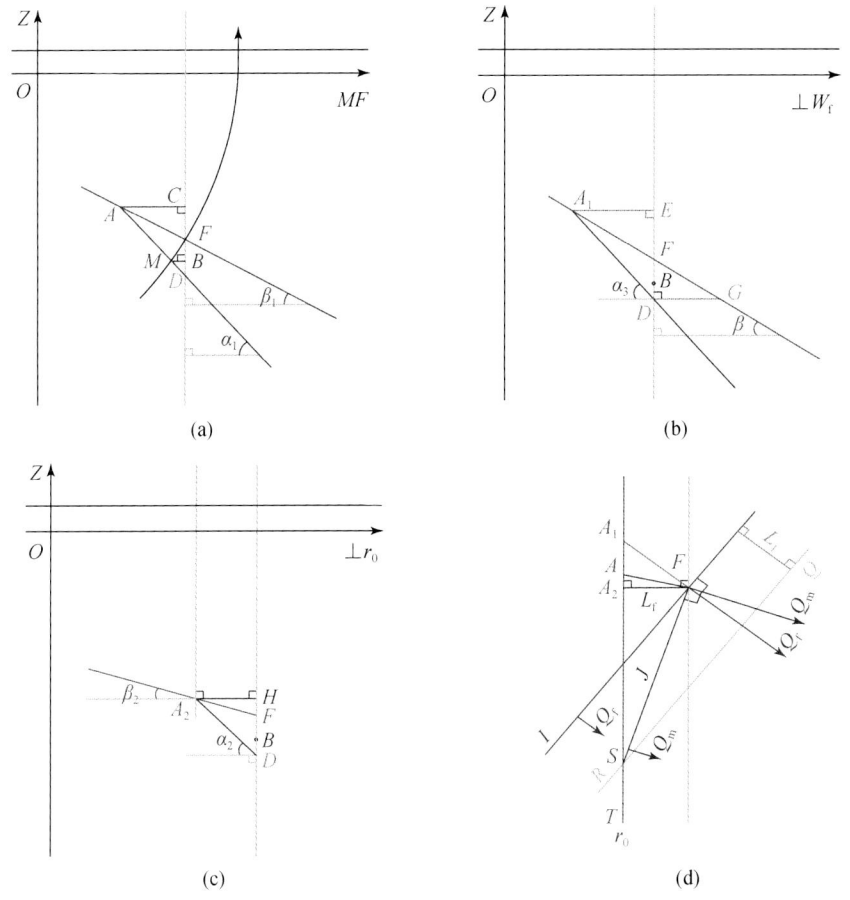

(a)　　　　　　　　　　　　(b)

(c)　　　　　　　　　　　　(d)

图 4.5　断矿交线在剖面与平面上对应关系示意图 4

$Z_f > Z_m$，β_1 与 FM 的平面方向相反，$r_0 < Q_m$，$r_0 < Q_f$（或 $r_0 > Q_m$，$r_0 > Q_f$），$\alpha_2 > \beta_2$

第4章　解析法求断矿交点

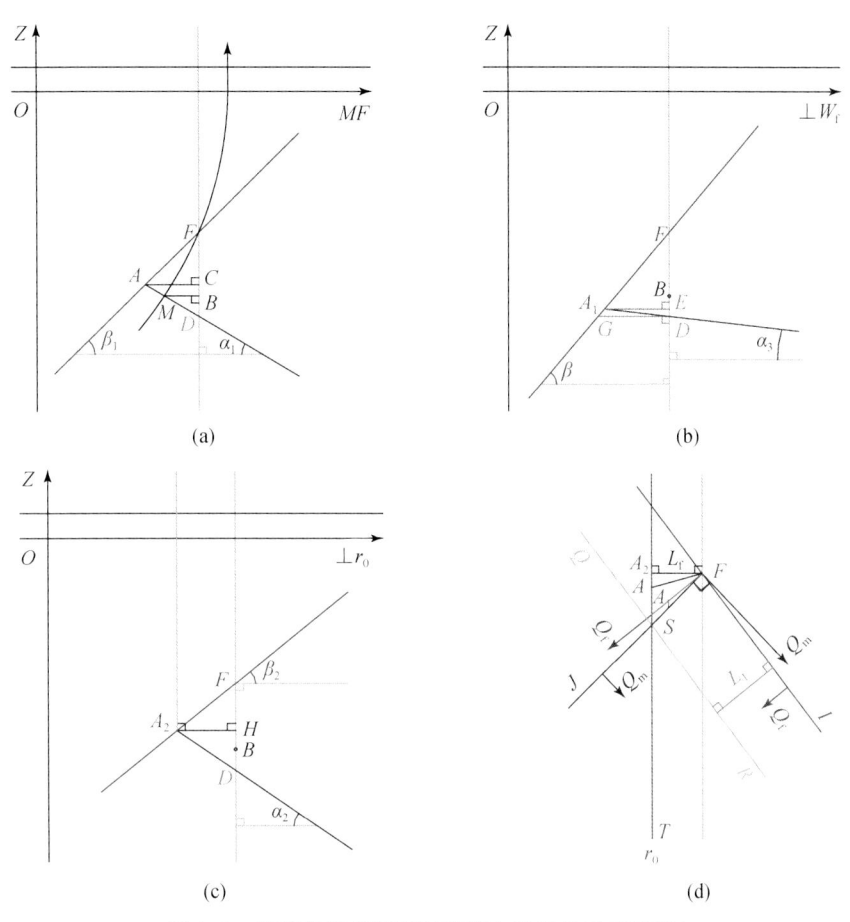

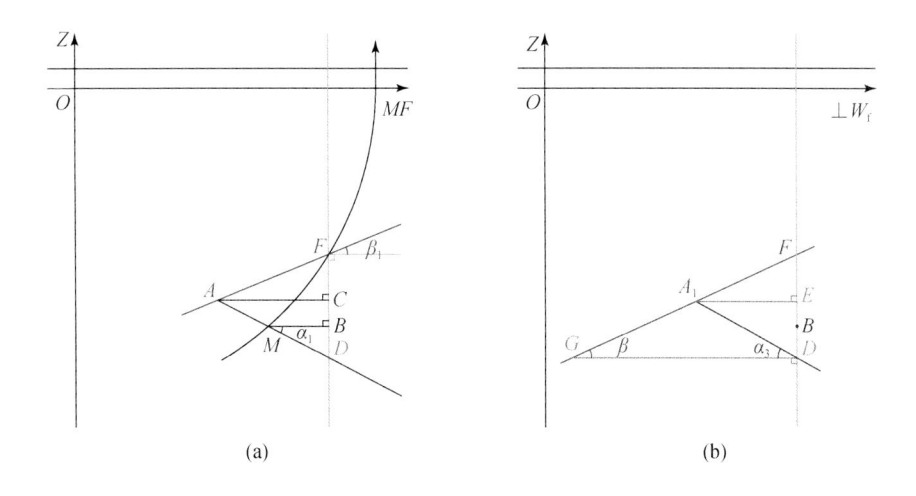

图 4.6　断矿交线在剖面与平面上对应关系示意图 5
$Z_f > Z_m$，β_1 与 FM 的平面方向相同，$r_0 < Q_m$，$r_0 > Q_f$（或 $r_0 < Q_f$，$r_0 > Q_m$），$\beta_2 > \alpha_2$

(c)　　　　　　　　　　　(d)

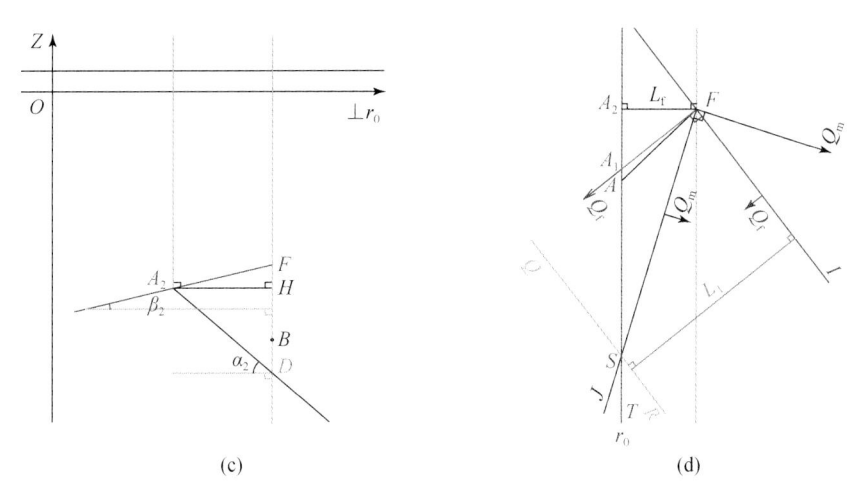

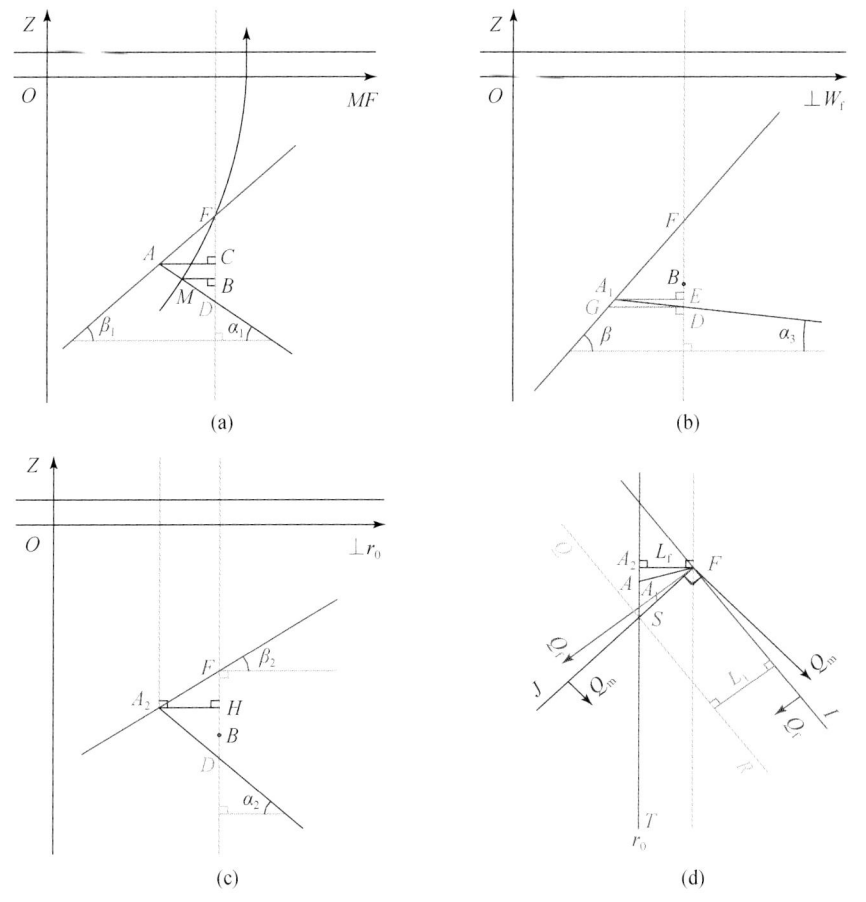

图 4.7　断矿交线在剖面与平面上对应关系示意图 6
$Z_f > Z_m$，β_1 与 FM 的平面方向相同，$r_0 < Q_m$，$r_0 > Q_f$（或 $r_0 < Q_f$，$r_0 > Q_m$），$\alpha_2 > \beta_2$，$\alpha_3 > \beta$，$\alpha_1 > \beta_1$

(a)　　　　　　　　　　　(b)

(c)　　　　　　　　　　　(d)

图 4.8　断矿交线在剖面与平面上对应关系示意图 7
$Z_f > Z_m$，β_1 与 FM 的平面方向相同，$r_0 < Q_m$，$r_0 > Q_f$（或 $r_0 < Q_f$，$r_0 > Q_m$），$\alpha_2 > \beta_2$，$\alpha_3 < \beta$，$\alpha_1 < \beta_1$

第 4 章　解析法求断矿交点

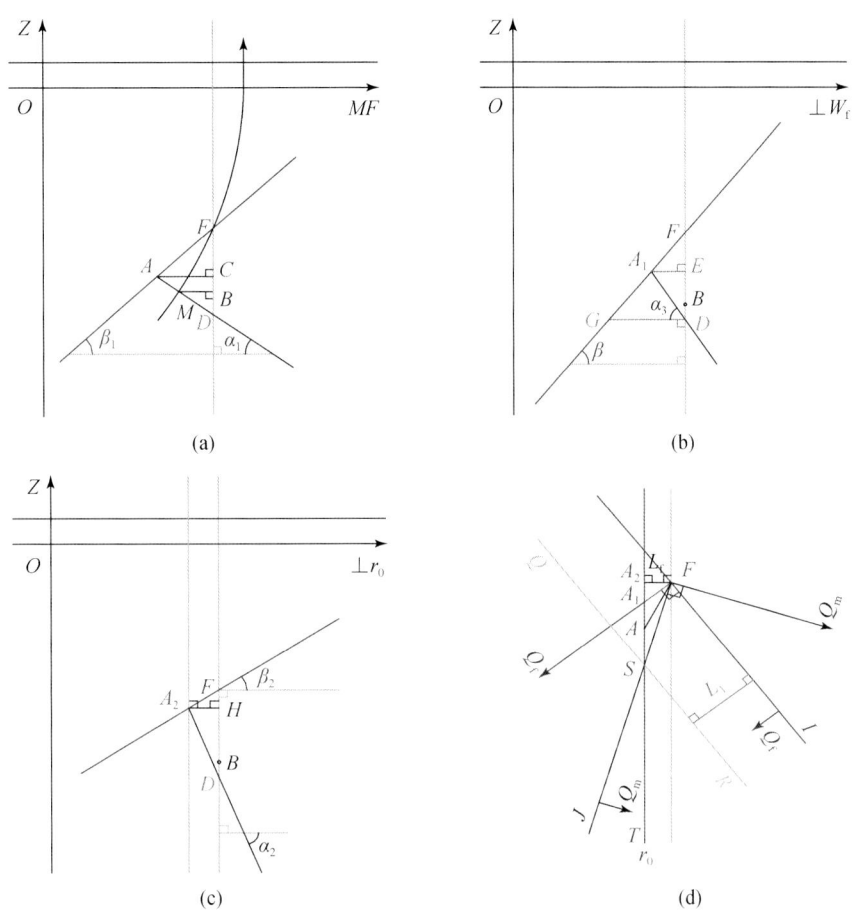

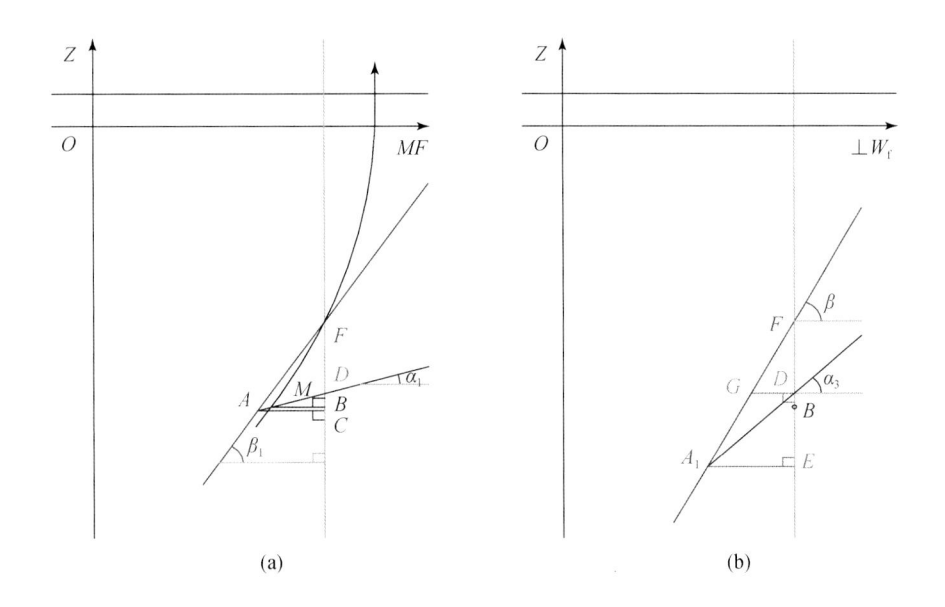

图 4.9　断矿交线在剖面与平面上对应关系示意图 8

$Z_f>Z_m$，β_1 与 FM 的平面方向相同，$r_0<Q_m$，$r_0>Q_f$（或 $r_0<Q_f$，$r_0>Q_m$），$\alpha_2>\beta_2$，$\alpha_3>\beta_1$，$\alpha_1<\beta_1$

(c)   (d)

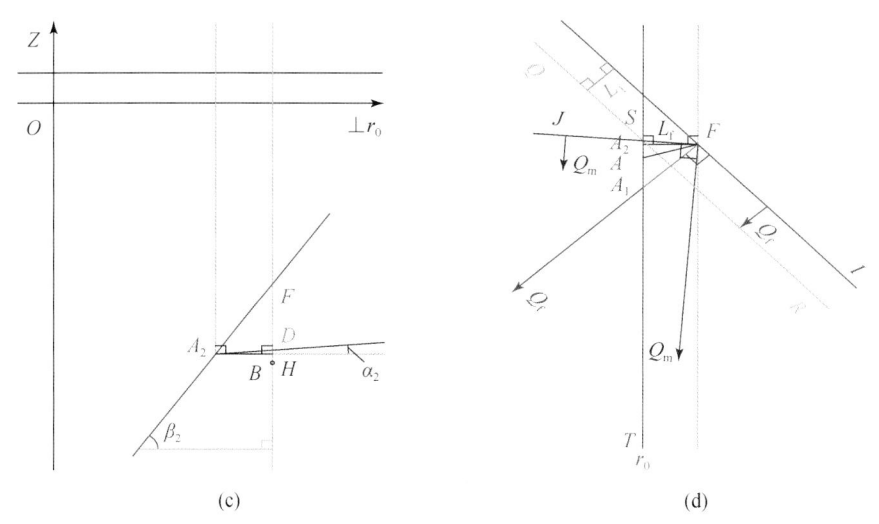

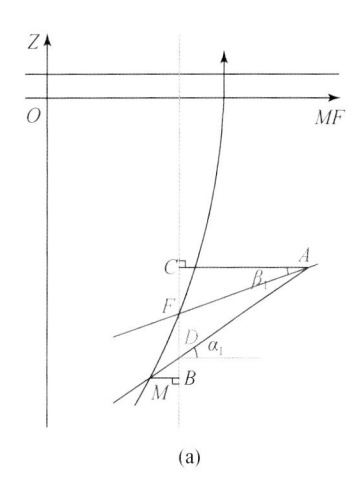

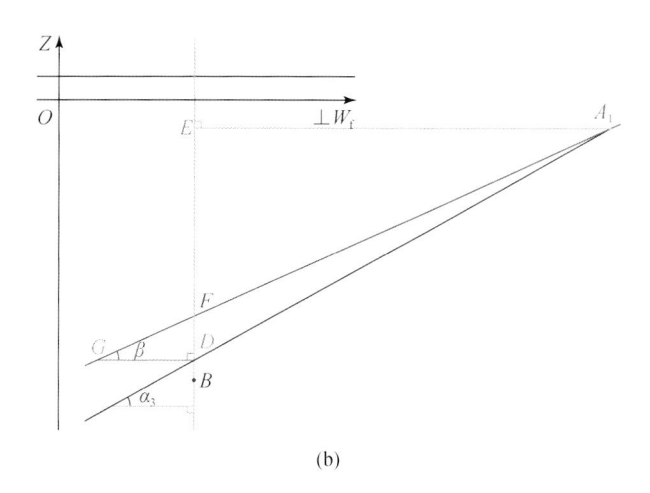

图 4.10 断矿交线在剖面与平面上对应关系示意图 9

$Z_f > Z_m$, β_1 与 FM 的平面方向相同, $r_0 < Q_m$, $r_0 < Q_f$ (或 $r_0 > Q_m$, $r_0 > Q_f$), $\beta_2 > \alpha_2$

(a)   (b)

第 4 章 解析法求断矿交点

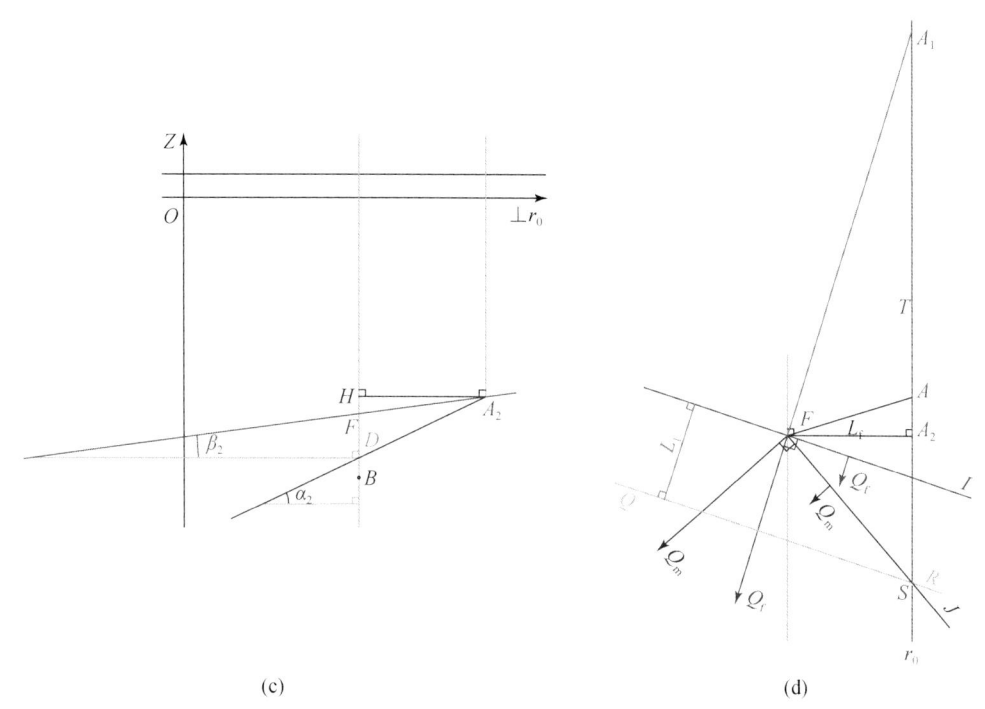

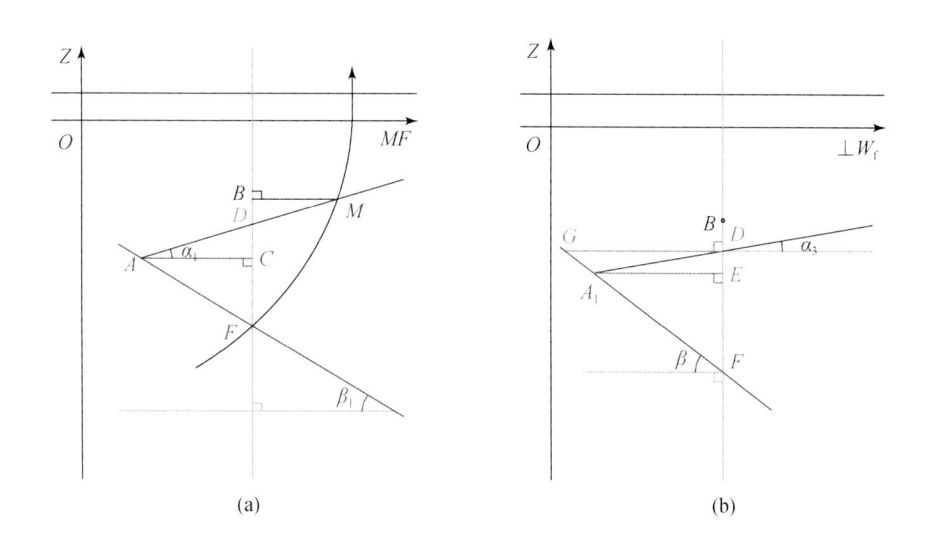

(c)

(d)

图 4.11 断矿交线在剖面与平面上对应关系示意图 10

$Z_f > Z_m$,β_1 与 FM 的平面方向相同,$r_0 < Q_m$,$r_0 < Q_f$(或 $r_0 > Q_m$,$r_0 > Q_f$),$\alpha_2 > \beta_2$

(a)

(b)

(c)

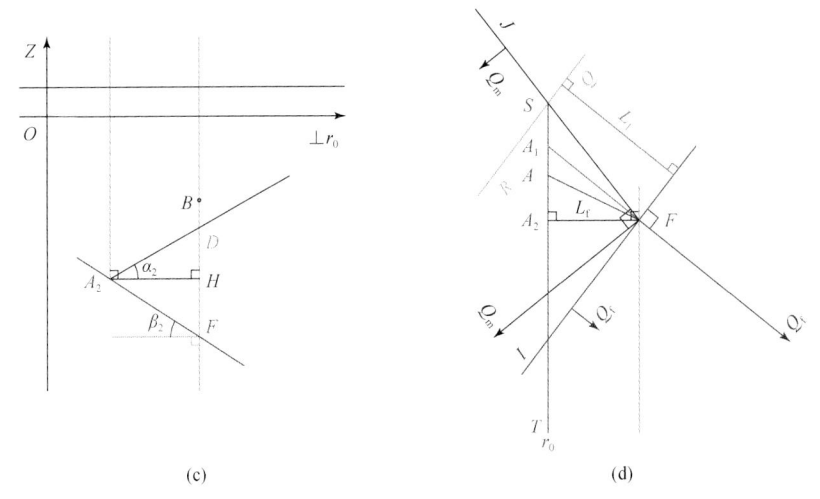

图 4.12　断矿交线在剖面与平面上对应关系示意图 11

$Z_m > Z_f$，β_1 与 FM 的平面方向相反，$r_0 < Q_m$，$r_0 > Q_f$（或 $r_0 < Q_f$，$r_0 > Q_m$），$\beta_2 > \alpha_2$

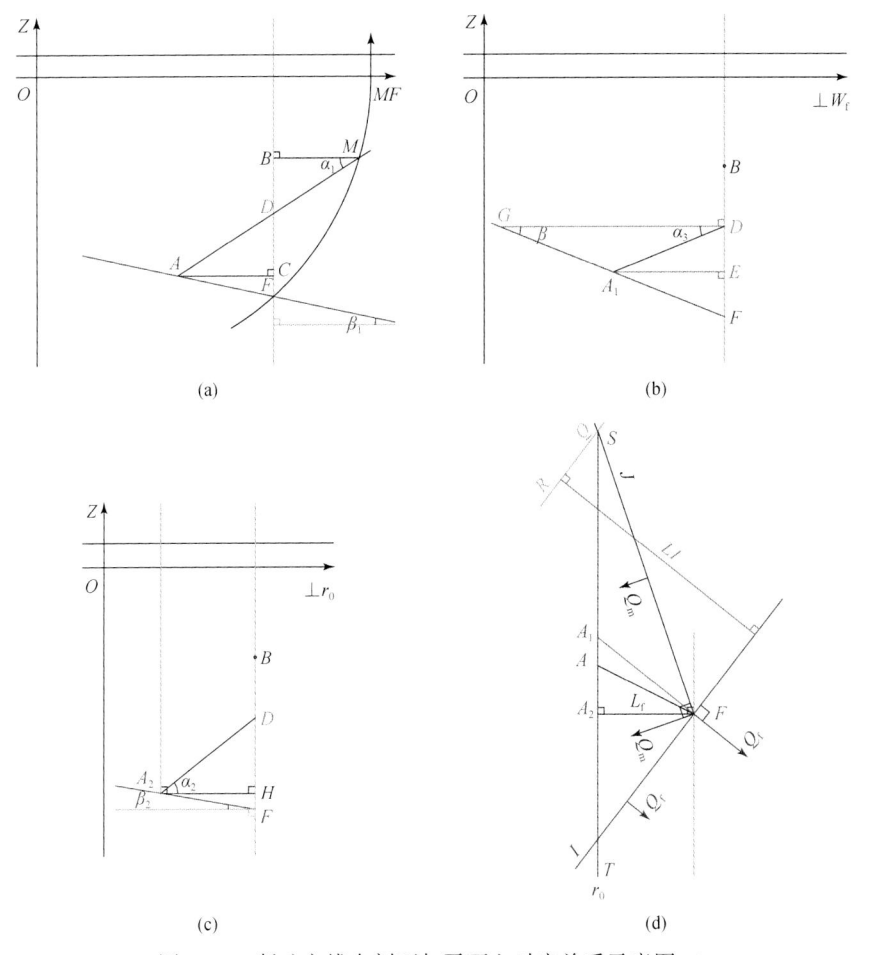

(a)　(b)

(c)　(d)

图 4.13　断矿交线在剖面与平面上对应关系示意图 12

$Z_m > Z_f$，β_1 与 FM 的平面方向相反，$r_0 < Q_m$，$r_0 > Q_f$（或 $r_0 < Q_f$，$r_0 > Q_m$），$\alpha_2 > \beta_2$

第 4 章 解析法求断矿交点 · 101 ·

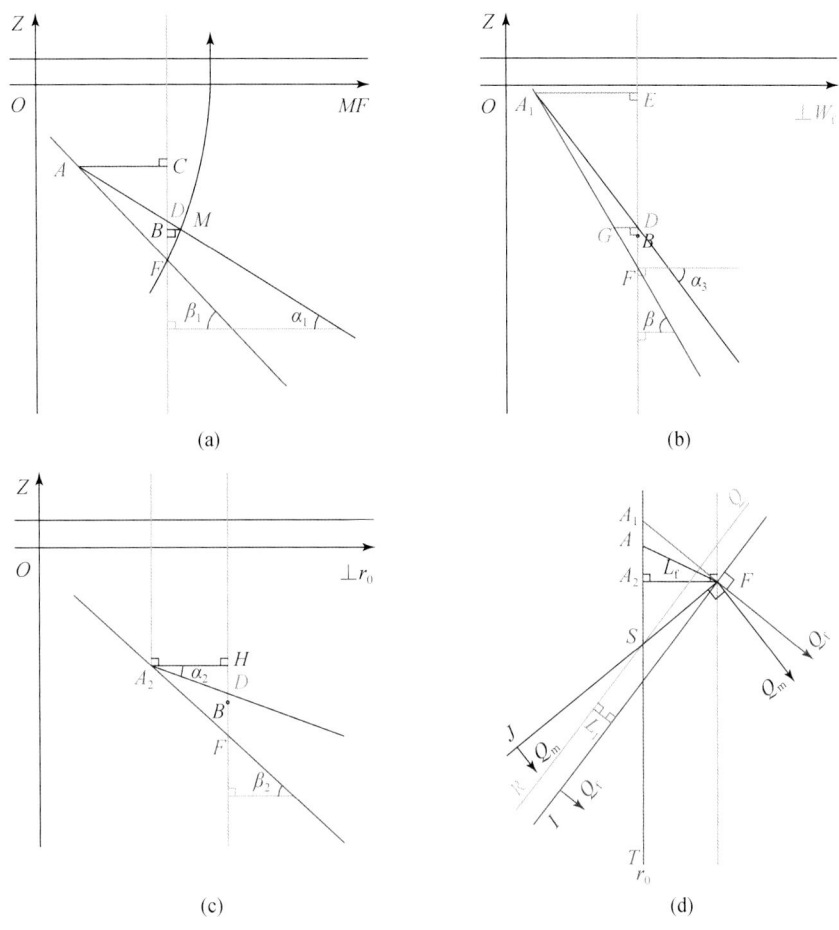

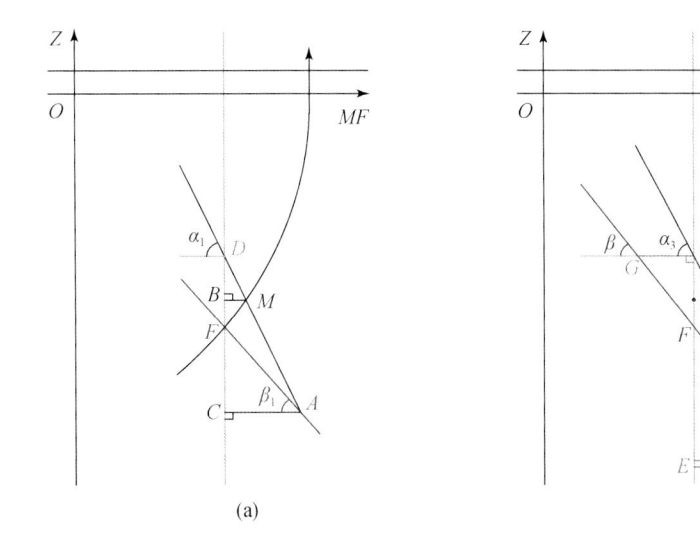

图 4.14 断矿交线在剖面与平面上对应关系示意图 13
$Z_m > Z_f$，β_1 与 FM 的平面方向相反，$r_0 < Q_m$，$r_0 < Q_f$（或 $r_0 > Q_m$，$r_0 > Q_f$），$\beta_2 > \alpha_2$

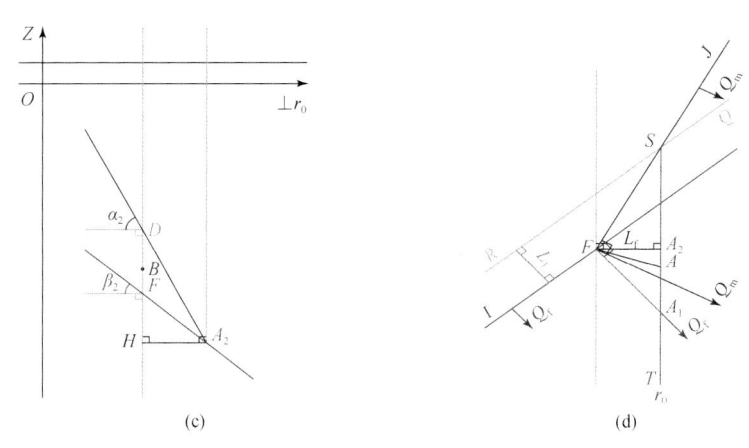

图 4.15 断矿交线在剖面与平面上对应关系示意图 14

$Z_m > Z_f$，β_1 与 FM 的平面方向相反，$r_0 < Q_m$，$r_0 < Q_f$（或 $r_0 > Q_m$，$r_0 > Q_f$），$\alpha_2 > \beta_2$

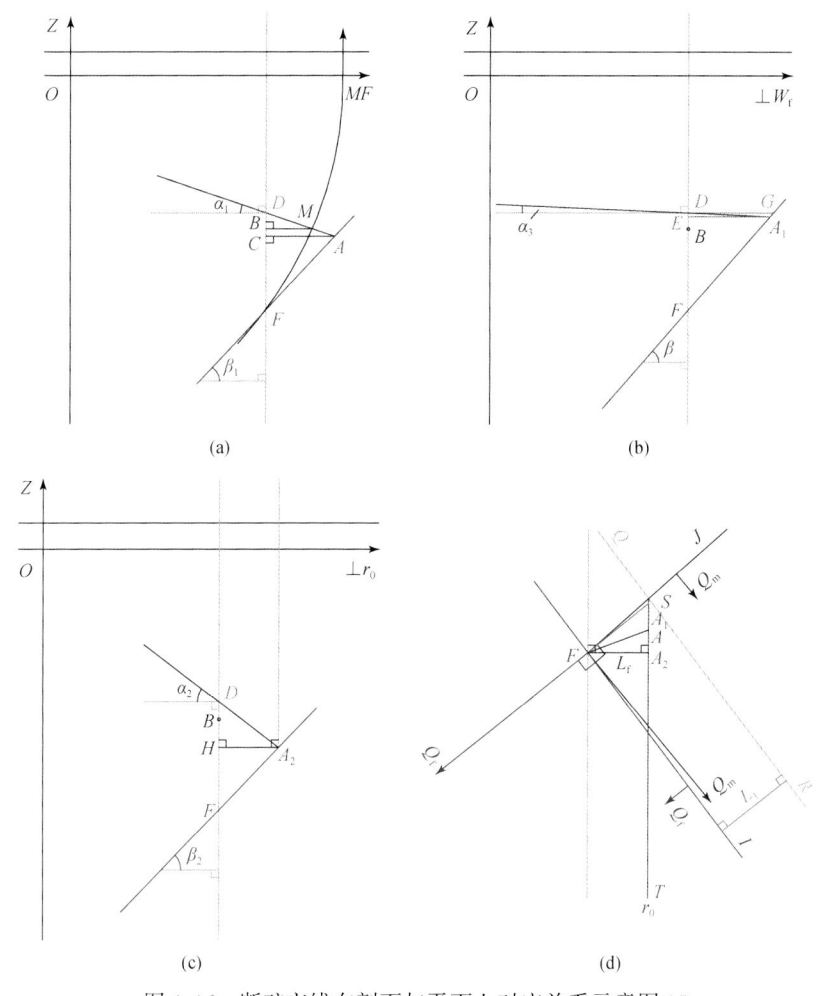

图 4.16 断矿交线在剖面与平面上对应关系示意图 15

$Z_m > Z_f$，β_1 与 FM 的平面方向相同，$r_0 < Q_m$，$r_0 > Q_f$（或 $r_0 < Q_f$，$r_0 > Q_m$），$\beta_2 > \alpha_2$

第4章 解析法求断矿交点

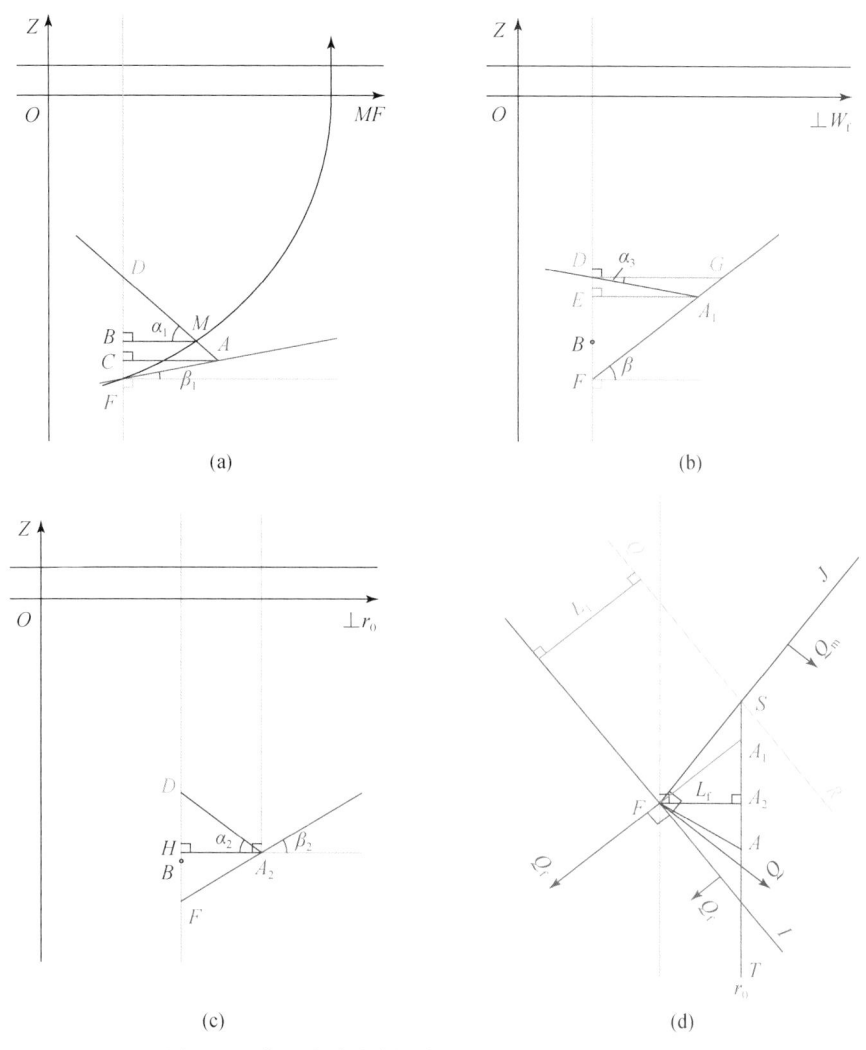

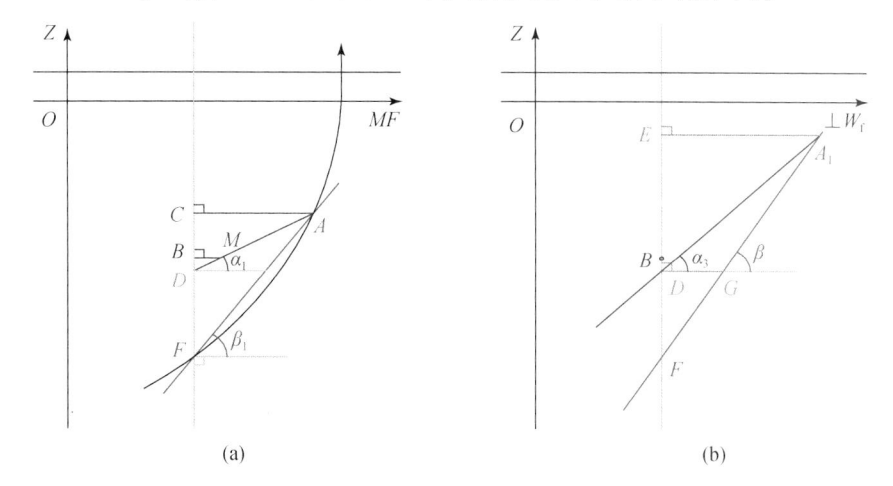

图4.17 断矿交线在剖面与平面上对应关系示意图16

$Z_m > Z_f$，β_1 与 FM 的平面方向相同，$r_0 < Q_m$，$r_0 > Q_f$（或 $r_0 < Q_f$，$r_0 > Q_m$），$\alpha_2 > \beta_2$

(c) (d)

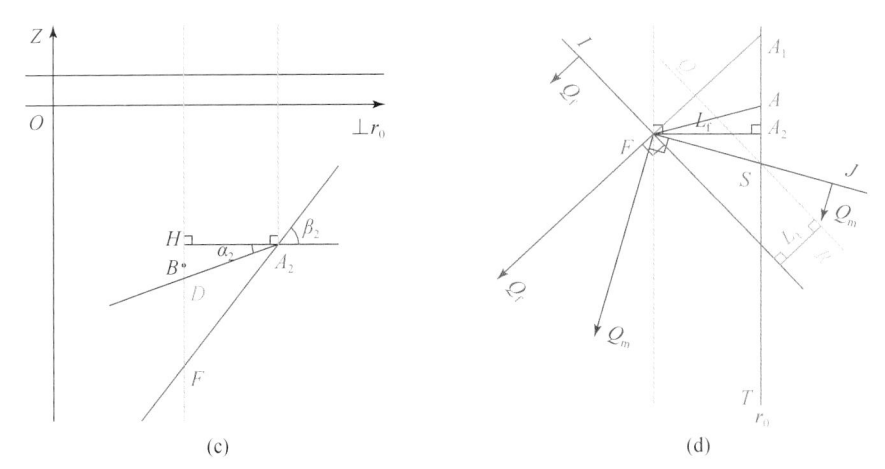

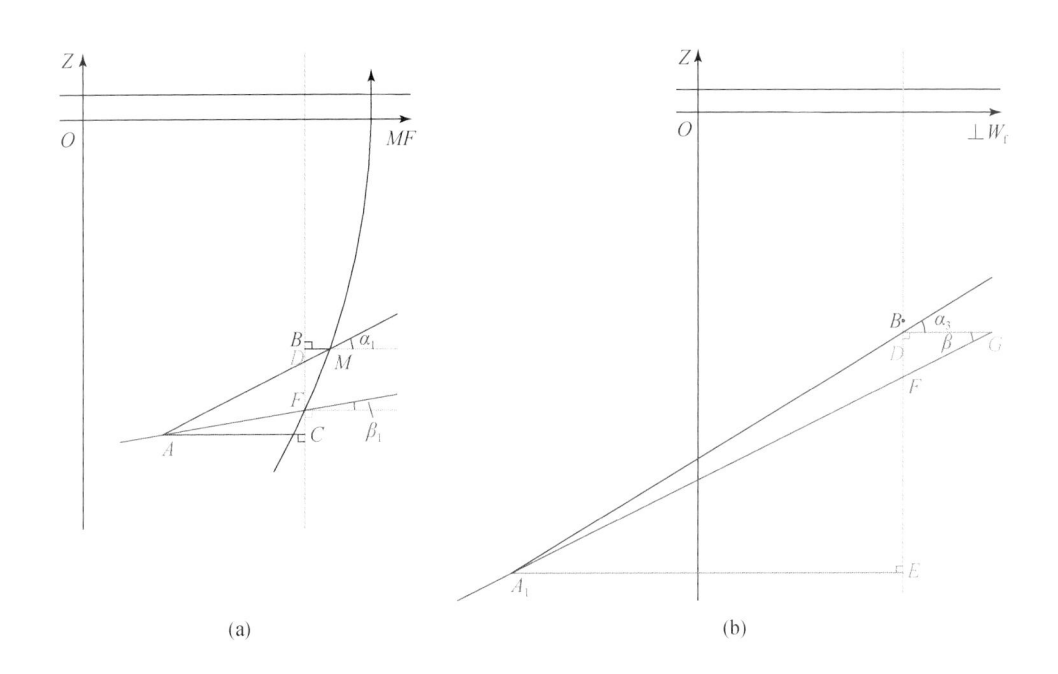

图 4.18　断矿交线在剖面与平面上对应关系示意图 17
$Z_m > Z_f$, β_1 与 FM 的平面方向相同, $r_0 < Q_m$, $r_0 < Q_f$ (或 $r_0 > Q_m$, $r_0 > Q_f$), $\beta_2 > \alpha_2$

(a) (b)

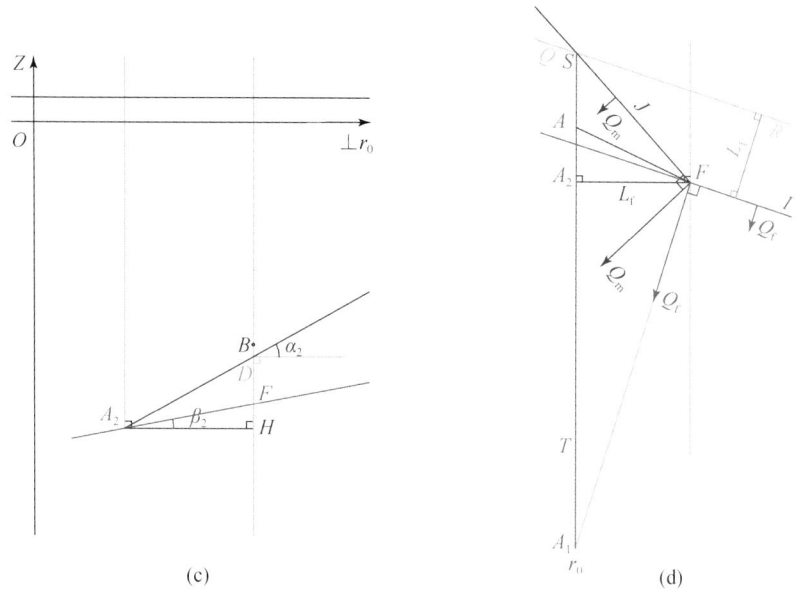

图 4.19　断矿交线在剖面与平面上对应关系示意图 18

$Z_m > Z_f$，β_1 与 FM 的平面方向相同，$r_0 < Q_m$，$r_0 < Q_f$（或 $r_0 > Q_m$，$r_0 > Q_f$），$\alpha_2 > \beta_2$

6. 由于断层切割钻孔中未见矿层的断矿交点求解

如图 4.20 所示，由于断层切割，钻孔中只见到一个断盘中的矿层。这种情况下，可以依据断层落差、钻孔中所遇未见矿层所在盘岩心资料和地层柱状，估计钻孔中未见矿层向对盘的延长线与过 F 点的虚拟直孔的交点，将此点定为 Z'_m，然后用与钻孔中见矿层情况相同的方法和公式求解其断矿交点的位置、方向和高程。

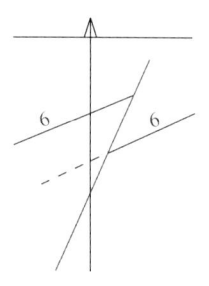

图 4.20　由于断层切割钻孔中未见矿层在虚拟直孔中位置示意图

7. 合理性

该方法可求出自钻孔中见断层点（或见矿层点）到断矿交线的垂足点。因其距离最短，所受断层和矿层产状变化的综合影响最小，故准确性很好。因此，只要几何推导过程没有问题，就具有合理性。

8. 适用情况

该方法适用于相邻钻孔中矿层和断层产状变化较小的情况。当相邻钻孔中矿层或断层产状变化较大时,影响其准确性。此种情况可再分为两种,若断矿交点位于本钻孔与所在三角形曲面的产状变化过渡点之间,影响相对较小;否则,影响较大。

4.1.2 实例

已知某煤田勘探区 15 号钻孔中见到了 F5 断层和 8 号煤层。依据煤岩对比确定该断层为正断层,15 号钻孔中见到的 8 号煤层位于 F5 断层的下盘。岩心中可见到断层带的底面,与断层带底面相接触处是粉砂岩,见不到其层理和层面。但该岩心下段的岩心与其可以很好地拼合,且在这个下段的岩心中距上段岩心中断层底面 0.5m 处有一层 0.1m 厚的凝灰岩。依据拼合后的岩心资料求得断层倾向为 150°,倾角为 67°,凝灰岩层倾向为 250°。在以该钻孔两侧附近钻孔中 8 号煤层底板标高所做的两个局部底板等高线图中等高线解释合理的那一张图中该钻孔处 8 号煤层倾向的值也大致为 250°。求 15 号钻孔附近 8 号煤层在 F5 断层上、下两盘中断煤交点的位置、方向和高程。

已知:$X_f = 5237325.31, Y_f = 22596248.12, Z_f = -510.87$

$X_m = 5237341.25, Y_m = 22596263.54, Z_m = -588.23$

$\alpha = 25°, \beta = 67°, Q_f = 150°, Q_m = 250°$

解:$\omega_{f1} = 150° - 90° = 60°, \omega_{m1} = 250° - 90° = 160°$

$\omega_1 = |\omega_{m1} - \omega_{f1}| = |160° - 60°| = 100°, \omega_2 = |\omega_{m2} - \omega_{f1}| = |(160° + 180°) - (360° + 60°)| = 80°$

$\omega = \min(\omega_1, \omega_2) = 80°$

因 $|Q_m - Q_f| > 90°$,即,断层与矿层倾向相同,且 $\beta > \alpha$,有

$r = \arctan[\sin\omega \cdot \tan\alpha / (\tan\beta + \cos\omega \cdot \tan\alpha)]$

$= \arctan[\sin 80° \cdot \tan 25° / (\tan 67° + \cos 80° \cdot \tan 25°)] = 10.68$

因 $\omega_1 > 90°, \omega_{m1} > \omega_{f1}$,故 $r_0 = \omega_{f2} - r = 60° - 10.67 50° = 49.328°$。

设 15 号钻孔中见断层点 F 与见矿层点 M 的连线与 SN 轴方向所夹的锐角为 v,FM 线的方位角为 δ,则

$\tan v = |(y_f - y_m)/(x_f - x_m)| = |(22596248.12 - 22596263.54)/(5237325.31 - 5237341.25)|$

$= 0.97$

$v = 44.05°$

因 $x_m > x_f, y_m > y_f$,有

$\delta = 180° + v = 180° + 44.05° = 224.05°$

$\alpha_1 = \arctan(\tan\alpha \cdot |\cos|Q_m - \delta||) = \arctan(\tan 25° \cdot |\cos|250° - 224.05°||)$
$= 22.75°$

$\alpha_2 = \arctan(\tan\alpha \cdot |\cos|Q_m - r_0||) = \arctan(\tan 25° \cdot \cos|250° - 49.33°|) = 23.57°$

$\beta_2 = \arctan(\tan\beta \cdot |\cos|Q_f - r_0||) = \arctan(\tan 67° \cdot \cos \cdot |150° - 49.33°|) = 23.57°$

从已知条件和上述计算可知,该实例属于 $Z_f > Z_m, Q_f - \delta < 90°, r_0 < Q_m, r_0 > Q_f, \beta_2 > \alpha_2$ 的类型。

15号钻孔中所见F5断层与8号煤层的下盘断煤交线的参数为

$$L_{mf} = 22.1779\text{m}$$
$$Z'_m = -578.931\text{m}$$
$$L_f = |(Z_f - Z'_m)/(\tan\beta_2 + \tan\alpha_2)| = 78.99\text{m}$$

因 $|49.33°+90°-150°| = 10.67°<90°$,故采用 $\omega_3 = 139.33°$,

$$Z_{mf} = Z_f - L_f \cdot \tan\beta_2 = -545.33\text{m}$$

15号钻孔中没有见到F5断层上盘的8号煤层,依据F5断层的落差估计其在下盘中的延长线与过F点虚拟直孔交点的高程为-594.735m,即$Z'_m = -594.735$,则15号钻孔中所见F5断层与未见的8号煤层的上盘断煤交线的参数为

$$L_f = |(Z_f - Z'_m)/(\tan\beta_2 + \tan\alpha_2)| = 96.113\text{m}$$
$$\omega_3 = 49.33° + 90° = 139.33°$$

Z_{mf}应根据钻孔中所见F5断层和钻孔中8号煤层上盘的虚拟位置而确定。

如图4.21所示,空心圈表示钻孔调整前的位置,箭头所指处的实心圈表示钻孔调整后的位置。

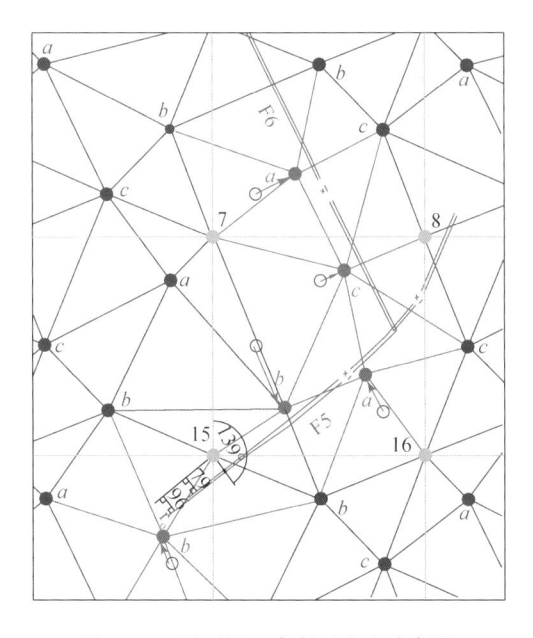

图4.21 平面图上求断矿交点实例图

4.2 另一盘断矿交点

4.2.1 断层两盘矿层产状变化情况下的地层断距

在断层两盘矿层产状变化的情况下,断层面上某点A的地层断距是指在垂直于断失盘矿

层走向的剖面内,自 A 点到断失盘中同一层位的垂直距离。因此,在剖面上,它不垂直于本盘矿层,只垂直于断失盘矿层,即在剖面上,本盘矿层倾角为伪倾角,断失盘矿层为真倾角。如图 4.22 所示,设 α_2 为断失盘倾角,h_0 为地层断距,h_f 为水平地层断距,h_g 为铅直地层断距,则

$$H_0 = h_g \cos\alpha_2$$
$$h_0 = h_f \sin\alpha_2$$

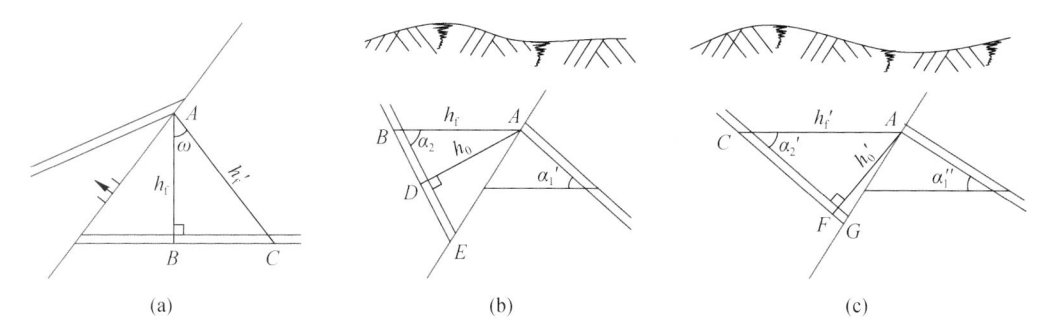

图 4.22 断层两盘矿层产状变化情况下地层断距示意图
(a)平面图;(b)真地层断距方向剖面图;(c)伪地层断距方向剖面图

在 AC 方向剖面内,设 h_0'、h_f' 分别为伪地层断距、伪水平地层断距,α_2'、α_1'' 分别为断失盘、本盘矿层伪倾角;ω 为剖面方向与断失盘矿层倾向间所夹锐角。

在图 4.22(a)的直角三角形 ABC 中,
$$h_f/h_g = \cos\omega$$
在图 4.22(b)的直角三角形 ADB 中,
$$h_0/h_f = \sin\alpha_2$$
在图 4.22(c)的直角三角形 AFC 中,
$$H_0' = h_f' \sin\alpha_2' = h_f \sin\alpha_2' / \cos\omega = h_0 \sin\alpha_2' / \cos\omega \sin\alpha_2 \quad (黄桂芝、冯斌,1994) \tag{4.7}$$

4.2.2 另一盘断矿交点的求解方法

设已知盘断矿交点为 $A(X_1,Y_1,Z_1)$,在垂直于已知盘断矿交线方向的垂直剖面上,由 A 点到另一盘断矿交线的交点为 $B(X_2,Y_2,Z_2)$,A 点到 B 点连线的方位角为 ω'、水平距离为 L;断层的地层断距为 h_0;在 AB 方向剖面上,由 A 点到另一盘矿层的垂直距离为 h_0',断层伪倾角为 β',B 点所在盘的矿层伪倾角为 α_2';A 点所在盘的矿层走向中小于 $180°$ 者为 ω_{m11},大于 $180°$ 者为 ω_{m12},倾向为 q_1,真倾角为 α_1;B 点所在盘的矿层走向中小于 $180°$ 者为 ω_{m21},大于 $180°$ 者为 ω_{m22},倾向为 q_2,真倾角为 α_2;A 点所在盘断煤交线与断层走向线间所夹锐角为 r_1'、断矿交线方位角为 r_1、断矿交线倾伏角为 θ_1;B 点所在盘断煤交线与断层走向线间所夹锐角为 r_2'、断矿交线方位角为 r_2、断矿交线倾伏角为 θ_2;ω_{f1} 为断层走向中小于 $180°$ 者,ω_{f2} 为断层走向中大于 $180°$ 者,q_f 为断层倾向,β 为断层倾角。ω_1 为 ω_{m1} 和 ω_{f1} 之间的夹角,ω_2 为 ω_{m2} 与 ω_{f1} 或 ω_{m1} 与 ω_{f2} 之间夹角。ω 为 ω_1 与 ω_2 两者中较小者,则有

$$\beta' = \arctan(\tan\beta \cdot \cos|r_1 \pm 90° - q_f|)$$

式中,在 $|r_1+90°-q_f|$ 或 $|r_1-90°-q_f|$ 中取其结果为锐角者。

$$\alpha'_2 = \arctan(\tan\alpha_2 \cdot \cos|r_1 \pm 90° - q_2|)$$

式中,在 $|r_1+90°-q_2|$ 或 $|r_1-90°-q_2|$ 中取其结果为锐角者。

可知 $\omega_1 = |\omega_{m21} - \omega_{f1}|$,$\omega_2 = |\omega_{m22} - \omega_{f1}|$ 或 $\omega_2 = |\omega_{m21} - \omega_{f2}|$,$\omega = \min(\omega_1, \omega_2)$。

1. 断层与矿层倾向相反

1)断层倾角大于矿层倾角,即 $\beta > \alpha$

$$r'_2 = \arctan[\sin\omega \cdot \tan\alpha / (\tan\beta + \cos\omega \cdot \tan\alpha)] \quad (黄桂芝,1993a,1993b)$$

若 $\omega_1 \leqslant \omega_2$、$\omega_{m1} > \omega_{f1}$,则 $r_2 = \omega_{f1} + r'_2$;

若 $\omega_1 \leqslant \omega_2$、$\omega_{m1} < \omega_{f1}$,则 $r_2 = \omega_{f1} - r'_2$;

若 $\omega_1 > \omega_2$、$\omega_{m2} > \omega_{f1}$,则 $r_2 = \omega_{f1} + r'_2$;

若 $\omega_1 > \omega_2$、$\omega_{f2} > \omega_{m1}$,则 $r_2 = \omega_{f1} - r'_2$;

若 $\omega_{m1} = \omega_{f1}$,则 $r_2 = \omega_{f1}$。

2)矿层倾角大于断层倾角,即 $\alpha > \beta$

$$r'_2 = \arctan[\sin\omega \cdot \tan\beta / (\tan\alpha + \cos\omega \cdot \tan\beta)]$$

若 $\omega_1 \leqslant \omega_2$、$\omega_{m1} > \omega_{f1}$,则 $r_2 = \omega_{m1} - r'_2$;

若 $\omega_1 \leqslant \omega_2$、$\omega_{f1} > \omega_{m1}$,则 $r_2 = \omega_{m1} + r'_2$;

若 $\omega_1 > \omega_2$、$\omega_{m2} > \omega_{f1}$,则 $r_2 = \omega_{m1} - r'_2$;

若 $\omega_1 > \omega_2$、$\omega_{f2} > \omega_{m1}$,则 $r_2 = \omega_{m1} + r'_2$;

若 $\omega_{m1} = \omega_{f1}$,则 $r_2 = \omega_{f1}$。

2. 断层与矿层倾向相同

1)断层倾角大于矿层倾角,即 $\beta > \alpha$

$$r'_2 = \arctan[\sin\omega \cdot \tan\alpha / (\tan\beta - \cos\omega \cdot \tan\alpha)] \quad (黄桂芝、冯彬,2001)$$

若 $\omega_1 \leqslant \omega_2$、$\omega_{m1} > \omega_{f1}$,则 $r_2 = \omega_{f1} - r'_2$;

若 $\omega_1 \leqslant \omega_2$、$\omega_{f1} > \omega_{m1}$,则 $r_2 = \omega_{f1} + r'_2$;

若 $\omega_1 > \omega_2$、$\omega_{m2} > \omega_{f1}$,则 $r_2 = \omega_{f1} - r'_2$;

若 $\omega_1 > \omega_2$、$\omega_{f2} > \omega_{m1}$,则 $r_2 = \omega_{f1} + r'_2$;

若 $\omega_{m1} = \omega_{f1}$,则 $r_2 = \omega_{f1}$。

2)矿层倾角大于断层倾角,即 $\alpha > \beta$

$$r'_2 = \arctan[\sin\omega \cdot \tan\beta / (\tan\alpha - \cos\omega \cdot \tan\beta)]$$

若 $\omega_1 \leqslant \omega_2$、$\omega_{m1} > \omega_{f1}$,则 $r_2 = \omega_{m1} + r'_2$;

若 $\omega_1 \leqslant \omega_2$、$\omega_{f1} > \omega_{m1}$,则 $r_2 = \omega_{m1} - r'_2$;

若 $\omega_1 > \omega_2$、$\omega_{m2} > \omega_{f1}$,则 $r_2 = \omega_{m1} + r'_2$;

若 $\omega_1 > \omega_2$、$\omega_{f2} > \omega_{m1}$,则 $r_2 = \omega_{m1} - r'_2$;

若 $\omega_{m1} = \omega_{f1}$,则 $r_2 = \omega_{f1}$。

$$\theta_2 = \arctan(\tan\beta \cdot \sin r_2)$$

$$h'_0 = h_0 \sin\alpha'_2 / (\cos|r_1 \pm 90° - q_2| \sin\alpha_2)$$

式中，在 $|r_1+90°-q_2|$ 或 $|r_1-90°-q_2|$ 中取其结果为锐角者。

若矿层倾向与断层倾向相同，则无论正、逆断层，如图4.23所示，

$$L=AB\cos\beta'=h_0'\cos\beta'/\sin|\beta'-\alpha_2'| \tag{4.8}$$

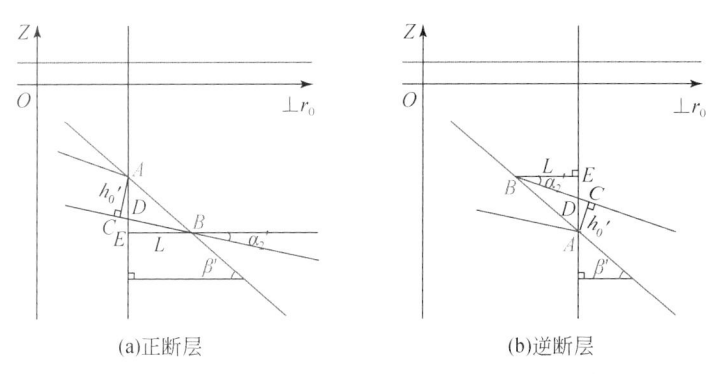

(a)正断层　　　(b)逆断层

图4.23　矿层与断层倾向相同情况下断层平错示意图

若矿层倾向与断层倾向相反，则无论正、逆断层，如图4.24所示，

$$AD=AE+DE=BE\tan\beta'+BE\tan\alpha_2'=BE(\tan\beta'+\tan\alpha_2')$$
$$L=BE=AD/(\tan\beta'+\tan\alpha_2')=h_0'/((\tan\beta'+\tan\alpha_2')\cos\alpha_2') \tag{4.9}$$

$$\omega'=r_1\pm90°,Z_2=Z_1+L\tan\beta' \tag{4.10}$$

式中，加、减号根据断层性质、本盘为上盘或下盘来确定。

$$X_2=X_1+L\sin\omega' \tag{4.11}$$

$$Y_2=Y_1+L\cos\omega' \tag{4.12}$$

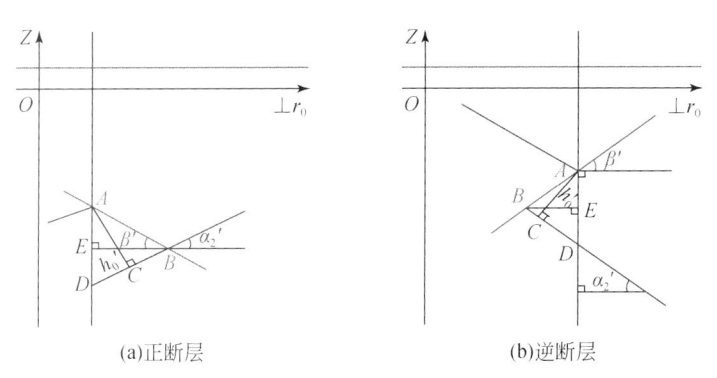

(a)正断层　　　(b)逆断层

图4.24　矿层与断层倾向相反情况下断层平错示意图

4.2.3　实例

已知某正断层上盘一个断煤交点的三维坐标、断煤交线方位角和倾伏角分别为(13567500,3138267.15,−550,73°,67.85°)，该断层倾向为147°，倾角为69.5°，地层断距为41.69m；本盘煤层倾向为82°；另一盘煤层倾向为97°，倾角为25°。求过该上盘断煤交点垂

直于上盘断矿交线方向上,下盘断煤交点的三维坐标、断煤交线方位角和倾伏角。

已知:$\alpha_2 = 25°$,$q_f = 147°$,$q_2 = 97°$,$q_1 = 82°$,$h_0 = 41.69\text{m}$,$\beta = 69.5°$
$X_1 = 13567500\text{m}$,$Y_1 = 3138267.15\text{m}$,$Z_1 = -550\text{m}$,$r_1 = 73°$

解:$w_{f1} = 147° - 90° = 57°$

$\beta' = \arctan(\tan\beta \cdot \cos|r_1 + 90° - q_f|) = \arctan(\tan69.5° \cdot \cos|73° + 90° - 147°|) = 68.75°$(在$|r_1 + 90° - q_f|$或$|r_1 - 90° - q_f|$中取其结果为锐角者)

$\alpha_2' = \arctan(\tan\alpha_2 \cdot \cos|r_1 + 90° - q_2|) = \arctan(\tan25° \cdot \cos|73° + 90° - 97°|) = 10.74°$(在$|r_1 + 90° - q_2|$或$|r_1 - 90° - q_2|$中取其结果为锐角者)

$r_2' = \arctan[\sin|q_f - q_2| \tan\alpha_2/(\tan\beta - \cos|q_f - q_2| \cdot \tan\alpha_2)]$
$= \arctan[\sin|147° - 97°| \tan25°/(\tan69.5° - \cos|147° - 97°| \cdot \tan25°)]$
$= 8.55°$

$r_2 = r_2' + w_f = 8.55° + 57° = 65.55°$

$r_1' = \arctan[\sin|q_f - q_1| \tan\alpha_1/(\tan\beta - \cos|q_f - q_1| \tan\alpha_1)]$
$= \arctan[\sin|147° - 82°| \tan25°/(\tan69.5° - \cos|147° - 82°| \cdot \tan25°)] = 9.68°$

$r_1 = r_1' + w_f = 9.68° + 57° = 66.68°$

$\theta_1 = \arctan(\tan\beta \cdot \sin r_1) = \arctan(\tan69.5° \cdot \sin66.68°) = 67.85°$

$\theta_2 = \arctan(\tan\beta \cdot \sin r_2) = \arctan(\tan69.5° \cdot \sin65.55°) = 67.67°$

$h_0' = h_0 \sin\alpha_2'/(\cos|r_1 \pm 90° - q_2| \cdot \sin\alpha_2) = 41.69 \times \sin10.74/(\cos|73 \pm 90 - 97| \cdot \sin25°) = 45.19\text{m}$(在$|r_1 + 90° - q_2|$或$|r_1 - 90° - q_2|$中取其结果为锐角者)

$|147 - 82| = 65 < 90°$,即$|q_f - q_1| < 90°$

$L = h_0' \cdot \cos\beta'/\sin|\beta' - \alpha_2'| = 45.19 \times \cos68.75°/\sin|68.75° - 10.74°| = 19.32\text{m}$

因是正断层,本盘为上盘,

$\omega' = r_1 - 90° = 66.68° - 90° = -23.32°$

$\omega' < 0$,则$\omega = 360° - |-23.32°| = 336.68°$

$X_2 = X_1 + L\sin\omega' = 13567500 + 19.32 \times \sin336.68° = 13567492.35\text{m}$

$Y_2 = Y_1 + L\cos\omega' = 3138267.15 + 19.32 \times \cos336.68° = 3138284.89\text{m}$

$Z_2 = Z_1 + L\tan\beta' = -550 + 19.32 \times \tan68.75° = -500.34\text{m}$

因此,所求下盘断煤交点的三维坐标、断煤交线方位角和倾伏角为(13567492.35,3138284.889,-500.34,65.56°,67.67°)。

4.3 本盘断矿交线方位公式推导

4.3.1 断层与矿层倾向相反的情况

1. 公式推导

如图4.25所示,图中ABD为断层面,AB为走向线,$AB \perp BD$,倾角为β;ACD为矿层面,AC

为走向线，$AC \perp DC$，倾角为 α；AD 为断矿交线，AE 为 AD 在 ABC 水平面上的投影；r 为 AE 与 AB 所夹锐角，即 $\angle BAE$；ω 为 AB 与 AC 所夹锐角，即 $\angle BAC$；θ 为断矿交线的倾伏角，即 $\angle DAE$。

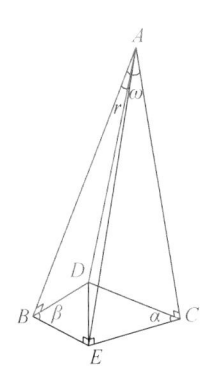

图 4.25 断层与矿层倾向相反条件下断矿交线示意图

在直角三角形 CED 中，
$$DE/CE = \tan\alpha$$

在直角三角形 BED 中，
$$DE/BE = \tan\beta$$

在直角三角形 ACE 中，
$$CE/AE = \sin(\omega - r)$$

在直角三角形 ABE 中，
$$BE/AE = \sin r$$

且有，
$$DE = AE \cdot \sin(\omega - r) \cdot \tan\alpha$$
$$DE = AE \cdot \sin r \cdot \tan\beta$$
$$AE \cdot \sin(\omega - \gamma) \cdot \tan\alpha = AE \cdot \tan\beta \cdot \sin r$$
$$\tan\beta / \tan\alpha = \sin(\omega - r) / \sin r$$
$$= (\sin\omega \cdot \cos r - \cos\omega \cdot \sin r) / \sin r$$
$$= \sin\omega \cdot \operatorname{ctan} r - \cos\omega$$
$$\operatorname{ctan} r = (\tan\beta / \tan\alpha + \cos\omega) / \sin\omega$$
$$r = \arctan[\sin\omega \cdot \tan\alpha / (\tan\beta + \cos\omega \cdot \tan\alpha)] \text{（黄桂芝，1993a，1993b）}$$
$$\tan\theta = DE/AE = \tan\alpha \cdot \sin(\omega - r) = \tan\beta \cdot \sin r$$
$$\theta = \arctan(\tan\beta \cdot \sin r) \tag{4.13}$$

2. 实例

已知：$\alpha = 30°$，$\beta = 60°$，断层与煤层倾向相反，$\omega = 60°$

求：r, θ

解：如图 4.26 所示，
$$r = \arctan[\sin\omega \cdot \tan\alpha / (\tan\beta + \cos\omega \cdot \tan\alpha)]$$

$$= \arctan[\sin60°\tan30°/(\tan60°+\cos60°\cdot\tan30°)] \approx 14°$$
$$\theta = \arctan(\tan\beta \cdot \sin r) = \arctan(\tan60° \cdot \sin13°54') \approx 23°$$

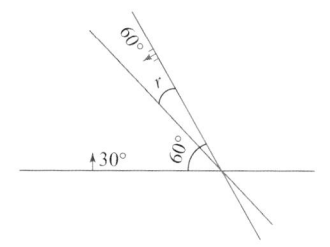

图 4.26　断层与煤层倾向相反条件下断煤交线实例图

4.3.2　断层与矿层倾向相同的情况

1. 公式推导

如图 4.27 所示，ONKLPCDM 为立方体；ABCD 为断层面，走向为 AB 或 CD，倾角为 β；AEFG 为矿层面，走向为 FG，倾角为 α；AG 为断矿交线；A 点在立面 DKLM 上，B、F、Q 点在立面 CNOP 上；HQ 线为 AB 线在 CDMP 平面上的垂直投影，HG 线为 AG 线在 CDMP 平面上的垂直投影；GI⊥GF，GJ 线为 GI 线在 CDMP 平面上的垂直投影；ω 为断层走向与矿层走向间所夹锐角，即 ∠CGF，r 为断矿交线与断层走向线在平面上所夹锐角，即 ∠HGD 或 ∠GHQ；θ 为断矿交线的倾伏角，即 ∠AGH。

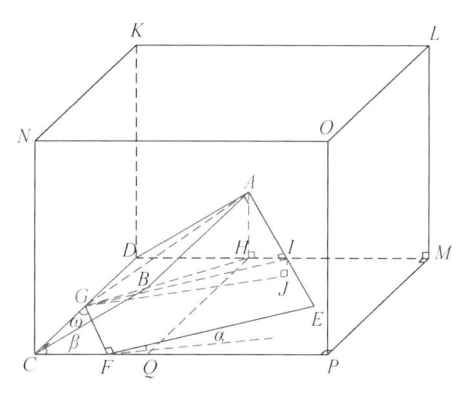

图 4.27　断层与矿层倾向相同条件下断矿交线示意图

在直角三角形 AHD 中，
$$\angle ADH = \beta$$
$$DH = AH/\tan\beta$$

在直角三角形 AHG 中，$AH/GH = \tan\theta$

根据真、伪倾角换算公式，有
$$\tan\theta = \tan\alpha\cos[180°-(\omega+r)] = \tan\alpha\sin(\omega+r)$$
$$\tan\theta = \tan\beta \cdot \sin r$$

在直角三角形 DHG 中,$DH/GH=\sin r$,有

$$\sin r = DH/GH$$
$$= (AH/\tan\beta)/(AH/\tan\theta)$$
$$= (AH/\tan\beta)/\{AH/[\tan\alpha \cdot \sin(\omega+r)]\}$$
$$= \tan\alpha \cdot \sin(\omega+r)/\tan\beta$$
$$\sin r \cdot \tan\beta = \tan\alpha \cdot \sin(\omega+r)$$
$$= (\sin\omega \cdot \cos r + \cos\omega \cdot \sin r)\tan\alpha$$
$$r = \arctan[\sin\omega \cdot \tan\alpha/(\tan\beta-\cos\omega \cdot \tan\alpha)] \quad (黄桂芝、冯彬,2001)$$
$$\theta = \arctan(\tan\beta \cdot \sin r)$$

2. 实例

已知:$\alpha=25°$,$\beta=70°$、断层与煤层倾向相同,$\omega=20°$

求:r,θ

解:如图 4.28 所示,

$r=\arctan[\sin\omega \cdot \tan\alpha/(\tan\beta-\cos\omega \cdot \tan\alpha)]=\arctan[\sin20° \cdot \tan25°/(\tan70°-\cos20° \cdot \tan25°)] \approx 44°$

$\theta=\arctan(\tan70° \cdot \sin44°) \approx 62°$

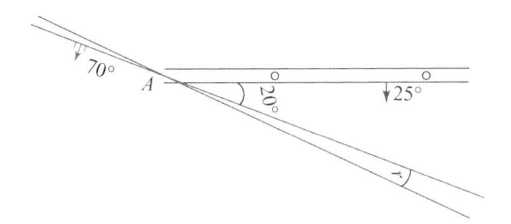

图 4.28 断层与煤层倾向相同条件下断煤交线实例图

4.4 本盘断矿交点公式推导

4.4.1 钻孔中见断层点高程大于见矿层点高程的情况

1. β_1 与 α_1 的方向相反

1)在垂直于 r_0 方向的剖面内,断层与矿层倾向相反,即 $r_0<Q_m$,$r_0>Q_f$(或 $r_0<Q_f$,$r_0>Q_m$)

a. 断层伪倾角大于矿层伪倾角,即 $\beta_2>\alpha_2$

如图 4.2 ~图 4.9 所示,图(a)为钻孔中见断层点和见矿层点连线方向的剖面中断层与矿层交截示意图,图(b)是过钻孔中见断层点在垂直于断层走向方向的剖面中断层与矿层交截示意图,图(c)是过钻孔中见断层点在垂直于断矿交线方向的剖面中断层与矿层交截示意图,图(d)是平面图中直接求得的断矿交线与剖面图中的断矿交点对应示意图。

图 4.2 ~图 4.19 中,$M(X_m,Y_m,Z_m)$、$F(X_f,Y_f,Z_f)$ 分别为钻孔中所见的矿层和断层点,MF 为 M、F 两点连线方向。在 MF 方向的剖面上[图 4.2 ~图 4.19 中的(a)图],A 点为断矿

交点,α_1 为矿层伪倾角,β_1 为断层伪倾角,B 点为过 M 点水平线与过 F 点垂线的交点,C 点为过 A 点水平线与过 F 点垂线的交点,D 点为矿层 MA 与过 F 点垂线的交点,Z'_m 为矿层在 D 点处的高程;ω_f 为断层走向方向。在过 F 点垂直于 ω_f 的剖面上[图 4.2 ~ 图 4.19 中的(b)图],A_1 点为断矿交点,E 为过 A_1 点水平直线与过 F 点垂线的交点,G 点为 F、A_1 两点连线与过 D 点水平线的交点,α_3 为矿层伪倾角,β 为断层真倾角。r_0 为断矿交线的方向,在过 F 点垂直于 r_0 方向的剖面上[图 4.2 ~ 图 4.19 中的(c)图],A_2 点为断矿交点,H 点为过 A_2 点水平线与过 F 点垂线的交点,α_2 为矿层伪倾角,β_2 为断层伪倾角。图 4.2 ~ 图 4.19 中的(d)图为平面图,在该图中,L_f 为 F 与 A_2 两点间的水平距离,L_1 为 F 与 G 两点间的水平距离,Q_m 为矿层倾向,Q_f 为断层倾向,FI 为过 F 点的断层走向线,QR 为在 A_1 点高度上断层的走向线,QR // FI,FJ 为过 F 点的矿层走向线,T 为过 A_2 点的 r_0 方向,S 点为 QR 与 FJ 两直线的交点。设图 4.2 ~ 图 4.19 中的(c)、(d)图中 F 点到 A_2 点的方向为 ω_{mf}。

在垂直于断矿交线的方向上自钻孔到断矿交线的距离最短。该距离有两个,一是过钻孔中见断层点到断矿交线的距离,二是过钻孔中见矿层点到断矿交线的距离,两者中选用一种即可。以下所求的断矿交点均是自钻孔见断层点到断矿交线的距离。

在图 4.2 ~ 图 4.19 中的(c)图中,当 α_2 等于零时,所求断矿交点是自钻孔中见断层点在平行于矿层走向方向上到断矿交线的距离;当 β_2 等于零时,所求断矿交点是自钻孔中见断层点在平行于断层走向方向上到断矿交线的距离;当 α_2 等于 α(矿层真倾角)时,所求断矿交点是自钻孔中见断层点在垂直于矿层走向方向上到断矿交线的距离;当 β_2 等于 β(断层真倾角)时,所求断矿交点是自钻孔中见断层点在垂直于断层走向方向上到断矿交线的距离。即,用式(4.3)可求过钻孔中见断层点向断矿交线一侧沿任意方向到断矿交线的距离,当过钻孔中见断层点到断矿交线的方向朝 r_0 方向接近时,该距离逐渐增大,反之缩小。

在图 4.2(a)的剖面图中,设 M、F 两点在水平面上的直线距离为 L_{mf},设矿层在 D 点处的高程为 Z'_m,则有

$$L_{mf} = MB = \sqrt{(X_f - X_m)^2 + (Y_f - Y_m)^2},$$
$$Z'_m = Z_m + BD = Z_m + L_{mf} \cdot \tan\alpha_1 = Z_m + \sqrt{(X_f - X_m)^2 + (Y_f - Y_m)^2} \cdot \tan\alpha_1。$$

在图 4.2(b)的剖面图中,

$$L_1 = DF/\tan\beta = (Z_f - Z'_m)/\tan\beta。$$

在图 4.2(c)的剖面图中,

$$FH = L_f \cdot \tan\beta_2,$$
$$HD = L_f \cdot \tan\alpha_2,$$
$$FH + HD = Z_f - Z'_m,$$

故 $L_f = (Z_f - Z'_m)/(\tan\beta_2 + \tan\alpha_2)$,$Z_{mf} = Z_f - L_f \tan\beta_2$。

在图 4.2(d)的平面图中,

$$\omega_{mf} = r'_0 - 90°$$

式中,r'_0 为在断层倾向一侧 r_0 的方位角,减号指自 r'_0 向断层倾向一侧变 90°,加号指自 r'_0 向逆断层倾向一侧变 90°。

b. 断层伪倾角小于矿层伪倾角,且 $\beta_2 < \alpha_2$

如图 4.3 所示,有

$L_f = (Z_f - Z'_m) / (\tan\beta_2 + \tan\alpha_2)$,

$Z_{mf} = Z_f - L_f \tan\beta_2$,

$\omega_{mf} = r'_0 - 90°$。

2) 在垂直于 r_0 方向的剖面内，断层与矿层倾向相同，即 $r_0 < Q_m, r_0 < Q_f$ (或 $r_0 > Q_m, r_0 > Q_f$)

a. 在垂直于 r_0 方向的剖面内，断层伪倾角大于矿层伪倾角，即 $\beta_2 > \alpha_2$

如图 4.4 所示，有

$L_f = (Z_f - Z'_m) / (\tan\beta_2 - \tan\alpha_2)$,

$Z_{mf} = Z_f - L_f \tan\beta_2$,

$\omega_{mf} = r'_0 - 90°$。

b. 在垂直于 r_0 方向的剖面内，断层伪倾角小于矿层伪倾角，即 $\beta_2 < \alpha_2$

如图 4.5 所示，有

$L_f = (Z_f - Z'_m) / (\tan\alpha_2 - \tan\beta_2)$,

$Z_{mf} = Z_f + L_f \tan\beta_2$,

$\omega_{mf} = r'_0 + 90°$。

2. β_1 与 α_1 的方向相同

1) 在垂直于 r_0 方向的剖面内，断层与矿层倾向相反，即 $r_0 < Q_m, r_0 > Q_f$ (或 $r_0 < Q_f, r_0 > Q_m$)

a. 断层伪倾角大于矿层伪倾角，即 $\beta_2 > \alpha_2$

如图 4.6 所示，有

$L_f = (Z_f - Z'_m) / (\tan\alpha_2 + \tan\beta_2)$,

$Z_{mf} = Z_f - L_f \tan\beta_2$,

$\omega_{mf} = r'_0 - 90°$。

b. 在垂直于 r_0 方向的剖面内，断层伪倾角小于矿层伪倾角，即 $\beta_2 < \alpha_2$

如图 4.7 ~ 图 4.9 所示，有

$L_f = (Z_f - Z'_m) / (\tan\alpha_2 + \tan\beta_2)$,

$Z_{mf} = Z_f - L_f \tan\beta_2$,

$\omega_{mf} = r'_0 - 90°$。

2) 在垂直于 r_0 方向的剖面内，断层与矿层倾向相同，即 $r_0 < Q_m, r_0 < Q_f$ (或 $r_0 > Q_m, r_0 > Q_f$)

a. 在垂直于 r_0 方向的剖面内，断层伪倾角大于矿层伪倾角，即 $\beta_2 > \alpha_2$

如图 4.10 所示，有

$L_f = (Z_f - Z'_m) / (\tan\beta_2 - \tan\alpha_2)$,

$Z_{mf} = Z_f - L_f \tan\beta_2$,

$\omega_{mf} = r'_0 - 90°$。

b. 在垂直于 r_0 方向的剖面内，断层伪倾角小于矿层伪倾角，即 $\alpha_2 > \beta_2$

如图 4.11 所示，有

$L_f = (Z_f - Z'_m) / (\tan\alpha_2 - \tan\beta_2)$,

$Z_{mf} = Z_f + L_f \tan\beta_2$,

$\omega_{mf} = r'_0 + 90°$。

4.4.2 钻孔中见矿层点高程大于见断层点高程的情况

1. β_1 与 α_1 的方向相反

1）在垂直于 r_0 方向的剖面内，断层与矿层倾向相反，即 $r_0<Q_m, r_0>Q_f$（或 $r_0<Q_f, r_0>Q_m$）

a. 断层伪倾角大于矿层伪倾角，即 $\beta_2>\alpha_2$

如图 4.12 所示，有

$L_f = (Z'_m - Z_f)/(\tan\beta_2 + \tan\alpha_2)$，

$Z_{mf} = Z_f + L_f \tan\beta_2$，

$\omega_{mf} = r'_0 + 90°$。

b. 断层伪倾角小于矿层伪倾角，且 $\beta_2<\alpha_2$

如图 4.13 所示，有

$L_f = (Z'_m - Z_f)/(\tan\beta_2 + \tan\alpha_2)$，

$Z_{mf} = Z_f + L_f \tan\beta_2$，

$\omega_{mf} = r'_0 + 90°$。

2）在垂直于 r_0 方向的剖面内，断层与矿层倾向相同，即 $r_0<Q_m, r_0<Q_f$（或 $r_0>Q_m, r_0>Q_f$）

a. 在垂直于 r_0 方向的剖面内，断层伪倾角大于矿层伪倾角，即 $\beta_2>\alpha_2$

如图 4.14 所示，有

$L_f = (Z'_m - Z_f)/(\tan\beta_2 - \tan\alpha_2)$，

$Z_{mf} = Z_f + L_f \tan\beta_2$，

$\omega_{mf} = r'_0 + 90°$。

b. 在垂直于 r_0 方向的剖面内，断层伪倾角小于矿层伪倾角，即 $\beta_2<\alpha_2$

如图 4.15 所示，有

$L_f = (Z'_m - Z_f)/(\tan\alpha_2 - \tan\beta_2)$，

$Z_{mf} = Z_f - L_f \tan\beta_2$，

$\omega_{mf} = r'_0 - 90°$。

2. β_1 与 α_1 的方向相同

1）在垂直于 r_0 方向的剖面内，断层与矿层倾向相反，即 $r_0<Q_m, r_0>Q_f$（或 $r_0<Q_f, r_0>Q_m$）

a. 断层伪倾角大于矿层伪倾角，即 $\beta_2>\alpha_2$

如图 4.16 所示，有

$L_f = (Z'_m - Z_f)/(\tan\alpha_2 + \tan\beta_2)$，

$Z_{mf} = Z_f + L_f \tan\beta_2$，

$\omega_{mf} = r'_0 + 90°$。

b. 在垂直于 r_0 方向的剖面内，断层伪倾角小于矿层伪倾角，即 $\beta_2<\alpha_2$

如图 4.17 所示，有

$L_f = (Z'_m - Z_f)/(\tan\alpha_2 + \tan\beta_2)$，

$Z_{mf} = Z_f + L_f \tan\beta_2$,

$\omega_{mf} = r_0' + 90°$。

2) 在垂直于 r_0 方向的剖面内，断层与矿层倾向相同，即 $r_0 < Q_m, r_0 < Q_f$（或 $r_0 > Q_m, r_0 > Q_f$）

a. 在垂直于 r_0 方向的剖面内，断层伪倾角大于矿层伪倾角，即 $\beta_2 > \alpha_2$

如图 4.18 所示，有

$L_f = (Z_m' - Z_f) / (\tan\beta_2 - \tan\alpha_2)$,

$Z_{mf} = Z_f + L_f \tan\beta_2$,

$\omega_{mf} = r_0' + 90°$。

b. 在垂直于 r_0 方向的剖面内，断层伪倾角小于矿层伪倾角，即 $\alpha_2 > \beta_2$

如图 4.19 所示，有

$L_f = (Z_m' - Z_f) / (\tan\alpha_2 - \tan\beta_2)$,

$Z_{mf} = Z_f - L_f \tan\beta_2$,

$\omega_{mf} = r_0' - 90°$。

图 4.2 ~ 图 4.19 的补充说明如下：

（1）$Z_m = Z_f$ 时，Z_f 点或 Z_m 点即为断矿交点。

（2）断层与矿层走向相同时，若倾向、倾角也相同，则不相交，没有交点。

断层与矿层走向相同时，若倾向相反，则相交，有交点，断层或矿层走向方向即为断矿交线方向，

$$L_f = |Z_m' - Z_f| / (\tan\alpha + \tan\beta)$$

当 $Z_f > Z_m$ 时，$Z_{mf} = Z_f - L_f \tan\beta$，$\omega_{mf} = r_0' - 90°$，类似于图 4.2、图 4.3 和图 4.6 ~ 图 4.9；

当 $Z_m > Z_f$ 时，$Z_{mf} = Z_f + L_f \tan\beta$，$\omega_{mf} = r_0' + 90°$，类似于图 4.12、图 4.13、图 4.16、图 4.17。

断层与矿层走向相同时，若倾向相同、倾角不同，则相交，有交点，断层或矿层走向即为断矿交线方向，

$$L_f = |(Z_m' - Z_f) / (\tan\beta - \tan\alpha)|$$

当 $\beta_2 > \alpha_2$ 时，$L_f = |Z_m' - Z_f| / (\tan\beta - \tan\alpha)$；

当 $\alpha_2 > \beta_2$ 时，$L_f = |Z_m' - Z_f| / (\tan\alpha - \tan\beta)$。

当 $Z_f > Z_m$、$\beta_2 > \alpha_2$ 时，$Z_{mf} = Z_f - L_f \tan\beta$，$\omega_{mf} = r_0' - 90°$，类似于图 4.4、图 4.10；

当 $Z_f > Z_m$、$\alpha_2 > \beta_2$ 时，$Z_{mf} = Z_f - L_f \tan\beta$，$\omega_{mf} = r_0' + 90°$，类似于图 4.5、图 4.11；

当 $Z_m > Z_f$、$\beta_2 > \alpha_2$ 时，$Z_{mf} = Z_f + L_f \tan\beta$，$\omega_{mf} = r_0' + 90°$，类似于图 4.14、图 4.18；

当 $Z_m > Z_f$、$\alpha_2 > \beta_2$ 时，$Z_{mf} = Z_f + L_f \tan\beta$，$\omega_{mf} = r_0' - 90°$，类似于图 4.15、图 4.19。

（3）如果矿层的硬度相对于围岩小，则图 4.2、图 4.3、图 4.10 ~ 图 4.13、图 4.18、图 4.19 中的情况出现的可能性要大一些；反之，则图 4.4 ~ 图 4.9、图 4.14 ~ 图 4.17 中的情况出现的可能性要大一些。

（4）由于断层与矿层的倾角不同，断层与矿层走向间夹角的大小和方位不同，对于 Z_m 与 Z_f、β_1 方向与 FM 方向、Q_m 与 Q_f 间倾向关系类型相同，只是 β_2 与 α_2 的倾角大小相对关系不同的两种情况间可能出现组合类型，如图 4.7 ~ 图 4.9 是 $Z_f > Z_m$、β_1 与 FM 方向相同，$r_0 < Q_m$，$r_0 > Q_f$（或 $r_0 < Q_f, r_0 > Q_m$），$\alpha_2 > \beta_2$ 条件下 $\alpha_3 > \beta, \alpha_1 > \beta_1$；$\alpha_3 < \beta, \alpha_1 < \beta_1$；$\alpha_3 > \beta, \alpha_1 < \beta_1$ 的三种情况，还可能有 $\alpha_3 < \beta, \alpha_1 > \beta_1$ 的第四种情况。

第5章　三角形曲面内产状变化过渡点

三角形曲面内产状变化过渡点 TTP(triangular transformation point)的定义为：若三角形的三个顶点间以直线相连所圈定的边界内不是一个空间平面，而是曲面，当该三角形面积较小，三角形内的曲面只有一个弯曲时，曲面上会有一点，该点的产状与该三点间以直线相连所组成的三角形空间平面的产状一致，由该点向三个顶点方向的弯曲都分别以不同的曲率较均匀地变化，则这个点就是该三角形曲面内产状变化的过渡点。它是相对的，其前提是坐标系统和三角形顶点已经确定。当全局曲面变化的极值点位于该三角形内时，所求过渡点就是曲面的极值点。即，极值点是对于全局而言，过渡点是对于局部的边界已经确定的三角形曲面而言。

若三角形三个顶点所圈定的边界内是一个空间平面，则没有曲率变化，相应地也没有过渡点，内插数据点时按一个斜率进行。

三角形曲面内产状变化过渡点的求解方法不同于数字高程模型(digital elevation model, DEM)的整体内插、局部分块内插和逐点内插，是一种新的曲面内插方法，需已知三角形三个顶点处的三维坐标和产状。

5.1　求　解　方　法

求解相邻三个数据点中每两个之间以直线连接所圈定的三角形内同一矿层(床)或断层曲面产状变化过渡点坐标和产状的方法及步骤如下。

1. 求过渡点产状

设由点$(X_{i1},Y_{i1},Z_{i1},q_{i1},\alpha_{i1})$、$(X_{i2},Y_{i2},Z_{i2},q_{i2},\alpha_{i2})$、$(X_{i3},Y_{i3},Z_{i3},q_{i3},\alpha_{i3})$组成的三角形$\triangle_i$内的曲面为二次曲面，其中，$(X_{i1},Y_{i1},Z_{i1})$、$(X_{i2},Y_{i2},Z_{i2})$、$(X_{i3},Y_{i3},Z_{i3})$分别为三点的坐标，$q_{i1}$、$q_{i2}$、$q_{i3}$分别为三点的倾向，$\alpha_{i1}$、$\alpha_{i2}$、$\alpha_{i3}$分别为三点的倾角。设曲面内产状变化的过渡点为$S_{ic}(X_{ic},Y_{ic},Z_{ic},q_{ic},\alpha_{ic})$，其中，$(X_{ic},Y_{ic},Z_{ic})$为坐标，$q_{ic}$为倾向，$\alpha_{ic}$为倾角。

对于各方向上产状均匀变化的三角形曲面，其曲面变化的过渡点在其重心处；因其三角形每个曲边的过渡点在该边中点，由三个边的过渡点组成的小三角形的重心恰是其母三角形(大三角形)的重心。对于各方向上产状非均匀变化的三角形曲面，其曲面变化的过渡点虽在由三个边的过渡点组成的小三角形内，但不在其母三角形(大三角形)重心处；因其每个曲边的过渡点不在其中点，由三个边的过渡点组成的小三角形的重心不在其母三角形的重心处。

设$S_{ic}(X_{ic},Y_{ic},Z_{ic},q_{ic},\alpha_{ic})$点的产状为$\triangle_i$空间平面的产状。

三角形$\triangle_i$空间平面产状的求解方法如下：

设由点$(X_{i1},Y_{i1},Z_{i1},q_{i1},\alpha_{i1})$、$(X_{i2},Y_{i2},Z_{i2},q_{i2},\alpha_{i2})$、$(X_{i3},Y_{i3},Z_{i3},q_{i3},\alpha_{i3})$组成的三角形

$\triangle_i$ 的空间平面方程为 $d_iX+e_iY+f_iZ+g_i=0$，其中，d_i、e_i、f_i、g_i 为三角形 $\triangle_i$ 空间平面方程的系数，则

$d_i=(Y_{i1}-Y_{i2})\cdot(Z_{i1}-Z_{i3})-(Y_{i1}-Y_{i3})\cdot(Z_{i1}-Z_{i2})$；

$e_i=(X_{i1}-X_{i3})\cdot(Z_{i1}-Z_{i2})-(X_{i1}-X_{i2})\cdot(Z_{i1}-Z_{i3})$；

$f_i=(X_{i1}-X_{i2})\cdot(Y_{i1}-Y_{i3})-(X_{i1}-X_{i3})\cdot(Y_{i1}-Y_{i2})$；

$g_i=X_{i1}(Y_{i2}\cdot Z_{i3}-Y_{i3}\cdot Z_{i2})+Y_{i1}(X_{i3}\cdot Z_{i2}-X_{i2}\cdot Z_{i3})+Z_{i1}(X_{i2}\cdot Y_{i3}-X_{i3}\cdot Y_{i2})$。

设 $\triangle_i$ 空间平面的走向为 w_i，倾向为 q_i，相对于水平面的倾角为 α_i；设 $\triangle_i$ 空间平面的走向线与在其所在象限的 Y 边间所夹锐角为 ϕ。有

$\alpha_i=\arcsin\sqrt{d_i^2+e_i^2}/\sqrt{d_i^2+e_i^2+f_i^2}$；

$d_i=0$ 和 $e_i\neq 0$ 时，$\phi=0°$；

$e_i=0$ 和 $d_i\neq 0$ 时，$\phi=90°$；

$d_i=0$ 和 $e_i=0$ 时，$\phi=0°$；

$e_i\neq 0$ 时和 $d_i\neq 0$ 时，$\phi=\arctan|d_i/e_i|$；

$d_i>0,e_i\geq 0,f_i>0$ 时，$w_i=90°+\phi,q_i=w_i-90°$；

$d_i>0,e_i\geq 0,f_i<0$ 时，$w_i=90°+\phi,q_i=w_i+90°$；

$d_i\geq 0,e_i<0,f_i>0$ 时，$w_i=90°-\phi,q_i=w_i+90°$；

$d_i\geq 0,e_i<0,f_i<0$ 时，$w_i=90°-\phi,q_i=w_i+270°$；

$d_i<0,e_i\leq 0,f_i>0$ 时，$w_i=90°+\phi,q_i=w_i+90°$；

$d_i<0,e_i\leq 0,f_i<0$ 时，$w_i=90°+\phi,q_i=w_i-90°$；

$d_i\leq 0,e_i>0,f_i>0$ 时，$w_i=90°-\phi,q_i=w_i+270°$；

$d_i\geq 0,e_i>0,f_i<0$ 时，$w_i=90°-\phi,q_i=w_i+90°$。

根据三角形曲面内产状变化过渡点的定义，有 $q_{ic}=q_i,\alpha_{ic}=\alpha_i$。

2. 求过渡点所在靶区的范围

为计算方便，设在过 $(X_{i1},Y_{i1},Z_{i1},q_{i1},\alpha_{i1})$、$(X_{i2},Y_{i2},Z_{i2},q_{i2},\alpha_{i2})$ 两点垂直向下的剖面 I 上，以 (X_{i1},Y_{i1},Z_{i1}) 点为坐标原点，(X_{i1},Y_{i1},Z_{i1}) 与 (X_{i2},Y_{i2},Z_{i2}) 连线方向的水平投影为 u_1 方向，垂直向上为 v_1 方向，建立平面直角坐标系 u_1ov_1，并记 (X_{i1},Y_{i1},Z_{i1}) 点为 $(0,0)$，(X_{i2},Y_{i2},Z_{i2}) 点为 (a_1,b_1)。有

$$a_1=\sqrt{(X_{i1}-X_{i2})^2+(Y_{i1}-Y_{i2})^2}$$
$$b_1=|Z_{i1}-Z_{i2}|$$

设两点间斜率均匀变化，根据两点坐标及斜率所建立的曲线为 $v_1=g(u_1)$。$v_1=g(u_1)$ 在 $(0,0)$ 与 (a_1,b_1) 两点满足的已知条件为 $g(0)=0,g'(0)=m_1,g(a_1)=b_1,g'(a_1)=n_1$。

$$m_1=\tan\alpha_{i1}\cdot|\cos\ q_{i1}-r_{i1}|$$

式中，r_{i1} 为 (X_{i1},Y_{i1}) 至 (X_{i2},Y_{i2}) 两点间连线方向的方位角，也为剖面 I 的方位角。按测量象限。

r_{i1} 的计算方法如下：

若 $|X_{i2}-X_{i1}|=0$、$|Y_{i2}-Y_{i1}|\neq 0$，则 $r_{i1}=0°$；

若$|Y_{i2}-Y_{i1}|=0$、$|X_{i2}-X_{i1}|\neq 0$,则$r_{i1}=90°$;

若$|X_{i2}-X_{i1}|=0$、$|Y_{i2}-Y_{i1}|=0$,则$r_{i1}=0°$;

若$|X_{i2}-X_{i1}|\neq 0$、$|Y_{i2}-Y_{i1}|\neq 0$,则$r_{i1}=\arctan(|X_{i2}-X_{i1}|/|Y_{i2}-Y_{i1}|)$;

若$(X_{i2}-X_{i1})\geqslant 0$、$(Y_{i2}-Y_{i1})$均为$\geqslant 0$,$r_{i1}=r_{i1}$;

若$(X_{i2}-X_{i1})\geqslant 0$、$(Y_{i2}-Y_{i1})<0$,$r_{i1}=180°-r_{i1}$;

若$(X_{i2}-X_{i1})<0$、$(Y_{i2}-Y_{i1})<0$,$r_{i1}=180°+r_{i1}$;

若$(X_{i2}-X_{i1})<0$、$(Y_{i2}-Y_{i1})$为$\geqslant 0$,$r_{i1}=360°-r_{i1}$。

因$v_1''=t=$常数,

一次积分得$v_1'=tu_1+C_1$;

再次积分得$v_1=(1/2)tu_1^2+C_1u_1+C_2$;

$u_1=0$时$v_1=0$,故$C_2=0$;

$u_1=0$时,$v'=m_1$,代入$v_1'=tu_1+C_1$得$C_1=m_1$;

$u_1=a_1$时,$v_1=b_1$,代入$v_1=(1/2)tu_1^2+C_1u_1+C_2$得$b_1=(1/2)\times a_1^2 t+a_1 C_1$;

即有,$t=(2(b_1-a_1 m_1))/a_1^2$。

$v_1=g(u_1)$的插值函数为

$$v_1=u_1^2(b_1-a_1 m_1)/a_1^2+m_1 u_1$$

在坐标系$u_1 ov_1$中,设$(0,0)$、(a_1,b_1)两点间直线的斜率为e_{i1},设$v_1=g(u_1)$上斜率为e_{i1}的点即为该曲线倾伏变化的过渡点$S_{is1}(X_{is1},Y_{is1},Z_{is1})$,有

$e_{i1}=b_1/a_1$

$b_1/a_1=u_{1is}2(b_1-a_1 m_1)/a_1^2+m_1$

$$u_{1is}=(a_1 b_1-a_1^2 m_1)/2(b_1-a_1 m_{1is})$$

将u_{1is}代入$v_1=(1/2)tu_1^2+C_1u_1+C_2$中得

$$v_{1is}=(u_{1is}^2(b_1-a_1 m_1)/a_1^2)+m_1 u_{1is}$$

将S_{is1}点在坐标系$u_1 ov_1$中的坐标换算为原正常坐标系中的坐标,

$$X_{is1}=X_{i1}+u_{1is}\sin r_{i1}$$
$$Y_{is1}=Y_{i1}+u_{1is}\cos r_{i1}$$
$$Z_{is1}=Z_{i1}\pm v_{1is}$$

Z_{is1}的计算公式中,若Z_{i2}大于Z_{i1},取加号;反之取减号。

设在过$(X_{i2},Y_{i2},Z_{i2},q_{i2},\alpha_{i2})$与$(X_{i3},Y_{i3},Z_{i3},q_{i3},\alpha_{i3})$两点垂直向下的剖面为剖面Ⅱ,在过$(X_{i1},Y_{i1},Z_{i1},q_{i1},\alpha_{i1})$与$(X_{i3},Y_{i3},Z_{i3},q_{i3},\alpha_{i3})$两点垂直向下的剖面为剖面Ⅲ。同理,可求得剖面Ⅱ上$(X_{i2},Y_{i2},Z_{i2},q_{i2},\alpha_{i2})$与$(X_{i3},Y_{i3},Z_{i3},q_{i3},\alpha_{i3})$两点间空间曲线倾伏变化过渡点$S_{is2}(X_{is2},Y_{is2},Z_{is2})$的坐标值,可求得剖面Ⅲ上$(X_{i1},Y_{i1},Z_{i1},q_{i1},\alpha_{i1})$与$(X_{i3},Y_{i3},Z_{i3},q_{i3},\alpha_{i3})$两点间空间曲线倾伏变化过渡点$S_{is3}(X_{is3},Y_{is3},Z_{is3})$的坐标值。

将$S_{is1}(X_{is1},Y_{is1},Z_{is1})$、$S_{is2}(X_{is2},Y_{is2},Z_{is2})$、$S_{is3}(X_{is3},Y_{is3},Z_{is3})$三点连线形成三角形,该三角形内的范围即为三角形$\triangle_i$内曲面产状变化过渡点$(X_{ic},Y_{ic},Z_{ic},q_{ic},\alpha_{ic})$的靶区范围。

3. 搜索法求过渡点坐标

该方法是先假设$S_{ic}(X_{ic},Y_{ic},Z_{ic})$的坐标值,然后通过检验的方法确定。

首先,求搜索中心(X_{is}, Y_{is}, Z_{iz})。

在剖面Ⅰ上连接$S_{is1}(X_{is1}, Y_{is1}, Z_{is1})$、$(X_{i1}, Y_{i1}, Z_{i1})$、$(X_{i2}, Y_{i2}, Z_{i2})$三点形成三角形$\triangle_{is1}$,设$\triangle_{is1}$的三条边长分别为$L_{11}$、$L_{12}$、$L_{13}$;其平均值的一半,即半周长为$L_1$;$(X_{i1}, Y_{i1}, Z_{i1})$与$(X_{i2}, Y_{i2}, Z_{i2})$连线所在边的高为$d_{i1}$;$\triangle_{is1}$的面积为$S_{i1}$,则有

$$L_{11} = \sqrt{(X_{i1}-X_{is1})^2+(Y_{i1}-Y_{is1})^2+(Z_{i1}-Z_{is1})^2}$$

$$L_{12} = \sqrt{(X_{i2}-X_{i1})^2+(Y_{i2}-Y_{i1})^2+(Z_{i2}-Z_{i1})^2}$$

$$L_{13} = \sqrt{(X_{is1}-X_{i2})^2+(Y_{is1}-Y_{i2})^2+(Z_{is1}-Z_{i2})^2}$$

$$L_1 = (L_{11}+L_{12}+L_{13})/2$$

根据海伦公式,则有

$$S_{i1} = \sqrt{L_1(L_1-L_{11})(L_1-L_{12})(L_1-L_{13})}$$

$$d_{i1} = 2S_{i1}/L_{12}$$

同理,可求得剖面Ⅱ上$S_{is2}(X_{is2}, Y_{is2}, Z_{is2})$、$(X_{i2}, Y_{i2}, Z_{i2})$、$(X_{i3}, Y_{i3}, Z_{i3})$三点形成的三角形$\triangle_{is2}$上$(X_{i2}, Y_{i2}, Z_{i2})$与$(X_{i3}, Y_{i3}, Z_{i3})$连线所在边的高$d_{i2}$,剖面Ⅲ上$S_{is3}(X_{is3}, Y_{is3}, Z_{is3})$、$(X_{i3}, Y_{i3}, Z_{i3})$、$(X_{i1}, Y_{i1}, Z_{i1})$三点形成的三角形$\triangle_{is3}$上$(X_{i3}, Y_{i3}, Z_{i3})$与$(X_{i1}, Y_{i1}, Z_{i1})$连线所在边的高$d_{i3}$。

以$S_{is}(X_{is}, Y_{is}, Z_{iz})$作为搜索中心,

$$X_{is} = (X_{is1}+X_{is2}+X_{is3})/3$$

$$Y_{is} = (Y_{is1}+Y_{is2}+Y_{is3})/3$$

$$Z_{is} = (Z_{is1}+Z_{is2}+Z_{is3})/3$$

$$Z_{id} = (Z_{i1}+Z_{i2}+Z_{i3})/3$$

$$Z_{iz} = Z_{id} \pm \eta(d_{i1}+d_{i2}+d_{i3})$$

式中,η为系数。Z_{is}小于或于Z_{id}时,Z_{iz}计算公式中取减号;反之取加号。

然后,求搜索半径的最大值r。

连接(X_{ic}, Y_{ic}, Z_{ic})、(X_{i1}, Y_{i1}, Z_{i1})、(X_{i2}, Y_{i2}, Z_{i2})三点形成三角形。设该三角形的三条边长分别为L_{41}、L_{42}、L_{43};其平均值的一半,即半周长为L_4;(X_{i1}, Y_{i1}, Z_{i1})与(X_{i2}, Y_{i2}, Z_{i2})连线边的高为r_1;三角形的面积为S_{i4}。则有

$$L_{41} = \sqrt{(X_{i1}-X_{is1})^2+(Y_{i1}-Y_{is1})^2+(Z_{i1}-Z_{is1})^2}$$

$$L_{42} = \sqrt{(X_{i2}-X_{i1})^2+(Y_{i2}-Y_{i1})^2+(Z_{i2}-Z_{i1})^2}$$

$$L_{43} = \sqrt{(X_{is1}-X_{i2})^2+(Y_{is1}-Y_{i2})^2+(Z_{is1}-Z_{i2})^2}$$

$$L_4 = (L_{41}+L_{42}+L_{43})/2$$

$$S_{i4} = \sqrt{L_4(L_4-L_{41})(L_4-L_{42})(L_4-L_{43})}$$

$$r_1 = 2S_{i4}/L_4$$

同理,可求得(X_{ic}, Y_{ic}, Z_{ic})、(X_{i2}, Y_{i2}, Z_{i2})、(X_{i3}, Y_{i3}, Z_{i3})三点形成的三角形上(X_{i2}, Y_{i2}, Z_{i2})与(X_{i3}, Y_{i3}, Z_{i3})连线所在边的高r_2,(X_{ic}, Y_{ic}, Z_{ic})、(X_{i3}, Y_{i3}, Z_{i3})、(X_{i1}, Y_{i1}, Z_{i1})三点形成的三角形上(X_{i3}, Y_{i3}, Z_{i3})与(X_{i1}, Y_{i1}, Z_{i1})连线所在边的高r_3。

设π_1、π_2、π_3分别为r_1、r_2、r_3三方向上$\triangle_i$空间平面的伪倾角,则有

第5章 三角形曲面内产状变化过渡点

$$\tan\pi_1 = \tan\alpha_i \mid \cos \mid q_i - (r_{i1}+90°) \parallel$$
$$\tan\pi_2 = \tan\alpha_i \mid \cos \mid q_i - (r_{i2}+90°) \parallel$$
$$\tan\pi_3 = \tan\alpha_i \mid \cos \mid q_i - (r_{i3}+90°) \parallel$$

$q_i-(r_{i3}+90°)=90°$时,余弦值为 0,与走向方向倾角为零的情况相符。

求 r_1、r_2、r_3 分别在水平面上的投影值,设其中最小者为搜索半径的最大值 r,即

$$r = \min(r_1\cos\pi_1, r_2\cos\pi_2, r_3\cos\pi_3)$$

之后,设计搜索点的范围和搜索方法。

设以 (X_{is}, Y_{is}, Z_{iz}) 为圆心;以 r 为平面搜索半径最大值,以 Δr 为平面搜索半径的增长步长;以 $\Delta\sigma$ 为平面方位角增长步长;以 Δh 为高度增长步长,以 Z_{id} 和 Z_{iz} 为直立圆柱体的两个端面;在圆柱体内搜索满足要求的 (X_{ic}, Y_{ic}, Z_{ic}) 点。

设

$$X_{ic} = X_{is} + \Delta r \sin\Delta\sigma$$
$$Y_{ic} = Y_{is} + \Delta r \cos\Delta\sigma$$
$$Z_{ic} = Z_{iz} \pm \Delta h$$

最后,判断搜索点是否满足要求,方法如下:

设在 $(X_{ic}, Y_{ic}, Z_{ic}, q_i, \alpha_i)$、$(X_{i1}, Y_{i1}, Z_{i1}, q_{i1}, \alpha_{i1})$ 两点间的垂直剖面Ⅳ上两点间空间曲线在 $(X_{ic}, Y_{ic}, Z_{ic}, q_i, \alpha_i)$ 点处的导数为 v'_4,在 $(X_{ic}, Y_{ic}, Z_{ic}, q_i, \alpha_i)$、$(X_{i2}, Y_{i2}, Z_{i2}, q_{i2}, \alpha_{i2})$ 两点间的垂直剖面Ⅴ上两点间空间曲线在 $(X_{ic}, Y_{ic}, Z_{ic}, q_i, \alpha_i)$ 点处的导数为 v'_5,在 $(X_{ic}, Y_{ic}, Z_{ic}, q_i, \alpha_i)$、$(X_{i3}, Y_{i3}, Z_{i3}, q_{i3}, \alpha_{i3})$ 两点间的垂直剖面Ⅵ上两点间空间曲线在 $(X_{ic}, Y_{ic}, Z_{ic}, q_i, \alpha_i)$ 点处的导数为 v'_6。在采用 Δr、$\Delta\sigma$、Δh 步长在圆柱内搜索 $(X_{ic}, Y_{ic}, Z_{ic}, q_i, \alpha_i)$ 点的坐标时,v'_4、v'_5、v'_6 分别与 $\triangle_i$ 在 $(X_{ic}, Y_{ic}, Z_{ic}, q_{ic}, \alpha_{ic})$ 点处在 $(X_{i1}, Y_{i1}, Z_{i1}, q_{i1}, \alpha_{i1})$、$(X_{i2}, Y_{i2}, Z_{i2}, q_{i2}, \alpha_{i2})$、$(X_{i3}, Y_{i3}, Z_{i3}, q_{i3}, \alpha_{i3})$ 三方向上伪倾角的正切值 n_4、n_5、n_6 间的误差之和应最小,以此作为搜索点是否满足要求的判断条件。

设 v'_4 与 n_4,v'_5 与 n_5,v'_6 与 n_6 之间的误差之和为 σ,即

$$\sigma = \mid v'_4 - n_4 \mid + \mid v'_5 - n_5 \mid + \mid v'_6 - n_6 \mid \quad (黄桂芝, 2016) \quad (5.1)$$

总误差 σ 最小的点即为所求过渡点 $(X_{ic}, Y_{ic}, Z_{ic}, q_i, \alpha_i)$。

v'_4、v'_5、v'_6、n_4、n_5、n_6 的求解方法如下:

设在过 $(X_{i1}, Y_{i1}, Z_{i1}, q_{i1}, \alpha_{i1})$、$(X_{ic}, Y_{ic}, Z_{ic}, q_i, \alpha_i)$ 两点垂直向下的剖面Ⅳ上,两点间斜率均匀变化,根据两点坐标及斜率所建立的曲线为 $v_4 = g(u_4)$。为计算方便,以 $(X_{i1}, Y_{i1}, Z_{i1}, q_{i1}, \alpha_{i1})$ 点为坐标原点,$(X_{i1}, Y_{i1}, Z_{i1}, q_{i1}, \alpha_{i1})$ 与 $(X_{ic}, Y_{ic}, Z_{ic}, q_i, \alpha_i)$ 连线方向的水平投影为 u_4 方向,垂直向上为 v_4 方向,建立平面直角坐标系 $u_4 o v_4$,并记 (X_{i1}, Y_{i1}, Z_{i1}) 点为 $(0, 0)$,(X_{ic}, Y_{ic}, Z_{ic}) 点为 (a_4, b_4),则有

$$a_4 = \sqrt{(X_{i1}-X_{ic})^2 + (Y_{i1}-Y_{ic})^2}$$
$$b_4 = \mid Z_{i1} - Z_{ic} \mid$$

$v_4 = g(u_4)$ 在 $(0, 0)$ 与 (a_4, b_4) 两点满足的已知条件为 $g(0)=0$,$g'(0)=m_4$,$g(a_4)=b_4$,$g'(a_4)=n_4$。

因斜率均匀变化,故有,$v''_4 = t = $常数,

一次积分得 $v'_4 = tu_4 + C_1$;

再次积分得 $v_4 = (1/2)tu_4^2 + C_1 u_4 + C_2$；

$u_4 = 0$ 时，$v_4 = 0$，故 $C_2 = 0$；

$u_4 = 0$ 时，$v'_4 = m_4$，参照 $v' = tu_1 + C_1$ 得 $C_1 = m_4$；

$U_4 = a_4$ 时，$v_4 = b_4$，代入式(5.2)得 $b_4 = (1/2) \times a_4^2 t + a_4 C_1$；

即有，$t = (2(b_4 - a_4 m_4))/a_4^2$；

$v_4 = g(u_4)$ 的插值函数在 $u_4 = a_4$ 点的导数为

$$v'_4 = (2(b_4 - a_4 m_4))/a_4 + m_4$$

式中，m_4 的求解方法如下：设 $(X_{i1}, Y_{i1}, Z_{i1}, q_{i1}, \alpha_{i1})$ 至 $(X_{ic}, Y_{ic}, Z_{ic}, q_i, \alpha_i)$ 两点间连线方向的方位角，即剖面Ⅳ的方位角为 r_{i4}，按测量象限，则有

若 $|X_{ic} - X_{i1}| = 0$、$|Y_{ic} - Y_{i1}| \neq 0$，则 $r_{i4} = 0°$；

若 $|Y_{ic} - Y_{i1}| = 0$、$|X_{ic} - X_{i1}| \neq 0$，则 $r_{i4} = 90°$；

若 $|X_{ic} - X_{i1}| = 0$、$|Y_{ic} - Y_{i1}| = 0$，则 $r_{i4} = 0°$；

若 $|X_{ic} - X_{i1}| \neq 0$、$|Y_{ic} - Y_{i1}| \neq 0$，则 $r_{i4} = \arctan(|X_{ic} - X_{i1}|/|Y_{ic} - Y_{i1}|)$；

若 $(X_{ic} - X_{i1}) \geq 0$、$(Y_{ic} - Y_{i1}) \geq 0$，$r_{i4} = r_{i4}$；

若 $(X_{ic} - X_{i1}) \geq 0$、$(Y_{ic} - Y_{i1}) < 0$，$r_{i4} = 180° - r_{i4}$；

若 $(X_{ic} - X_{i1}) < 0$、$(Y_{ic} - Y_{i1}) < 0$，$r_{i4} = 180° + r_{i4}$；

若 $(X_{ic} - X_{i1}) < 0$、$(Y_{ic} - Y_{i1}) \geq 0$，$r_{i4} = 360° - r_{i4}$。

$$m_4 = \tan\alpha_{i1} \cdot |\cos|q_{i1} - r_{i4}\|$$

同理，设在过 $(X_{i2}, Y_{i2}, Z_{i2}, q_{i2}, \alpha_{i2})$、$(X_{ic}, Y_{ic}, Z_{ic}, q_i, \alpha_i)$ 两点垂直向下的剖面Ⅴ上，两点间斜率均匀变化，根据两点坐标及斜率所建立的曲线为 $v_5 = g(u_5)$。为计算方便，以 $(X_{i2}, Y_{i2}, Z_{i2}, q_{i2}, \alpha_{i2})$ 点为坐标原点，$(X_{i2}, Y_{i2}, Z_{i2}, q_{i2}, \alpha_{i2})$ 与 $(X_{ic}, Y_{ic}, Z_{ic}, q_i, \alpha_i)$ 连线方向的水平投影为 u_5 方向，垂直向上为 v_5 方向，建立平面直角坐标系 $u_5 o v_5$，并记 (X_{i2}, Y_{i2}, Z_{i2}) 点为 $(0,0)$，(X_{ic}, Y_{ic}, Z_{ic}) 点为 (a_5, b_5)。

$$a_5 = \sqrt{(X_{i2} - X_{ic})^2 + (Y_{i2} - Y_{ic})^2}$$
$$b_5 = |Z_{i2} - Z_{ic}|$$

$v_5 = g(u_5)$ 在 $(0,0)$ 与 (a_5, b_5) 两点满足的已知条件为 $g(0) = 0, g'(0) = m_5, g(a_5) = b_5, g'(a_5) = n_5$。

$v_5 = g(u_5)$ 的插值函数在 $u_5 = a_5$ 点的导数为

$$v'_5 = (2(b_5 - a_5 m_5))/a_5 + m_5$$

式中，m_5 的求解方法如下：设 $(X_{i2}, Y_{i2}, Z_{i2}, q_{i2}, \alpha_{i2})$ 至 $(X_{ic}, Y_{ic}, Z_{ic}, q_i, \alpha_i)$ 两点间连线方向的方位角，即剖面Ⅴ的方位角为 r_{i5}，按测量象限，则有

若 $|X_{ic} - X_{i2}| = 0$、$|Y_{ic} - Y_{i2}| \neq 0$，则 $r_{i5} = 0°$；

若 $|Y_{ic} - Y_{i2}| = 0$、$|X_{ic} - X_{i2}| \neq 0$，则 $r_{i5} = 90°$；

若 $|X_{ic} - X_{i2}| = 0$、$|Y_{ic} - Y_{i2}| = 0$，则 $r_{i5} = 0°$；

若 $|X_{ic} - X_{i2}| \neq 0$、$|Y_{ic} - Y_{i2}| \neq 0$，则 $r_{i5} = \arctan(|X_{ic} - X_{i2}|/|Y_{ic} - Y_{i2}|)$；

若 $(X_{ic} - X_{i2}) \geq 0$、$(Y_{ic} - Y_{i2}) \geq 0$，则 $r_{i5} = r_{i5}$；

若 $(X_{ic} - X_{i2}) \geq 0$、$(Y_{ic} - Y_{i2}) < 0$，则 $r_{i5} = 180° - r_{i5}$；

若 $(X_{ic} - X_{i2}) < 0$、$(Y_{ic} - Y_{i2}) < 0$，则 $r_{i5} = 180° + r_{i5}$；

第 5 章 三角形曲面内产状变化过渡点

若 $(X_{ic}-X_{i2})<0$、$(Y_{ic}-Y_{i2})\geqslant 0$,则 $r_{i5}=360°-r_{i5}$。
$$m_5=\tan\alpha_{i2}\cdot\mid\cos\mid q_{i2}-r_{i5}\parallel$$

设在过 $(X_{i3},Y_{i3},Z_{i3},q_{i3},\alpha_{i3})$、$(X_{ic},Y_{ic},Z_{ic},q_i,\alpha_i)$ 两点垂直向下的剖面Ⅵ上,设两点间斜率均匀变化,根据两点坐标及斜率所建立的曲线为 $v_6=g(u_6)$,为计算方便,以 (X_{i3},Y_{i3},Z_{i3}) 点为坐标原点,(X_{i3},Y_{i3},Z_{i3}) 与 (X_{ic},Y_{ic},Z_{ic}) 连线方向的水平投影为 u_6 方向,垂直向上为 v_6 方向,建立平面直角坐标系 u_6ov_6,并记 (X_{i3},Y_{i3},Z_{i3}) 点为 $(0,0)$,(X_{ic},Y_{ic},Z_{ic}) 点为 (a_6,b_6)。

$$a_6=\sqrt{(X_{i3}-X_{ic})^2+(Y_{i3}-Y_{ic})^2}$$
$$b_6=\mid Z_{i3}-Z_{ic}\mid$$

$v_6=g(u_6)$ 在 $(0,0)$ 与 (a_6,b_6) 两点满足的已知条件如下:$g(0)=0$,$g'(0)=m_6$,$g(a_6)=b_6$,$g'(a_6)=n_6$。

$v_6=g(u_6)$ 的插值函数在 $u_6=a_6$ 点的导数为
$$v_6'=(2(b_6-a_6 m_6))/a_6+m_6$$

式中,m_6 的求解方法如下:设 (X_{i3},Y_{i3}) 至 (X_{ic},Y_{ic}) 两点间连线方向的方位角,即剖面Ⅵ的方位角为 r_{i6},按测量象限,则有

若 $\mid X_{ic}-X_{i3}\mid=0$、$\mid Y_{ic}-Y_{i3}\mid\neq 0$,则 $r_{i6}=0$;
若 $\mid Y_{ic}-Y_{i3}\mid=0$、$\mid X_{ic}-X_{i3}\mid\neq 0$,则 $r_{i6}=90$;
若 $\mid X_{ic}-X_{i3}\mid=0$、$\mid Y_{ic}-Y_{i3}\mid=0$,则 $r_{i6}=0$;
若 $\mid X_{ic}-X_{i3}\mid\neq 0$、$\mid Y_{ic}-Y_{i3}\mid\neq 0$,则 $r_{i6}=\arctan(\mid X_{ic}-X_{i3}\mid/\mid Y_{ic}-Y_{i3}\mid)$;
若 $(X_{ic}-X_{i3})\geqslant 0$、$(Y_{ic}-Y_{i3})\geqslant 0$,则 $r_{i6}=r_{i6}$;
若 $(X_{ic}-X_{i3})\geqslant 0$、$(Y_{ic}-Y_{i3})<0$,则 $r_{i6}=180°-r_{i6}$;
若 $(X_{ic}-X_{i3})<0$、$(Y_{ic}-Y_{i3})<0$,则 $r_{i6}=180°+r_{i6}$;
若 $(X_{ic}-X_{i3})<0$、$(Y_{ic}-Y_{i3})\geqslant 0$,则 $r_{i6}=360°-r_{i6}$。

$$m_6=\tan\alpha_{i3}\cdot\mid\cos\mid q_{i3}-r_{i6}\parallel$$

剖面Ⅳ、Ⅴ、Ⅵ上 $(X_{ic},Y_{ic},Z_{ic},q_i,\alpha_i)$ 点处的斜率 n_4、n_5、n_6 分别为
$$n_4=\tan\alpha_i\cdot\mid\cos\mid q_i-r_{i4}\parallel$$
$$n_5=\tan\alpha_i\cdot\mid\cos\mid q_i-r_{i5}\parallel$$
$$n_6=\tan\alpha_i\cdot\mid\cos\mid q_i-r_{i6}\parallel$$

该方法是用三条直线验证一个空间平面,不可避免会有误差。原因如下:两条直线就可以确定一个面,第三条线为多余;与第三条直线对应的第三条曲线有两个端点处的坐标及一级导数,四个已知条件,而确定曲线方程只需其中三个已知条件,与第四个已知条件间自然会有误差;三角形顶点处产状数据的误差。搜索步长越小时,误差越小。

该方法的特点如下:①该方法不仅考虑了基础数据点和内插数据点的三维坐标,还考虑了其产状,提高了内插数据点的准确性。②在已知三维坐标的基础上,只需在根据 R-TIN/GR-TIN 及其 $\sqrt{3}$ 加密的勘查网编制的矿层底板等高线图上求得矿层倾角,采用旋转虚拟岩心法求得矿层倾向即可。

该方法的意义如下:三角形曲面内产状变化过渡点的确定对于三维建模的精度影响较大。在过渡点位置准确的情况下,三角形内其他内插点的准确性才可以得到较好的保证。

该方法的合理性如下:首先,根据过渡点的定义可知,曲面上由过渡点处向三个顶点方

向弯曲的斜率应分别与该三角形空间平面在这三个顶点方向上伪倾角的斜率相等,以此作为所求过渡点需满足的条件。然后,确定空间范围,在该范围内采用搜索法筛选满足上述条件的点。这个空间范围的全部是,在过三角形的三个顶点的高程中,以高程最小点的水平面为底面,以高程最大点的水平面为顶面,以过三角形的每条边所做的垂直面为侧面,所形成的顶平底平的直边三棱柱。为了提高搜索的速度,将搜索范围缩小到了这个三棱柱内部的一个圆柱体。

因该方法的原理紧扣三角形曲面内产状变化过渡点的定义,因此,只要搜索范围合理,又能提高搜索速度即可。

5.2 实　　例

以下是根据 2.2.6 节中 R-TIN 用于煤田勘探反演案例的图 2.17 中某矿 11 号煤层在 77-2、90-1、87-3、D-3、D-4、D-5、D-6、D-9 钻孔处的三维坐标,及上述钻孔所在的 A 断块的等高线反推的各钻孔处煤层产状,利用编制的该方法的计算机应用程序对该断块的煤层曲面进行三角形内产状变化过渡点内插所得的结果。

5.2.1　一级内插结果

(1)三角形曲面 1 的 3 个顶点的三维坐标及倾向、倾角分别为 P_1(13567263.03,3138220.53,-397.21,88°,28°),P_2(13567208.83,3138487.38,-363.57,94°,24°),P_3(13567434.44,3138268.32,-474.20,97°,25°),求得的该三角形曲面内产状变化过渡点的三维坐标及倾向、倾角为 TTP_1(13567295.53,3138353.74,-412.30,94.12°,24.68°)。

(2)三角形曲面 2 的 3 个顶点的三维坐标及倾向、倾角分别为 P_1(13567208.83,3138487.38,-363.57,94°,24°),P_2(13567441.63,3138625.40,-462.39,99°,20°),P_3(13567226.19,3138888.19,-344.47,89°,26°),求得的该三角形曲面内产状变化过渡点的三维坐标及倾向、倾角为 TTP_2(13567296.20,3138742.86,-391.69,98.30°,25.16°)。

(3)三角形曲面 3 的 3 个顶点的三维坐标及倾向、倾角分别为 P_1(13567208.83,3138487.38,-363.57,94°,24°),P_2(13567441.63,3138625.40,-462.39,99°,20°),P_3(13567434.44,3138268.32,-474.20,97°,25°),求得的该三角形曲面内产状变化过渡点的三维坐标及倾向、倾角为 TTP_3(13567359.96,3138412.47,-433.89,95.36°,24.3°)。

(4)三角形曲面 4 的 3 个顶点的三维坐标及倾向、倾角分别为 P_1(13567441.63,3138625.40,-462.39,99°,20°),P_2(13567588.67,3138344.19,-533.47,101°,21°),P_3(13567434.44,3138268.32,-474.20,97°,25°),求得的该三角形曲面内产状变化过渡点的三维坐标及倾向、倾角为 TTP_4(13567479.43,3138362.61,-489.97,95.82°,22.13°)。

(5)三角形曲面 5 的 3 个顶点的三维坐标及倾向、倾角分别为 P_1(13567208.83,3138487.38,-363.57,94°,24°),P_2(13567226.19,3138888.18,-344.468,89°,26°),P_3(13567013.54,3138764.66,-240.00,80°,22°),求得的该三角形曲面内产状变化过渡点的三维坐标及倾向、倾角为 TTP_5(13567148.77,3138756.07,-311.94,97.56°,28.24°)。

第 5 章　三角形曲面内产状变化过渡点

(6)三角形曲面 6 的 3 个顶点的三维坐标及倾向、倾角分别为 P_1(13567208.83,3138487.00,−363.57,94°,24°),P_2(13566880.54,3138482.99,−199.26,160°,25°),P_3(13567013.54,3138764.66,−240,80°,22°),求得的该三角形曲面内产状变化过渡点的三维坐标及倾向、倾角为 TTP_6(13567041.50,3138612.06,−269.04,100.42°,27.02°)。

(7)三角形曲面 7 的 3 个顶点的三维坐标及倾向、倾角分别为 P_1(13567441.63,3138625.40,−462.39,99°,20°),P_2(13567226.19,3138888.18,−344.47,89°,26°),P_3(13567481.03,3139006.78,−458,86°,20°),求得的该三角形曲面内产状变化过渡点的三维坐标及倾向、倾角为 TTP_7(13567399.59,3138877.48,−428.06,97.27°,25.52°)。

(8)三角形曲面 8 的 3 个顶点的三维坐标及倾向、倾角分别为 P_1(13567441.6275,3138625.40,−462.39,99°,20°),P_2(13567657.92,3138888.94,−525.59,97°,20°),P_3(13567481.03,3139006.78,−458,86°,20°),求得的该三角形曲面内产状变化过渡点的三维坐标及倾向、倾角为 TTP_8(13567538.16,3138898.49,−483.46,97.75°,19.47°)。

(9)三角形曲面 9 的 3 个顶点的三维坐标及倾向、倾角分别为 P_1(13567441.63,3138625.40,−462.39,99°,20°),P_2(13567657.92,3138888.94,−525.59,97°,20°),P_3(13567801.22,3138689.75,−604.12,97°,20°),求得的该的三角形曲面内产状变化过渡点的三维坐标及倾向、倾角为 TTP_9(13567634.83,3138699.22,−531.39,103.40°,22.94°)。

(10)三角形曲面 10 的 3 个顶点的三维坐标及倾向、倾角分别为 P_1(13567441.63,3138625.40,−462.39,99°,20°),P_2(13567801.22,3138689.75,−604.12,97°,20°),P_3(13567588.67,3138344.19,−533.47,101°,21°),求得的该三角形曲面内产状变化过渡点的三维坐标及倾向、倾角为 TTP_{10}(13567604.27,3138463.93,−532.34,96.07°,22.00°)。

(11)三角形曲面 11 的 3 个顶点的三维坐标及倾向、倾角分别为 P_1(13567263.03,3138220.53,−397.21,88°,28°),P_2(13567208.83,3138487.38,−363.57,94°,24°),P_3(13566974.48,3138291.92,−270,154°,21°),求得的该三角形曲面内产状变化过渡点的三维坐标及倾向、倾角为 TTP_{11}(13567144.89,3138320.43,−341.34,95.10°,23.42°)。

(12)三角形曲面 12 的 3 个顶点的三维坐标及倾向、倾角分别为 P_1(13567208.83,3138487.38,−363.57,94°,24°),P_2(13566974.48,3138291.92,−270,154°,21°),P_3(13566880.54,3138482.9885,−199.26,160°,25°),求得的该三角形曲面内产状变化过渡点的三维坐标及倾向、倾角为 TTP_{12}(13566995.45,3138432.68,−266.85,103.812°,27.34°)。

(13)三角形曲面 13 的 3 个顶点的三维坐标及倾向、倾角分别为 P_1(13567657.92,3138888.94,−525.59,97°,20°),P_2(13567801.22,3138689.75,−604.12,97°,20°),P_3(13567776.06,3139000.06,−578,93°,24°),求得的该三角形曲面内产状变化过渡点的三维坐标及倾向、倾角为 TTP_{13}(13567756.09,3138900.71,−568.22,95.27°,26.00°)。

(14)三角形曲面 14 的 3 个顶点的三维坐标及倾向、倾角分别为 P_1(13567657.92,3138888.94,−525.59,97°,20°),P_2(13567776.06,3139000,−578,93°,24°),P_3(13567481.03,3139006.78,−458,86°,20°),求得的该三角形曲面内产状变化过渡点的三维坐标及倾向、倾角为 TTP_{14}(13567634.36,3139003.03,−517.84,84.64°,22.26°)。

5.2.2 二级内插的结果

(1)三角形曲面 1 的 3 个顶点的三维坐标及倾向、倾角分别为 P_1(13566880.54, 3138482.99, -199.26, 160°, 25°), P_2(13566995.45, 3138432.68, -266.85, 103.81°, 27.34°), P_3(13567041.50, 3138612.06, -269.04, 100.42°, 27.02°),求得的该三角形曲面内产状变化过渡点的三维坐标及倾向、倾角为 TTP_{15}(13567006.33, 3138521.56, -243.56, 103.16°, 28.72°)。

(2)三角形曲面 2 的 3 个顶点的三维坐标及倾向、倾角分别为 P_1(13566995.45, 3138432.68, -266.85, 103.81°, 27.34°), P_2(13566974.48, 3138291.92, -270, 154°, 21°), P_3(13567144.89, 3138320.43, -341.34, 95.10°, 23.42°),求得的该三角形曲面内产状变化过渡点的三维坐标及倾向、倾角为 TTP_{16}(13567038.27, 3138390.25, -291.34, 101.35°, 23.84°)。

(3)三角形曲面 3 的 3 个顶点的三维坐标及倾向、倾角分别为 P_1(13566995.45, 3138432.68, -266.85, 103.81°, 27.34°), P_2(13567144.89, 3138320.43, -341.34, 95.10°, 23.42°), P_3(13567208.83, 3138487.38, -363.57, 94°, 24°),求得的该三角形曲面内产状变化过渡点的三维坐标及倾向、倾角为 TTP_{17}(13567107.27, 3138423.86, -326.03, 95.5°, 25.03°)。

(4)三角形曲面 4 的 3 个顶点的三维坐标及倾向、倾角分别为 P_1(13567208.83, 3138487.38, -363.57, 94°, 24°), P_2(13567144.89, 3138320.43, -341.34, 95.10°, 23.42°), P_3(13567295.53, 3138353.74, -412.30, 94.12°, 24.68°),求得的该三角形曲面内产状变化过渡点的三维坐标及倾向、倾角为 TTP_{18}(13567217.67, 3138369.10, -372.60, 96.12°, 25.89°)。

(5)三角形曲面 5 的 3 个顶点的三维坐标及倾向、倾角分别为 P_1(13567144.89, 3138320.43, -341.34, 95.10°, 23.42°), P_2(13567263.03, 3138220.53, -397.21, 88°, 28°), P_3(13567295.53, 3138353.74, -412.30, 94.12°, 24.68°),求得的该三角形曲面内产状变化过渡点的三维坐标及倾向、倾角为 TTP_{19}(13567233.41, 3138298.96, -384.27, 90.21°, 25.24°)。

(6)三角形曲面 6 的 3 个顶点的三维坐标及倾向、倾角分别为 P_1(13567208.83, 3138487.38, -363.57, 94°, 24°), P_2(13567359.97, 3138412.47, -433.89, 95.36°, 24.3°), P_3(13567296.2, 3138742.86, -391.69, 98.29°, 25.16°),求得的该三角形曲面内产状变化过渡点的三维坐标及倾向、倾角为 TTP_{20}(13567292.21, 3138591.77, -396.78, 95.39°, 24.06°)。

(7)三角形曲面 7 的 3 个顶点的三维坐标及倾向、倾角分别为 P_1(13567148.77, 3138756.07, -311.94, 97.56°, 28.24°), P_2(13567208.83, 3138487.38, -363.57, 94°, 24°), P_3(13567296.20, 3138742.86, -391.69, 98.29°, 25.16°),求得的该三角形曲面内产状变化过渡点的三维坐标及倾向、倾角为 TTP_{21}(13567216.90, 3138632.4, -357.17, 97.74°, 28.34°)。

(8)三角形曲面 8 的 3 个顶点的三维坐标及倾向、倾角分别为 P_1(13567148.77, 3138756.07, -311.94, 97.56°, 28.24°), P_2(13567226.19, 3138888.18, -344.47, 89°, 26°), P_3

(13567296.2,3138742.86,−391.69,98.29°,25.16°),求得的该三角形曲面内产状变化过渡点的三维坐标及倾向、倾角为 TTP$_{22}$(13567223.52,3138784.31,−349.88,97.17°,28.33°)。

(9)三角形曲面 9 的 3 个顶点的三维坐标及倾向、倾角分别为 P$_1$(13567226.19,3138888.18,−344.47,89°,26°),P$_2$(13567296.2,3138742.86,−391.69,98.29°,25.16°),P$_3$(13567399.59,3138877.49,−428.06,97.27°,25.52°),求得的该三角形曲面内产状变化过渡点的三维坐标及倾向、倾角为 TTP$_{23}$(13567310.35,3138839.09,−387.16,101.35°,25.90°)。

(10)三角形曲面 10 的 3 个顶点的三维坐标及倾向、倾角分别为 P$_1$(13567296.2,3138742.86,−391.69,98.29°,25.16°),P$_2$(13567441.63,3138625.40,−462.39,99°,20°),P$_3$(13567399.59,3138877.48,−428.06,97.27°,25.52°),求得的该三角形曲面内产状变化过渡点的三维坐标及倾向、倾角为 TTP$_{24}$(13567372.71,3138707.99,−428.41,98.34°,23.72°)。

(11)三角形曲面 11 的 3 个顶点的三维坐标及倾向、倾角分别为 P$_1$(13567399.59,3138877.48,−428.06,97.27°,25.52°),P$_2$(13567441.63,3138625.40,−462.39,99°,20°),P$_3$(13567538.16,3138898.49,−483.46,97.75°,19.47°),求得的该三角形曲面内产状变化过渡点的三维坐标及倾向、倾角为 TTP$_{25}$(13567454.14,3138773.85,−458.73,99.39°,22.57°)。

(12)三角形曲面 12 的 3 个顶点的三维坐标及倾向、倾角分别为 P$_1$(13567538.16,3138898.49,−483.46,97.75°,19.47°),P$_2$(13567441.63,3138625.40,−462.39,99°,20°),P$_3$(13567634.83,3138699.22,−531.39,103.4°,22.94°),求得的该三角形曲面内产状变化过渡点的三维坐标及倾向、倾角为 TTP$_{26}$(13567528.27,3138689.9,−491.17,98.6°,20.96°)。

(13)三角形曲面 13 的 3 个顶点的三维坐标及倾向、倾角分别为 P$_1$(13567441.63,3138625.4,−462.39,99°,20°),P$_2$(13567604.27,3138463.93,−532.34,96.07°,22.0°),P$_3$(13567634.83,3138699.22,−531.39,103.4°,22.94°),求得的该三角形曲面内产状变化过渡点的三维坐标及倾向、倾角为 TTP$_{27}$(13567528.78,3138557.33,−508.43,98.0°,8.0°)。

(14)三角形曲面 14 的 3 个顶点的三维坐标及倾向、倾角分别为 P$_1$(13567441.63,3138625.40,−462.39,99°,20°),P$_2$(13567479.43,3138362.61,−489.97,95.82°,22.13°),P$_3$(13567604.27,3138463.93,−532.34,96.07°,22.0°),求得的该三角形曲面内产状变化过渡点的三维坐标及倾向、倾角为 TTP$_{28}$(13567506.44,3138455.36,−495.32,97.53°,20.98°)。

(15)三角形曲面 15 的 3 个顶点的三维坐标及倾向、倾角分别为 P$_1$(13567441.63,3138625.40,−462.39,99°,20°),P$_2$(13567359.97,3138412.47,−433.89,95.36°,24.3°),P$_3$(13567479.43,3138362.61,−489.97,95.82°,22.13°),求得的该三角形曲面内产状变化过渡点的三维坐标及倾向、倾角为 TTP$_{29}$(13567430.84,3138503.23,−463.62,95.03°,24.45°)。

(16)三角形曲面 16 的 3 个顶点的三维坐标及倾向、倾角分别为 P$_1$(13567604.27,3138463.93,−532.34,96.07°,22.0°),P$_2$(13567801.22,3138689.75,−604.12,97°,20°),P$_3$(13567634.83,3138699.22,−531.39,103.4°,22.94°),求得的该三角形曲面内产状变化过渡点的三维坐标及倾向、倾角为 TTP$_{30}$(13567671.86,3138575.23,−558.27,

97.92°,23.65°)。

(17)三角形曲面 17 的 3 个顶点的三维坐标及倾向、倾角分别为 P_1(13567634.83,3138699.22,−531.3,103.4°,22.94°),P_2(13567801.22,3138689.75,−604.12,97°,20°),P_3(13567756.09,3138900.71,−568.22,95.27°,26.0°),求得的该三角形曲面内产状变化过渡点的三维坐标及倾向、倾角为 TTP_{31}(13567719.74,3138715.68,−567.40,100.17°,23.73°)。

(18)三角形曲面 18 的 3 个顶点的三维坐标及倾向、倾角分别为 P_1(13567538.16,3138898.49,−483.46,97.75°,19.47°),P_2(13567634.83,3138699.22,−531.4,103.4°,22.94°),P_3(13567657.92,3138888.94,−525.59,97°,20°),求得的该三角形曲面内产状变化过渡点的三维坐标及倾向、倾角为 TTP_{32}(13567603.23,3138795.63,−512.8,101.86°,19.47°)。

(19)三角形曲面 19 的 3 个顶点的三维坐标及倾向、倾角分别为 P_1(13567538.16,3138898.49,−483.46,97.75°,19.47°),P_2(13567657.92,3138888.95,−525.59,97°,20°),P_3(13567634.36,3139003.03,−517.84,84.64°,22.22°),求得的该三角形曲面内产状变化过渡点的三维坐标及倾向、倾角为 TTP_{33}(13567605.62,3138939.85,−508.07,89.23°,19.40°)。

(20)三角形曲面 20 的 3 个顶点的三维坐标及倾向、倾角为分别 P_1(13567634.36,3139003.03,−517.84,84.64°,22.22°),P_2(13567657.92,3138888.94,−525.6,97°,20°),P_3(13567756.09,3138900.71,−568.22,95.27°,26.00°),求得的该三角形曲面内产状变化过渡点的三维坐标及倾向、倾角为 TTP_{34}(13567681.08,3138955.34,−536.16,87.19°,23.38°)。

(21)三角形曲面 21 的 3 个顶点的三维坐标及倾向、倾角分别为 P_1(13567399.59,3138877.48,−428.06,97.27°,25.52°),P_2(13567538.16,3138898.49,−483.46,97.75°,19.47°),P_3(13567481.03,3139006.78,−458,86°,20°),求得的该三角形曲面内产状变化过渡点的三维坐标及倾向、倾角为 TTP_{35}(13567467.81,3138901.26,−457.03,93.18°,21.99°)。

(22)三角形曲面 22 的 3 个顶点的三维坐标及倾向、倾角分别为 P_1(13567263.03,3138220.53,−397.21,88°,28°),P_2(13567434.44,3138268.32,−474.20,97°,25°),P_3(13567295.53,3138353.74,−412.30,94.12°,24.68°),求得的该三角形曲面内产状变化过渡点的三维坐标及倾向、倾角为 TTP_{36}(13567326.6,3138273.24,−428.93,89.49°,24.14°)。

(23)三角形曲面 23 的 3 个顶点的三维坐标及倾向、倾角分别为 P_1(13567013.54,3138764.66,−240,80°,22°),P_2(13566880.54,3138482.99,−199.26,160°,25°),P_3(13567041.5,3138612.06,−269.04,100.42°,27.02°),求得的该三角形曲面内产状变化过渡点的三维坐标及倾向、倾角为 TTP_{37}(13566988.6,3138646.13,−230.28,100.71°,27.48°)。

将上述的一级和二级内插结果添加到图 2.17 中 A 断块的煤层底板等高线图中,如图 5.1 所示。图中,空心圈的中点处是一级内插点,十字星的中点处是二级内插点。从该图中可见,二级内插的−350m 点与该处等高线略有误差,但与 D-6 钻孔的−344m 见煤底板深度相符,说明 D-6 钻孔中预测的见煤底板深度略浅;二级内插的−508m 点的见煤底板深度略深,可能是受 D-5 钻孔附近等高线形状的影响所致;二级内插的-536m 点与该处等高线偏差较大,但与 87-3 钻孔中的见煤底板深度相符合,原因可能是 87-3、D-17 两钻孔间小剖面跨越研究边界,该处的底板等高线是沿用图 2.16 中的,存在一定问题;其余内插点位的高程均与原煤层底板等高线图中的钻孔数据、巷道数据及等高线相符合。

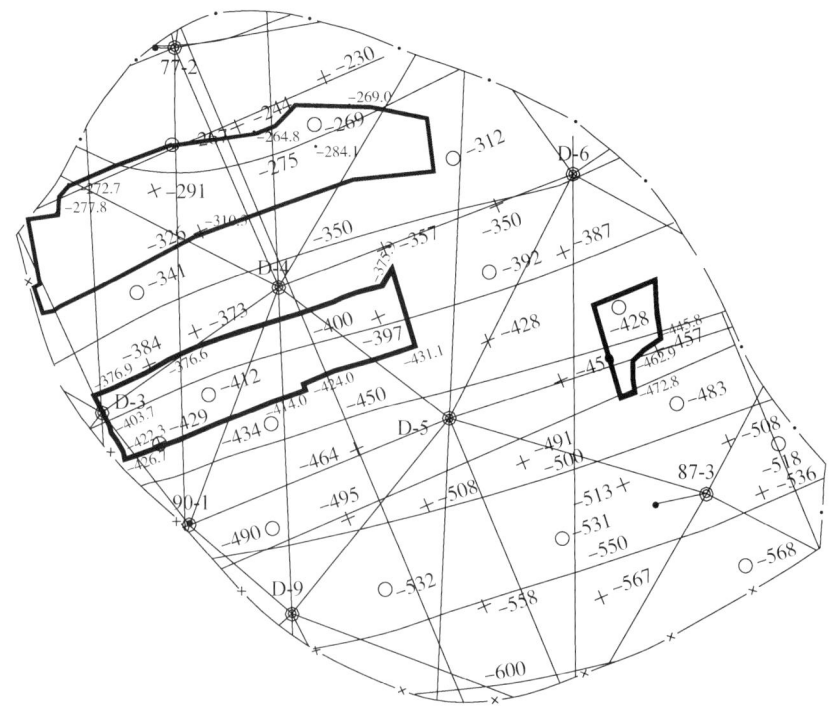

图 5.1 三角形曲面内产状变化过渡点内插实例图

图 5.2 是根据图 5.1 的钻孔数据及一级、二级内插过渡点分别提取的等高线图,等高距均是 50m。从图中可见,除二级内插的-350m 点和-508m 点处的等高线略有波折外,其余各处的等高线形状均和谐。

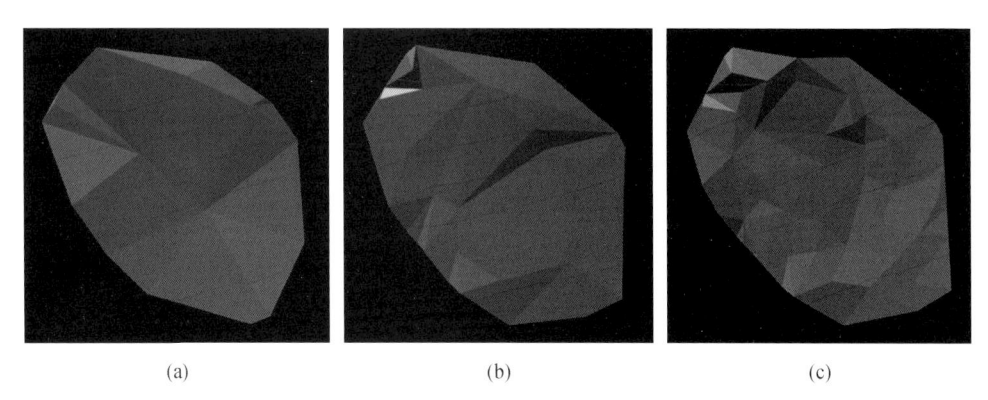

(a) (b) (c)

图 5.2 R-TIN 及其一级、二级加密网的等高线对比实例图
(a)R-TIN 的等高线图;(b)R-TIN 一级加密网的等高线图;(c)R-TIN 二级加密网的等高线图

可见，即使岩心中矿层或断层产状不清晰，使第 3 章中旋转虚拟岩心法求解非定向钻孔岩心中断层(矿层)产状的方法无法应用，但是将用在矿层底板等高线图上反推的断层(矿层)产状作为其近似值求得的矿层(断层)曲面内产状变化过渡点的坐标和产状的可靠程度也是很好的。

第6章 相邻两断矿交点间断矿交线倾伏变化过渡点

同一断层的上盘或下盘与同一矿层的相邻两个断矿交点间断矿交线倾伏变化的过渡点 LTP(line transformation point)是指相邻两个断矿交点间断矿交线的倾伏方位与倾伏角连续变化的过渡点。在过渡点处,曲线的倾伏方位与倾伏角等于两个断矿交点间空间直线的倾伏方位与倾伏角;在过渡点两侧,曲线倾伏方位与倾伏角的变化不同。若通过坐标轴旋转使相邻两个断矿交点位于某空间直角坐标系中的同一水平面上,则过渡点即为该两点间曲线的极值点。这是一种新的基于端点坐标及倾伏方位、倾伏角的三维曲线内插方法。

6.1 求 解 方 法

当两个相邻断矿交点间的断矿交线为二次函数时,其倾伏方位与倾伏角连续变化过渡点的求解方法如下:

设相邻两个断矿交点的坐标及产状数据分别为$(X_{i1},Y_{i1},Z_{i1},q_{i1},\alpha_{i1},)$、$(X_{i2},Y_{i2},Z_{i2},q_{i2},\alpha_{i2},)$,其中,$(X_{i1},Y_{i1},Z_{i1})$、$(X_{i2},Y_{i2},Z_{i2})$分别为两点的坐标,$q_{i1},q_{i2}$分别为两点的倾伏方位角,$\alpha_{i1},\alpha_{i2}$分别为两点的倾伏角。设两点间直线在$XOY$平面坐标系中与其所在象限的$Y$边方向间的夹角为$\phi$,$0°\sim180°$的方位角为$w_i$,距离为$L$。设两点间空间直线在三维坐标系中的倾伏方位角为$q_i$,倾伏角为$\alpha_i$。设两点间断矿交线在三维坐标系中倾伏方位与倾伏角连续变化的过渡点为$(X_{ic},Y_{ic},Z_{ic},q_{ic},\alpha_{ic})$,其中,$(X_{ic},Y_{ic},Z_{ic})$为坐标,$q_{ic}$为倾伏方位角,$\alpha_{ic}$为倾伏角则有

$$\alpha_i = \arctan\mid Z_{i1}-Z_{i2}\mid/\sqrt{(X_{i1}-X_{i2})^2+(Y_{i1}-Y_{i2})^2}$$
$$\phi = \arctan\mid (X_{i1}-X_{i2})/(Y_{i1}-Y_{i2})\mid$$
$$L = \sqrt{(X_{i2}-X_{i1})^2+(Y_{i2}-Y_{i1})^2}$$

为计算方便,以(X_{i1},Y_{i1},Z_{i1})点为坐标原点,(X_{i1},Y_{i1})与(X_{ic},Y_{ic})连线方向为u_1方向,在水平面上垂直于u_1的两个方向中,取与q_{i1}方向夹角为锐角者作v_1方向,建立平面直角坐标系u_1ov_1,并记(X_{i1},Y_{i1},Z_{i1})点为$(0,0)$,(X_{ic},Y_{ic},Z_{ic})点为(a_1,b_1)。设两点间斜率均匀变化,根据两点坐标及斜率所建立的空间曲线为$v_1=g(u_1)$,则$v_1=g(u_1)$在(X_{i1},Y_{i1})与(X_{ic},Y_{ic})两点满足的已知条件为$g(0)=0$,$g'(0)=m_1$,$g(a_1)=b_1$,$g'(a_1)=n_1$。

设(X_{i1},Y_{i1})至(X_{i2},Y_{i2})两点间连线方向的方位角为w_i,(X_{i1},Y_{i1})至(X_{ic},Y_{ic})两点间连线方向的方位角为r_{i1},w_i与r_{i1}之间的锐角为θ_1。按测量象限计算。

同样,为计算方便,以(X_{i2},Y_{i2},Z_{i2})点为坐标原点,(X_{i2},Y_{i2})与(X_{ic},Y_{ic})连线方向为u_2方向,在水平面上垂直于u_2方向的两个方向中,取与q_{i2}方向夹角为锐角者为v_2方向,建立平面直角坐标系u_2ov_2,并记(X_{i2},Y_{i2},Z_{i2})点为$(0,0)$,(X_{ic},Y_{ic},Z_{ic})点为(a_2,b_2),设两点间斜率均匀变化,根据两点坐标及斜率所建立的空间曲线为$v_2=g(u_2)$,则$v_2=g(u_2)$在(X_{i2},Y_{i2})与

(X_{ic}, Y_{ic}) 两点满足的已知条件为 $g(0)=0, g'(0)=m_2, g(a_2)=b_2, g'(a_2)=n_2$。

设 (X_{i2}, Y_{i2}) 至 (X_{ic}, Y_{ic}) 两点间连线方向的方位角为 r_{i2}，w_i 的反方向与 r_{i2} 之间的锐角为 θ_2。按测量象限计算。

求解方法分为以下两种情况。

6.1.1 相邻两断矿交点高程不相等的情况

1. 求 w_i、q_i、r_{i1}、r_{i2}

(1) $X_{i2} \geq X_{i1}, Y_{i2} \geq Y_{i1}, Z_{i2} > Z_{i1}$ 时，
$$w_i = \phi$$
$$q_i = \phi + 180°$$
若 $w_i + 180° \geq q_{i1} > w_i + 90°, w_i + 270° > q_{i2} \geq w_i + 180°$，则有
$$r_{i1} = w_i - \theta_1$$
$$r_{i2} = w_i + 180° + \theta_2$$
若 $w_i + 270° > q_{i1} \geq w_i + 180°, w_i + 180° \geq q_{i2} > w_i + 90°$，则有
$$r_{i1} = w_i + \theta_1$$
$$r_{i2} = w_i + 180° - \theta_2$$

(2) $X_{i2} \geq X_{i1}, Y_{i2} \geq Y_{i1}, Z_{i2} < Z_{i1}$ 时，
$$w_i = \phi$$
$$q_i = \phi$$
若 $w_i \geq q_{i1} > 0°$，或 $360° \geq q_{i1} > w_i + 270°$；$w_i + 90° > q_{i2} \geq w_i$；则有
$$r_{i1} = w_i - \theta_1$$
$$r_{i2} = w_i + 180° + \theta_2$$
若 $w_i + 90° > q_{i1} \geq w_i$；$w_i \geq q_{i2} > 0°$，或 $360° \geq q_{i2} > w_i + 270°$；则有
$$r_{i1} = w_i + \theta_1$$
$$r_{i2} = w_i + 180° - \theta_2$$

(3) $X_{i2} \geq X_{i1}, Y_{i2} < Y_{i1}, Z_{i2} > Z_{i1}$ 时，
$$w_i = 180° - \phi$$
$$q_i = 360° - \phi$$
若 $w_i + 180° \geq q_{i1} > w_i + 90°$；$360° \geq q_{i2} \geq w_i + 180°$，或 $w_i - 90° > q_{i2} > 0°$；则有，
$$r_{i1} = w_i - \theta_1$$
$$r_{i2} = w_i + 180° + \theta_2$$
若 $360° > q_{i1} \geq w_i + 180°$，或 $w_i - 90° > q_{i1} \geq 0°$；$w_i + 180° \geq q_{i2} > w_i + 90°$；则有，
$$r_{i1} = w_i + \theta_1$$
$$r_{i2} = w_i + 180° - \theta_2$$

(4) $X_{i2} \geq X_{i1}, Y_{i2} < Y_{i1}, Z_{i2} < Z_{i1}$ 时，
$$w_i = 180° - \phi$$

$$q_i = 180° - \phi$$

若 $w_i \geqslant q_{i1} > w_i - 90°$, $w_i + 90° > q_{i2} \geqslant w_i$, 则有

$$r_{i1} = w_i - \theta_1$$
$$r_{i2} = w_i + 180° + \theta_2$$

若 $w_i + 90° > q_{i1} \geqslant w_i$, $w_i \geqslant q_{i2} > w_i - 90°$, 则有

$$r_{i1} = w_i + \theta_1$$
$$r_{i2} = w_i + 180° - \theta_2$$

(5) $X_{i2} < X_{i1}$, $Y_{i2} < Y_{i1}$, $Z_{i2} > Z_{i1}$ 时,

$$w_i = 180° + \phi$$
$$q_i = \phi$$

若 $w_i - 180° \geqslant q_{i1} > 0$, 或 $360° > q_{i1} \geqslant w_i + 90°$; $w_i - 90° > q_{i2} \geqslant w_i - 180°$; 则有

$$r_{i1} = w_i - \theta_1$$
$$r_{i2} = w_i - 180° + \theta_2$$

若 $w_i - 90° > q_{i1} \geqslant w_i - 180°$; $w_i - 180° \geqslant q_{i2} > 0°$, 或, $w_i + 90° > q_{i2} \geqslant 360°$; 则有

$$r_{i1} = w_i + \theta_1$$
$$r_{i2} = w_i - 180° - \theta_2$$

(6) $X_{i2} < X_{i1}$, $Y_{i2} < Y_{i1}$, $Z_{i2} < Z_{i1}$ 时,

$$w_i = 180° + \phi$$
$$q_i = 180° + \phi$$

若 $w_i \geqslant q_{i1} > w_i - 90°$, $w_i + 90° > q_{i2} \geqslant w_i$, 则有

$$r_{i1} = w_i - \theta_1$$
$$r_{i2} = w_i - 180° + \theta_2$$

若 $w_i + 90° > q_{i1} \geqslant w_i$, $w_i \geqslant q_{i2} > w_i - 90°$, 则有

$$r_{i1} = w_i + \theta_1$$
$$r_{i2} = w_i - 180° - \theta_2$$

(7) $X_{i2} < X_{i1}$, $Y_{i2} \geqslant Y_{i1}$, $Z_{i2} > Z_{i1}$ 时,

$$w_i = 360° - \phi$$
$$q_i = 180° - \phi$$

若 $w_i - 180 \geqslant q_{i1} > w_i - 270°$, $w_i - 90° > q_{i2} \geqslant w_i - 180°$, 则有

$$r_{i1} = w_i - \theta_1$$
$$r_{i2} = w_i - 180° + \theta_2$$

若 $w_i - 90° > q_{i1} \geqslant w_i - 180°$, $w_i - 180° \geqslant q_{i2} > w_i - 270°$, 则有

$$r_{i1} = w_i + \theta_1$$
$$r_{i2} = w_i - 180° - \theta_2$$

(8) $X_{i2} < X_{i1}$, $Y_{i2} \geqslant Y_{i1}$, $Z_{i2} < Z_{i1}$ 时,

$$w_i = 360° - \phi$$
$$q_i = 360° - \phi$$

若 $w_i \geqslant q_{i1} > w_i - 90°$; $360° > q_{i2} \geqslant w_i$, 或 $w_i - 270° > q_{i2} \geqslant 0°$; 则有

$$r_{i1} = w_i - \theta_1$$
$$r_{i2} = w_i - 180° + \theta_2$$

若 $360° > q_{i1} \geq w_i$，或 $w_i - 270° > q_{i1} \geq 0°$；$w_i \geq q_{i2} > w_i - 90°$；则有

$$r_{i1} = w_i + \theta_1$$
$$r_{i2} = w_i - 180° - \theta_2$$

2. 求 m_1、m_2、θ_1、θ_2

若 $180° \geq |w_i - q_{i1}| > 90°$，则 $|w_i - q_{i1}| = 180° - |w_i - q_{i1}|$。
若 $270° \geq |w_i - q_{i1}| > 180°$，则 $|w_i - q_{i1}| = |w_i - q_{i1}| - 180°$。
若 $|w_i - q_{i1}| > 270°$，则 $|w_i - q_{i1}| = 360° - |w_i - q_{i1}|$。
且有

$$m_1 = \tan|w_i - q_{i1}|$$
$$\tan|w_i - r_{i1}| = (\tan|w_i - q_{i1}| + \tan|w_i - w_i|)/2 = 0.5 m_1$$
$$|w_i - r_{i1}| = |\arctan(0.5 m_1)|$$
$$\theta_1 = |w_i - r_{i1}|$$

若 $180° \geq |w_i - q_{i2}| > 90°$，则 $|w_i - q_{i2}| = 180° - |w_i - q_{i2}|$。
若 $270° \geq |w_i - q_{i2}| > 180°$，则 $|w_i - q_{i2}| = |w_i - q_{i2}| - 180°$。
若 $|w_i - q_{i2}| > 270°$，则 $|w_i - q_{i2}| = 360° - |w_i - q_{i2}|$。
且有

$$m_2 = \tan|w_i - q_{i2}|$$
$$\tan|w_i - r_{i2}| = (\tan|w_i - q_{i2}| + \tan|w_i - w_i|)/2 = 0.5 m_2$$
$$|w_i - r_{i2}| = |\arctan(0.5 m_2)|$$
$$\theta_2 = |w_i - r_{i2}|$$

3. 求 X_{ic}、Y_{ic}

设 $v_1 = g(u_1)$ 曲线均匀变化，
$u_1'' = t = $ 常数，
一次积分得：$v_1' = tu_1 + C_1$。
再次积分得：$v_1 = (1/2)tu_1^2 + C_1 u_1 + C_2$。
$u_1 = 0$ 时 $v_1 = 0$，故 $C_2 = 0$。
$U_1 = 0$ 时，$v_1' = m_1$，代入 $v_1' = tu_1 + C_1$ 式得：$C_1 = m_1$。
$u_1 = a_1$ 时，$v_1' = n_1$，代入 $v_1' = ta_1 + C_1$ 式得

$$n_1 = ta_1 + m_1$$
$$t = (n_1 - m_1)/a_1$$

将 $u_1 = a_1$ 代入 $v_1 = (1/2)tu_1^2 + C_1 u_1 + C_2$，则有

$$b_1 = (1/2)ta_1^2 + m_1 a_1$$

将 $t = (n_1 - m_1)/a_1$ 代入，则有

$$b_1 = a_1(m_1 + n_1)/2$$

因 $m_1=\tan\theta_1, n_1=\tan0°=0$，则有
$$b_1=a_1m_1/2$$
同理，设 $v_2=g(u_2)$ 曲线均匀变化，则有
$$b_2=a_2(m_2+n_2)/2$$
因 $m_2=\tan\theta_2, n_2=\tan0°=0$，则有
$$b_2=a_2m_2/2$$
因 $v_1=g(u_1)$ 与 $v_2=g(u_2)$ 两曲线的交点为 (X_{ic},Y_{ic})，则有 $a_1+a_2=L, b_1=b_2$，可得
$$a_1m_1/2=(L-a_1)m_2/2$$
$$a_1=L\tan\theta_2/(\tan\theta_1+\tan\theta_2)$$
设 (X_{i1},Y_{i1},Z_{i1}) 与 (X_{ic},Y_{ic},Z_{i1}) 两点间的直线距离为 $L_{A-C'}$，则有
$$L_{A-C'}=a_1/\cos\theta_1$$
X_{ic} 与 Y_{ic} 的计算公式为
$$X_{ic}=X_{i1}+L_{A-C'}\sin r_{i1}（黄桂芝,2016） \quad (6.1)$$
$$Y_{ic}=Y_{i1}+L_{A-C'}\cos r_{i1}（黄桂芝,2016） \quad (6.2)$$

4. 求 Z_{ic}

如图 6.1 所示，为计算方便，以 $A(X_{i1},Y_{i1},Z_{i1},q_{i1},\alpha_{i1})$ 点为坐标原点，(X_{i1},Y_{i1},Z_{i1})、(X_{ic},Y_{ic},Z_{i1}) 连线方向为 u_3 方向，以垂直向上的方向作为 v_3 方向，建立立面直角坐标系 u_3ov_3，并记 (X_{i1},Y_{i1},Z_{i1}) 点为 $(0,0)$，C 点 (X_{ic},Y_{ic},Z_{ic}) 点为 (a_3,b_3)。$(X_{i1},Y_{i1},Z_{i1},q_{i1},\alpha_{i1})$、$(X_{ic},Y_{ic},Z_{ic},q_{ic},\alpha_{ic})$ 两点间的空间曲线在坐标系 u_3ov_3 中的水平投影为过两点间的直线。为解题方便，在坐标系 u_3ov_3 中，设从斜率为 $\tan\alpha_{i1}$ 的 $(0,0)$ 点，以均匀的斜率变化到达斜率为 $\tan\alpha_{ic}$ 的 (a_3,b_3) 点的虚拟的二次曲线为 $v_3=g(u_3)$，则有
$$a_3=L_{A-C'}$$
$v_3=g(u_3)$ 在 (X_{i1},Y_{i1},Z_{i1})、(X_{ic},Y_{ic},Z_{ic}) 两点满足的已知条件为 $g(0)=0, g'(0)=m_3, g(a_3)=b_3, g'(a_3)=n_3$，则有
$$m_3=\tan\alpha_{i1}$$
$$n_3=\tan\alpha_{ic}$$
因 $v_3=g(u_3)$ 曲线均匀变化，
$u''_3=t=$ 常数，
一次积分得：$v'_3=tu_3+C_1$。
再次积分得：$v_3=(1/2)tu_3^2+C_1u_3+C_2$。
$u_3=0$ 时 $v_3=0$，故 $C_2=0$，
$u_3=0$ 时 $v'_3=m_3$，代入 $v'_3=tu_3+C_1$ 得 $C_1=m_3$。
$u_3=L_{A-C'}$ 时，$v'_3=n_3$，代入 $v'_3=tu_3+C_1$ 式得
$$n_3=tL_{A-C'}+m_3$$
$$t=(n_3-m_3)/L_{A-C'}$$
将 $u_3=L_{A-C'}, v_3=b_3$ 代入 $v_3=(1/2)tu_3^2+C_1u_3+C_2$，则有
$$b_3=(1/2)tL_{A-C'}^2+m_3L_{A-C'}$$

将 $t=(n_3-m_3)/L_{A-C'}$ 代入,则有
$$b_3 = L_{A-C'}(m_3+n_3)/2 \tag{6.3}$$

同样,为计算方便,以 $(X_{i2}, Y_{i2}, Z_{i2}, q_{i2}, \alpha_{i2})$ 点为坐标原点,(X_{i2}, Y_{i2}, Z_{i2}) 与 (X_{ic}, Y_{ic}, Z_{ic}) 连线方向为 u_4 方向,以垂直向上的方向为 v_4 方向,建立立面直角坐标系 u_4ov_4,并记 (X_{i2}, Y_{i2}, Z_{i2}) 点为 $(0,0)$,(X_{ic}, Y_{ic}, Z_{ic}) 点为 (a_4, b_4)。$(X_{i2}, Y_{i2}, Z_{i2}, q_{i2}, \alpha_{i2})$、$(X_{ic}, Y_{ic}, Z_{ic}, q_{ic}, \alpha_{ic})$ 两点间的空间曲线在坐标系 u_4ov_4 中的水平投影为过两点间的直线。为求解方便,在坐标系 u_4ov_4 中,设从斜率为 $\tan\alpha_{i2}$ 的 $(0,0)$ 点,以均匀的斜率变化到达斜率为 $\tan\alpha_{ic}$ 的 (a_4, b_4) 点的虚拟的二次曲线为 $v_4 = g(u_4)$,则有
$$a_4 = L_{B'-C'}$$
$v_4 = g(u_4)$ 在 (X_{i2}, Y_{i2}, Z_{i2})、(X_{ic}, Y_{ic}, Z_{ic}) 两点满足的已知条件为 $g(0)=0, g'(0)=m_3, g(a_2)=b_4, g'(a_2)=n_4$,则有
$$m_4 = \tan\alpha_{i2}$$
$$n_4 = \tan\alpha_i$$
根据余弦定理有,$L_{B'-C'} = (L-a_1)/\cos\theta_2$。

与 b_3 计算公式的原理相同,有 $b_4 = L_{B'-C'}(m_4+n_4)/2$。

因 $v_3 = g(u_3)$ 与 $v_4 = g(u_4)$ 两曲线在空间的交点为 (X_{ic}, Y_{ic}, Z_{ic}),则有
$$b_3 + b_4 = |Z_{i2} - Z_{i1}|$$
设 b'_3 为 b_3 的修正值,且有
$$b'_3 = b_3 + a_1(|Z_{i2}-Z_{i1}|-(b_3+b_4))/L$$
Z_{ic} 的计算公式为
$$Z_{ic} = Z_{i1} \pm b'_3 \text{(黄桂芝,2016)} \tag{6.4}$$
式中,$Z_{i2}>Z_{i1}$ 时,取加号;反之,取减号。

图 6.1 中,$A(X_{i1}, Y_{i1}, Z_{i1}, q_{i1}, \alpha_{i1})$、$B(X_{i2}, Y_{i2}, Z_{i2}, q_{i2}, \alpha_{i2})$ 是两个相邻的断矿交点,C 点是所求的 A、B 两点间的实际曲线在三维空间中倾伏变化的过渡点。B' 点是 B 点在过 A 点水平面上的垂直投影点,C' 点是 C 点在过 A 点水平面上的垂直投影点,D 点、E 点分别是 A 点、C 点在过 B 点水平面上的垂直投影点,F 点是 C' 点在 A、B' 两点间直线上的垂足。A 点与 F 点间的水平直线距离为 a_1,B' 点与 F 点间的水平直线距离为 a_2,F 点与 C' 点间的水平直线距离为 b_1,$\angle C'AF$ 为 θ_1,$\angle C'B'F$ 为 θ_2,C' 点与 C 点间的垂直距离为 b_3,C' 点与 E 点间的垂直距离为 b_4。

6.1.2 相邻两断矿交点高程相等的情况

1. 求 w_i、q_i、r_{i1}、r_{i2}

(1) $X_{i2} \geq X_{i1}$,$Y_{i2} \geq Y_{i1}$ 时,

$w_i = \phi$,无 q_i,无 α_i,故不倾斜。

若 $w_i \geq q_{i1} > 0°$,或 $360° \geq q_{i1} > w_i + 270°$;$w_i + 270° > q_{i2} \geq w_i + 180°$;则有
$$r_{i1} = w_i - \theta_1$$

第 6 章 相邻两断矿交点间断矿交线倾伏变化过渡点

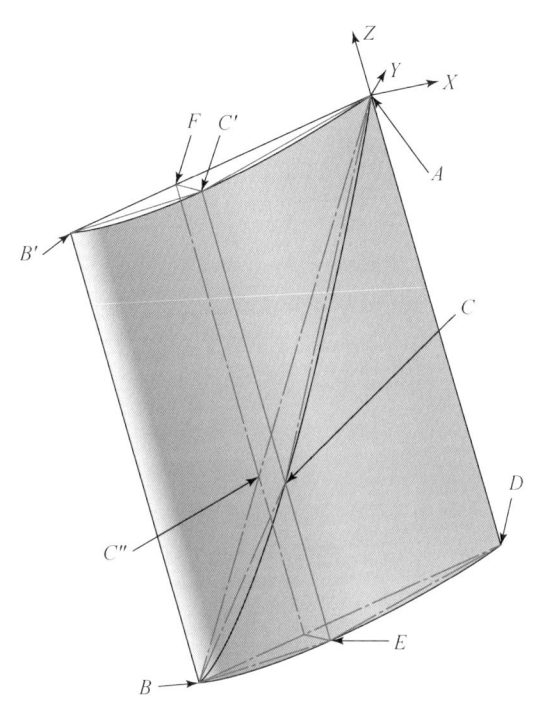

图 6.1 相邻两断矿交点间断矿交线倾伏变化过渡点示意图

$$r_{i2} = w_i + 180° + \theta_2$$

若 $w_i + 90° > q_{i1} \geqslant w_i$, $w_i + 180° \geqslant q_{i2} > w_i + 90°$, 则有

$$r_{i1} = w_i + \theta_1$$
$$r_{i2} = w_i + 180° - \theta_2$$

若 $w_i + 180° \geqslant q_{i1} > w_i + 90°$, $w_i + 90° > q_{i2} \geqslant w_i$, 则有

$$r_{i1} = w_i - \theta_1$$
$$r_{i2} = w_i + 180° + \theta_2$$

若 $w_i + 270° > q_{i1} \geqslant w_i + 180°$; $w_i \geqslant q_{i2} > 0°$, 或 $360° \geqslant q_{i2} > w_i + 270°$; 则有

$$r_{i1} = w_i + \theta_1$$
$$r_{i2} = w_i + 180° - \theta_2$$

(2) $X_{i2} \geqslant X_{i1}$, $Y_{i2} < Y_{i1}$ 时,

$w_i = 180° - \phi$, 无 q_i, 无 α_i, 故不倾斜。

若 $w_i \geqslant q_{i1} > w_i - 90°$; $360° \geqslant q_{i2} \geqslant w_i + 180°$, 或 $w_i - 90° > q_{i2} > 0°$; 则有

$$r_{i1} = w_i - \theta_1$$
$$r_{i2} = w_i + 180 + \theta_2$$

若 $w_i + 90° > q_{i1} \geqslant w_i$, $w_i + 180° \geqslant q_{i2} > w_i + 90°$, 则有

$$r_{i1} = w_i + \theta_1$$
$$r_{i2} = w_i + 180 - \theta_2$$

若 $w_i + 180° \geqslant q_{i1} > w_i + 90°$, $w_i + 90° > q_{i2} \geqslant w_i$, 则有

$$r_{i1} = w_i - \theta_1$$
$$r_{i2} = w_i + 180° + \theta_2$$

若 $360° > q_{i1} \geq w_i + 180°$，或 $w_i - 90° > q_{i1} \geq 0°$；$w_i \geq q_{i2} > w_i - 90°$；则有

$$r_{i1} = w_i + \theta_1$$
$$r_{i2} = w_i + 180° - \theta_2$$

（3）$X_{i2} < X_{i1}$，$Y_{i2} < Y_{i1}$ 时，

$w_i = 180° + \phi$，无 q_i，无 α_i，故不倾斜。

若 $w_i \geq q_{i1} > w_i - 90°$，$w_i - 90° > q_{i2} \geq w_i - 180°$，则有

$$r_{i1} = w_i - \theta_1$$
$$r_{i2} = w_i - 180° + \theta_2$$

若 $w_i + 90 > q_{i1} \geq w_i$；$w_i - 180° \geq q_{i2} > 0°$，或 $w_i + 90° > q_{i2} \geq 360°$；则有

$$r_{i1} = w_i + \theta_1$$
$$r_{i2} = w_i - 180° - \theta_2$$

若 $w_i - 180° \geq q_{i1} > 0$，或 $360° > q_{i1} \geq w_i + 90°$；$w_i + 90° > q_{i2} \geq w_i$；则有

$$r_{i1} = w_i - \theta_1$$
$$r_{i2} = w_i - 180° + \theta_2$$

若 $w_i - 90° > q_{i1} \geq w_i - 180°$，$w_i \geq q_{i2} > w_i - 90°$，则有

$$r_{i1} = w_i + \theta_1$$
$$r_{i2} = w_i - 180° - \theta_2$$

（4）$X_{i2} < X_{i1}$，$Y_{i2} \geq Y_{i1}$ 时，

$w_i = 360° - \phi$，无 q_i，无 α_i，故不倾斜。

若 $w_i \geq q_{i1} > w_i - 90°$，$w_i - 90° > q_{i2} \geq w_i - 180°$，则有

$$r_{i1} = w_i - \theta_1$$
$$r_{i2} = w_i - 180° + \theta_2$$

若 $360° > q_{i1} \geq w_i$，或 $w_i - 270° > q_{i1} \geq 0°$；$w_i - 180° \geq q_{i2} > w_i - 270°$；则有

$$r_{i1} = w_i + \theta_1$$
$$r_{i2} = w_i - 180° - \theta_2$$

若 $w_i - 180 \geq q_{i1} > w_i - 270°$；$360° > q_{i2} \geq w_i$，或 $w_i - 270° > q_{i2} \geq 0°$；则有

$$r_{i1} = w_i - \theta_1$$
$$r_{i2} = w_i - 180° + \theta_2$$

若 $w_i - 90° > q_{i1} \geq w_i - 180°$，$w_i \geq q_{i2} > w_i - 90°$，则有

$$r_{i1} = w_i + \theta_1$$
$$r_{i2} = w_i - 180° - \theta_2$$

2. 求 m_1、m_2、θ_1、θ_2

若 $180° \geq |w_i - q_{i1}| > 90°$，则 $|w_i - q_{i1}| = 180° - |w_i - q_{i1}|$；

若 $270° \geq |w_i - q_{i1}| > 180°$，则 $|w_i - q_{i1}| = |w_i - q_{i1}| - 180°$；

若 $|w_i - q_{i1}| > 270°$，则 $|w_i - q_{i1}| = 360° - |w_i - q_{i1}|$。

且有
$$m_1 = \tan|w_i - q_{i1}|$$
$$\tan|w_i - r_{i1}| = (\tan|w_i - q_{i1}| + \tan|w_i - w_i|)/2 = 0.5 m_1$$
$$|w_i - r_{i1}| = |\arctan(0.5 m_1)|$$
$$\theta_1 = |w_i - r_{i1}|$$

若 $180° \geqslant |w_i - q_{i2}| > 90°$,则 $|w_i - q_{i2}| = 180° - |w_i - q_{i2}|$;
若 $270° \geqslant |w_i - q_{i2}| > 180°$,则 $|w_i - q_{i2}| = |w_i - q_{i2}| - 180°$;
若 $|w_i - q_{i2}| > 270°$,$|w_i - q_{i2}| = 360° - |w_i - q_{i2}|$。

且有
$$m_2 = \tan|w_i - q_{i2}|$$
$$\tan|w_i - r_{i2}| = (\tan|w_i - q_{i2}| + \tan|w_i - w_i|)/2 = 0.5 m_2$$
$$|w_i - r_{i2}| = |\arctan(0.5 m_2)|$$
$$\theta_2 = |w_i - r_{i2}|$$

3. 求 X_{ic}、Y_{ic}

与 6.1.1 节中的第 3 部分相同,即
$$X_{ic} = X_{i1} + L_{A-C'} \sin r_{i1}$$
$$Y_{ic} = Y_{i1} + L_{A-C'} \cos r_{i1}$$

4. 求 Z_{ic}

原理同 6.1.1 节中的第 4 部分,不同之处为
$$b'_3 = 0.5(b_3 + b_4) \quad (黄桂芝,2016) \tag{6.5}$$

(1) $X_{i2} \geqslant X_{i1}$,$Y_{i2} \geqslant Y_{i1}$ 时,

若 $w_i \geqslant q_{i1} > 0°$,或 $360° \geqslant q_{i1} > w_i + 270°$;$w_i + 270° > q_{i2} \geqslant w_i + 180°$;则有
$$Z_{ic} = Z_{i1} - b'_3$$
若 $w_i + 90° > q_{i1} \geqslant w_i$,$w_i + 180° \geqslant q_{i2} > w_i + 90°$,则有
$$Z_{ic} = Z_{i1} - b'_3$$
若 $w_i + 180° \geqslant q_{i1} > w_i + 90°$,$w_i + 90° > q_{i2} \geqslant w_i$,则有
$$Z_{ic} = Z_{i1} + b'_3$$
若 $w_i + 270° > q_{i1} \geqslant w_i + 180°$;$w_i \geqslant q_{i2} > 0°$,或 $360° \geqslant q_{i2} > w_i + 270°$;则有
$$Z_{ic} = Z_{i1} + b'_3$$

(2) $X_{i2} \geqslant X_{i1}$,$Y_{i2} < Y_{i1}$ 时,

若 $w_i \geqslant q_{i1} > w_i - 90°$;$360° \geqslant q_{i2} \geqslant w_i + 180°$,或 $w_i - 90° > q_{i2} > 0°$;则有
$$Z_{ic} = Z_{i1} - b'_3$$
若 $w_i + 90° > q_{i1} \geqslant w_i$,$w_i + 180° \geqslant q_{i2} > w_i + 90°$,则有
$$Z_{ic} = Z_{i1} - b'_3$$
若 $w_i + 180° \geqslant q_{i1} > w_i + 90°$,$w_i + 90° > q_{i2} \geqslant w_i$,则有
$$Z_{ic} = Z_{i1} + b'_3$$

若 $360°>q_{i1}\geq w_i+180°$，或 $w_i-90°>q_{i1}\geq 0°$；$w_i\geq q_{i2}>w_i-90°$；则有
$$Z_{ic}=Z_{i1}+b'_3$$

(3) $X_{i2}<X_{i1}$，$Y_{i2}<Y_{i1}$ 时，

若 $w_i\geq q_{i1}>w_i-90°$，$w_i-90°>q_{i2}\geq w_i-180°$，则有
$$Z_{ic}=Z_{i1}-b'_3$$

若 $w_i+90°>q_{i1}\geq w_i$；$w_i-180°\geq q_{i2}>0°$，或 $w_i+90°>q_{i2}\geq 360°$；则有
$$Z_{ic}=Z_{i1}-b'_3$$

若 $w_i-180°\geq q_{i1}>0$，或 $360°>q_{i1}\geq w_i+90°$；$w_i+90°>q_{i2}\geq w_i$；则有
$$Z_{ic}=Z_{i1}+b'_3$$

若 $w_i-90°>q_{i1}\geq w_i-180°$，$w_i\geq q_{i2}>w_i-90°$，则有
$$Z_{ic}=Z_{i1}+b'_3$$

(4) $X_{i2}<X_{i1}$，$Y_{i2}\geq Y_{i1}$ 时，

若 $w_i\geq q_{i1}>w_i-90°$，$w_i-90°>q_{i2}\geq w_i-180°$，则有
$$Z_{ic}=Z_{i1}-b'_3$$

若 $360°>q_{i1}\geq w_i$，或 $w_i-270°>q_{i1}\geq 0°$；$w_i-180°\geq q_{i2}>w_i-270°$；则有
$$Z_{ic}=Z_{i1}-b'_3$$

若 $w_i-180\geq q_{i1}>w_i-270°$；$360°>q_{i2}\geq w_i$，或 $w_i-270°>q_{i2}\geq 0°$；则有
$$Z_{ic}=Z_{i1}+b'_3$$

若 $w_i-90°>q_{i1}\geq w_i-180°$，$w_i\geq q_{i2}>w_i-90°$，则有
$$Z_{ic}=Z_{i1}+b'_3$$

该方法的优点如下：

(1) 不仅考虑了已知和所求断矿交点的三维坐标，还考虑了其倾伏方位和倾伏角，提高了所得结果的准确性。

(2) 在已知三维坐标的基础上，只需在根据 R-TIN/GR-TIN 及其 $\sqrt{3}$ 加密的勘查网编制的矿层底板等高线图上求得矿层倾角，采用旋转虚拟岩心法求得断层产状和矿层倾向，采用第 4 章中的解析法求得断矿交点即可。

该方法的意义如下：

相邻两个断矿交点间断矿交线倾伏变化过渡点的确定对于断矿交线的精度影响较大。在过渡点位置准确的情况下，断矿交线的准确性才可以得到较好的保证。

该方法的合理性如下：

第一部分，先过相邻两个断矿交点间的断矿交线做一个垂直曲面，在该曲面上标注两个已知的断矿交点和该两端点间断矿交线倾伏变化的过渡点(待求)。然后，以经过过渡点的垂直线为界将其两侧的三维曲线分别投影到经过顶部一端点的水平面上，形成平面上以过渡点的垂直投影点为界一分为二的两段二次曲线，通过这两段二次曲线在过渡点处的重合求解过渡点的平面坐标。第二部分，先以经过过渡点的垂直线分别连接经过两个端点的垂直线形成两个小垂直剖面，然后，在两个小垂直剖面上，分别以端点和过渡点间斜率的均匀变化形成虚拟的二次曲线，通过这两个小垂直剖面上的二次曲线在过渡点处的重合求解过渡点的高程。

因为均是通过两段曲线在端点处的重合求解,所以,只要上述的平面图上的二次曲线方程合理,所求过渡点的平面坐标就具有合理性;只要上述的两个小垂直剖面上的二次曲线方程合理,所求过渡点的高程就具有合理性。

6.2 实　　例

以下是利用计算机应用程序求解的相邻两个断矿交点间断矿交线倾伏变化过渡点的数据。已知条件中相邻两个断矿交点的数据为虚拟。

6.2.1 相邻两断矿交点高程不相等的情况

(1)两个相邻断矿交点的三维坐标、倾伏方位和倾伏角数据为 P_1(13567530.12,3138567.14,−532.14,230°,15°),P_2(13567731.74,3138685.92,−400,250°,15°),所求这两个相邻断矿交点间断矿交线倾伏变化过渡点的三维坐标、倾伏方位和倾伏角的数据为 LTP_1(13567630.9,3138638.45,−462.69,239.5°,29.45°);

(2)两个相邻断矿交点的三维坐标、倾伏方位和倾伏角数据为 P_1(13567530.12,3138567.14,−532.14,250°,15°),P_2(13567731.74,3138685.92,−400,230°,15°),所求这两个相邻断矿交点间断矿交线倾伏变化过渡点的三维坐标、倾伏方位和倾伏角的数据为 LTP_2(13567630.97,3138614.61,−469.45,239.5°,29.45°);

(3)两个相邻断矿交点的三维坐标、倾伏方位和倾伏角数据为 P_1(13567530.12,3138567.14,−532.14,50°,15°),P_2(13567731.74,3138685.92,−612.01,70°,15°),所求这两个相邻断矿交点间断矿交线倾伏变化过渡点的三维坐标、倾伏方位和倾伏角的数据为 LTP_3(13567630.9,3138638.45,−574.12,59.5°,18.85°);

(4)两个相邻断矿交点的三维坐标、倾伏方位和倾伏角数据为 P_1(13567530.12,3138567.14,−532.14,70°,15°),P_2(13567731.74,3138685.92,−612.01,50°,15°),所求这两个相邻断矿交点间断矿交线倾伏变化过渡点的三维坐标、倾伏方位和倾伏角的数据为 LTP_4(13567630.97,3138614.61,−570.04,59.5°,18.85°);

(5)两个相邻断矿交点的三维坐标、倾伏方位和倾伏角数据为 P_1(13567530.12,3138567.14,−532.14,301.95°,15°),P_2(13567731.74,3138385.92,−400,321.95°,15°),所求这两个相邻断矿交点间断矿交线倾伏变化过渡点的三维坐标、倾伏方位和倾伏角的数据为 LTP_5(13567638.92,3138485.42,−466.07,311.95°,25.99°);

(6)两个相邻断矿交点的三维坐标、倾伏方位和倾伏角数据为 P_1(13567530.12,3138567.14,−532.14,321.95°,15°),P_2(13567731.74,3138385.92,−400,301.95°,15°),所求这两个相邻断矿交点间断矿交线倾伏变化过渡点的三维坐标、倾伏方位和倾伏角的数据为 LTP_6(13567622.95,3138467.64,−466.05,311.95°,25.99°);

(7)两个相邻断矿交点的三维坐标、倾伏方位和倾伏角数据为 P_1(13567530.12,3138567.14,−532.14,121.95°,15°),P_2(13567731.74,3138385.92,−612.01,141.95°,18°),所求这两个相邻断矿交点间断矿交线倾伏变化过渡点的三维坐标、倾伏方位和倾伏角的数据为 LTP$_7$(13567638.92,3138485.42,-572.08,131.95°,16.42°);

(8)两个相邻断矿交点的三维坐标、倾伏方位和倾伏角数据为 P_1(13567530.12,3138567.14,-532.14,141.95°,15°),P_2(13567731.74,3138385.92,-612.01,121.95°,15°),所求这两个相邻断矿交点间断矿交线倾伏变化过渡点的三维坐标、倾伏方位和倾伏角的数据为 LTP$_8$(13567622.95,3138467.64,-572.08,131.95°,16.42°);

(9)两个相邻断矿交点的三维坐标、倾伏方位和倾伏角数据为 P_1(13567530.12,3138567.14,-532.14,51.18°,15°),P_2(13567200.74,3138385.92,-400,71.18°,15°),所求这两个相邻断矿交点间断矿交线倾伏变化过渡点的三维坐标、倾伏方位和倾伏角的数据为 LTP$_9$(13567373.42,3138462.01,-466.07,61.18°,19.37°);

(10)两个相邻断矿交点的三维坐标、倾伏方位和倾伏角数据为 P_1(13567530.12,3138567.14,-532.14,71.18°,15°),P_2(13567200.74,3138385.92,-400,51.18°,15°),所求这两个相邻断矿交点间断矿交线倾伏变化过渡点的三维坐标、倾伏方位和倾伏角的数据为 LTP$_{10}$(13567357.45,3138491.05,-466.07,61.18°,19.37°);

(11)两个相邻断矿交点的三维坐标、倾伏方位和倾伏角数据为 P_1(13567530.12,3138567.14,-532.14,231.18°,15°),P_2(13567200.74,3138385.92,-612.01,251.18°,15°),所求这两个相邻断矿交点间断矿交线倾伏变化过渡点的三维坐标、倾伏方位和倾伏角的数据为 LTP$_{11}$(13567373.42,3138462.01,-572.08,241.18°,11.995°);

(12)两个相邻断矿交点的三维坐标、倾伏方位和倾伏角数据为 P_1(13567530.12,3138567.14,-532.14,251.18°,15°),P_2(13567200.74,3138385.92,-612.01,231.18°,15°),所求这两个相邻断矿交点间断矿交线倾伏变化过渡点的三维坐标、倾伏方位和倾伏角的数据为 LTP$_{12}$(13567357.45,3138491.05,-572.08,241.18°,11.995°);

(13)两个相邻断矿交点的三维坐标、倾伏方位和倾伏角数据为 P_1(13567530.12,3138567.14,-532.14,99.83°,15°),P_2(13567200.74,3138685.92,-400,119.83°,15°),所求这两个相邻断矿交点间断矿交线倾伏变化过渡点的三维坐标、倾伏方位和倾伏角的数据为 LTP$_{13}$(13567360.2,3138612.01,-466.07,109.83°,20.68°);

(14)两个相邻断矿交点的三维坐标、倾伏方位和倾伏角数据为 P_1(13567530.12,3138567.14,-532.14,119.83°,15°),P_2(13567200.74,3138685.92,-400,99.83°,15°),所求这两个相邻断矿交点间断矿交线倾伏变化过渡点的三维坐标、倾伏方位和倾伏角的数据为 LTP$_{14}$(13567370.67,3138641.05,-466.07,109.83°,20.68°);

(15)两个相邻断矿交点的三维坐标、倾伏方位和倾伏角数据为 P_1(13567530.12,3138567.14,-532.14,279.83°,15°),P_2(13567200.74,3138685.92,-612.01,299.83°,15°),所求这两个相邻断矿交点间断矿交线倾伏变化过渡点的三维坐标、倾伏方位和倾伏角的数据为 LTP$_{15}$(13567360.2,3138612.01,-572.08,289.83°,12.85°);

(16)两个相邻断矿交点的三维坐标、倾伏方位和倾伏角数据为 P_1(13567530.12,3138567.14,-532.14,299.83°,15°),P_2(13567200.74,3138685.92,-612.01,279.83°,15°),所求这两个相邻断矿交点间断矿交线倾伏变化过渡点的三维坐标、倾伏方位和倾伏角的数据为 LTP$_{16}$(13567370.67,3138641.05,-572.08,289.83°,12.85°)。

6.2.2 相邻两断矿交点高程相等的情况

(1) 两个相邻断矿交点的三维坐标、倾伏方位和倾伏角数据为 P_1(13567530.12, 3138567.14, −532.14, 50°, 15°), P_2(13567731.74, 3138685.92, −532.14, 250°, 15°), 所求这两个相邻断矿交点间断矿交线倾伏变化过渡点的三维坐标、倾伏方位和倾伏角的数据为 LTP_{17}(13567630.9, 3138638.45, −547.88, 0°, 0°);

(2) 两个相邻断矿交点的三维坐标、倾伏方位和倾伏角数据为 P_1(13567530.12, 3138567.14, −532.14, 70°, 15°), P_2(13567731.74, 3138685.92, −532.14, 230°, 15°), 所求这两个相邻断矿交点间断矿交线倾伏变化过渡点的三维坐标、倾伏方位和倾伏角的数据为 LTP_{18}(13567630.97, 3138614.61, −547.88, 0°, 0°);

(3) 两个相邻断矿交点的三维坐标、倾伏方位和倾伏角数据为 P_1(13567530.12, 3138567.14, −532.14, 230°, 15°), P_2(13567731.74, 3138685.92, −532.14, 70°, 15°), 所求这两个相邻断矿交点间断矿交线倾伏变化过渡点的三维坐标、倾伏方位和倾伏角的数据为 LTP_{19}(13567630.9, 3138638.45, −516.40, 0°, 0°);

(4) 两个相邻断矿交点的三维坐标、倾伏方位和倾伏角数据为 P_1(13567530.12, 3138567.14, −532.14, 250°, 15°), P_2(13567731.74, 3138685.92, −532.14, 50°, 15°), 所求这两个相邻断矿交点间断矿交线倾伏变化过渡点的三维坐标、倾伏方位和倾伏角的数据为 LTP_{20}(13567630.97, 3138614.61, −516.40, 0°, 0°);

(5) 两个相邻断矿交点的三维坐标、倾伏方位和倾伏角数据为 P_1(13567530.12, 3138567.14, −532.14, 121.95°, 15°), P_2(13567731.74, 3138385.92, −532.14, 321.95°, 15°), 所求这两个相邻断矿交点间断矿交线倾伏变化过渡点的三维坐标、倾伏方位和倾伏角的数据为 LTP_{21}(13567638.92, 3138485.42, −550.37, 0°, 0°);

(6) 两个相邻断矿交点的三维坐标、倾伏方位和倾伏角数据为 P_1(13567530.12, 3138567.14, −532.14, 141.95°, 15°), P_2(13567731.74, 3138385.92, −532.14, 301.95°, 15°), 所求这两个相邻断矿交点间断矿交线倾伏变化过渡点的三维坐标、倾伏方位和倾伏角的数据为 LTP_{22}(13567622.95, 3138467.64, −550.37, 0°, 0°);

(7) 两个相邻断矿交点的三维坐标、倾伏方位和倾伏角数据为 P_1(13567530.12, 3138567.14, −532.14, 301.95°, 15°), P_2(13567731.74, 3138385.92, −532.14, 141.951°, 18°), 所求这两个相邻断矿交点间断矿交线倾伏变化过渡点的三维坐标、倾伏方位和倾伏角的数据为 LTP_{23}(13567638.92, 3138485.42, −513.91, 0°, 0°);

(8) 两个相邻断矿交点的三维坐标、倾伏方位和倾伏角数据为 P_1(13567530.12, 3138567.14, −532.14, 321.95°, 15°), P_2(13567731.74, 3138385.92, −532.14, 121.95°, 15°), 所求这两个相邻断矿交点间断矿交线倾伏变化过渡点的三维坐标、倾伏方位和倾伏角的数据为 LTP_{24}(13567622.95, 3138467.64, −513.91, 0°, 0°);

(9) 两个相邻断矿交点的三维坐标、倾伏方位和倾伏角数据为 P_1(13567530.12, 3138567.14, −532.14, 231.18°, 15°), P_2(13567200.75, 3138385.92, −532.14, 71.18°, 15°), 所求这两个相邻断矿交点间断矿交线倾伏变化过渡点的三维坐标、倾伏方位和倾伏角的数

据为 LTP$_{25}$(13567373.42,3138462.01,-557.42,0°,0°);

(10)两个相邻断矿交点的三维坐标、倾伏方位和倾伏角数据为 P_1(13567530.12,3138567.14,-532.14,251.18°,15°),P_2(13567200.74,3138385.92,-532.14,51.18°,15°),所求这两个相邻断矿交点间断矿交线倾伏变化过渡点的三维坐标、倾伏方位和倾伏角的数据为 LTP$_{26}$(13567357.45,3138491.05,-557.42,0°,0°);

(11)两个相邻断矿交点的三维坐标、倾伏方位和倾伏角数据为 P_1(13567530.12,3138567.14,-532.14,51.18°,15°),P_2(13567200.74,3138385.92,-532.14,251.18°,15°),所求这两个相邻断矿交点间断矿交线倾伏变化过渡点的三维坐标、倾伏方位和倾伏角的数据为 LTP$_{27}$(13567373.42,3138462.01,-506.86,0°,0°);

(12)两个相邻断矿交点的三维坐标、倾伏方位和倾伏角数据为 P_1(13567530.12,3138567.14,-532.14,71.18°,15°),P_2(13567200.74,3138385.92,-532.14,231.18°,15°),所求这两个相邻断矿交点间断矿交线倾伏变化过渡点的三维坐标、倾伏方位和倾伏角的数据为 LTP$_{28}$(13567357.45,3138491.05,-506.86,0°,0°);

(13)两个相邻断矿交点的三维坐标、倾伏方位和倾伏角数据为 P_1(13567530.12,3138567.14,-532.14,279.83°,15°),P_2(13567200.74,3138685.92,-532.14,119.83°,15°),所求这两个相邻断矿交点间断矿交线倾伏变化过渡点的三维坐标、倾伏方位和倾伏角的数据为 LTP$_{29}$(13567360.2,3138612.01,-555.69,0°,0°);

(14)两个相邻断矿交点的三维坐标、倾伏方位和倾伏角数据为 P_1(13567530.12,3138567.146,-532.14,299.83°,15°),P_2(13567200.74,3138685.92,-532.14,99.83°,15°),所求这两个相邻断矿交点间断矿交线倾伏变化过渡点的三维坐标、倾伏方位和倾伏角的数据为 LTP$_{30}$(13567370.67,3138641.05,-555.69,0°,0°);

(15)两个相邻断矿交点的三维坐标、倾伏方位和倾伏角数据为 P_1(13567530.12,3138567.14,-532.14,99.83°,15°),P_2(13567200.74,3138685.92,-532.14,299.83°,15°),所求这两个相邻断矿交点间断矿交线倾伏变化过渡点的三维坐标、倾伏方位和倾伏角的数据为 LTP$_{31}$(13567360.2,3138612.01,-508.59,0°,0°);

(16)两个相邻断矿交点的三维坐标、倾伏方位和倾伏角数据为 P_1(13567530.12,3138567.146,-532.14,119.83°,15°),P_2(13567200.74,3138685.92,-532.14,279.83°,15°),所求这两个相邻断矿交点间断矿交线倾伏变化过渡点的三维坐标、倾伏方位和倾伏角的数据为 LTP$_{32}$(13567370.67,3138641.05,-508.59,0°,0°)。

第 7 章　基于 GR-TIN/R-TIN 和 TTP-$\sqrt{3}$ 曲面细分的三维优化地质模型

在三维地质模型中可以更好地进行钻孔的三维优化设计。钻孔的三维优化设计为地质模型的三维精细化提供了更好的基础。在精细化的三维地质模型的基础上,才可以使资源/储量估算的误差更小。

7.1　三维优化地质模型

7.1.1　钻孔设计三维优化

采用定向钻孔时,在预查和普查阶段,待打过覆盖层进入矿系地层一段距离后向垂直于矿系地层倾向方向钻进,打到目的层,形成三维空间曲线。在详查和勘探阶段,对于 GR-TIN/R-TIN 及其 $\sqrt{3}$ 加密网中三角形内的加密钻孔,可使钻孔的空间轨迹为一个垂直于矿层倾向方向,通过地面上三角形重心、主要矿层或断层曲面产状变化的过渡点等重要点位的空间直线或曲线(图 7.1)形成 GR-TIN/R-TIN 基础上的 TTP-$\sqrt{3}$ 加密。这样,借助于旋转虚

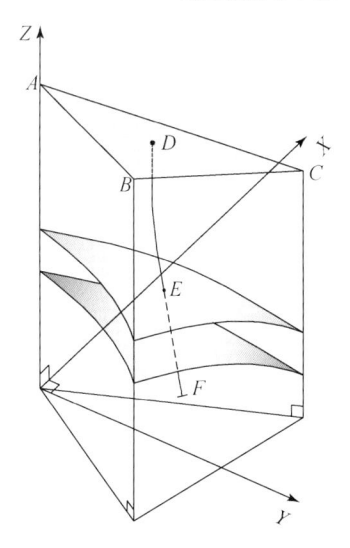

图 7.1　定向钻孔设计示意图

A、B、C、D 点代表钻孔地面位置;D 点代表三角形 ABC 空间平面中心;E 点代表由 D 点垂直向下打过覆盖层底部边界之下的一段岩层(欲获得其产状信息)后,通过目的层的点;F 点代表钻孔终孔位置;由 D 点向 F 点的方向与矿系地层的倾向相反,D、E、F 三点间没有反向弯曲

拟岩心法求得的矿层和断层产状,有利于推测出该钻孔空间轨迹范围内矿层和断层的空间形态,虽可能增加钻探进尺,但所获取基础地质信息的分布具有更好的合理性。

采用非定向钻孔时,也应尽力避免垂直孔,以增加有限信息间的分散性,为通过地质分析获得更多隐含性信息提供可能。

7.1.2 建模方法和实例

利用计算机图形技术来编制和显示地质勘查图件,既能减少编图、制图和修图的工序,保证图件的整洁、美观,又能方便图件的存储、管理和使用,还可以实现图形数据的共享。西方发达国家在20世纪80年代中期,我国在20世纪80年代末期,就不同程度地实现了计算机辅助编制和出版正式二维地矿图件(曹代勇等,2007)。Micromine、3DMine、MapGIS等三维固体矿产勘查及矿山开采设计软件日趋成熟,它们为地质推断与解释提供了立体可视性表现。本书中,作者提出了基于GR-TIN/R-TIN和TTP-$\sqrt{3}$的曲面细分基础上的矿层(床)和断层分别建模的三维地质建模方法。

1. 建模方法

矿产勘查的三维地质模型是随着勘查程度的提高和新钻孔的施工、通过对矿层(床)和构造的不断对比、修正而逐步提高其准确性的。

本书提出的基于GR-TIN/R-TIN勘查网和TTP-$\sqrt{3}$的曲面细分的矿层(床)和断层分别建模的三维地质建模方法,是在GR-TIN/R-TIN勘查网的基础上,在下一阶段勘查中将$\sqrt{3}$加密方法和三角形曲面的产状变化过渡点(TTP)方法结合起来,将加密钻孔的三维轨迹设计在经过矿层(床)或断层面的各三角形曲面产状变化过渡点(TTP-$\sqrt{3}$加密)处,在三维建模时将内插数据点也设计在矿层(床)和断层面的各级三角形曲面的产状变化过渡点处,具体步骤如下:

(1)采用GR-TIN/R-TIN或其$\sqrt{3}$加密网作为勘查网,布设钻孔,按TIN的Delaunay原则连线形成勘查网。

(2)采用旋转虚拟岩心法求解钻孔中断层、矿层(床)及其他地质层位的产状,以此为基础求解断矿交点的三维坐标、方位角和倾伏角。

(3)以钻孔中断层、矿层(床)及其他地质层位的三维坐标及产状、断矿交点的三维坐标、方位角和倾伏角作为基础数据,进行分层、分类及编号。

(4)根据钻孔中见断层情况将勘查区划分为若干个断块。

(5)在每个断块内,逐一地根据每三个相邻钻孔中见同一矿层(床)的坐标及产状求解其三角形曲面内产状变化过渡点(TTP),依次逐级内插过渡点,形成密集的内插数据群,为矿层(床)三维模型的优化提供支撑。

(6)求解相邻三个钻孔中所圈定的同一断层三角形曲面产状变化过渡点(TTP)的坐标和产状,求解本盘及另一盘断矿交点的坐标、方位角和倾伏角,求解两个相邻断矿交点间断矿交线倾伏变化过渡点的坐标、方位角和倾伏角,并依次逐级内插上述两类过渡点,形成尽量多的内插数据,为断层三维模型的优化提供支撑。

(7)在勘查区三维地质模型中,对矿层(床)、断层分别建模并提取等高线,然后合成勘查区三维地质模型。

(8)根据对断层和矿层(床)追踪控制的需要,在勘查区三维地质模型中,进行未施工钻孔位置的动态调整;或不经过剖面图的编制直接编制矿层底板等高线图,然后在矿层底板等高线图上进行未施工钻孔位置的动态调整,形成动态勘查网。

(9)在新钻孔完工后及时对相邻两个钻孔间的小剖面系统及倾向和走向剖面进行断层和矿层(床)的对比、核实和解释,在有充足的理由保证矿层(床)或断层的对比在各剖面中均没有问题之后,重新确定断层间的交截关系和断层的尖灭情况,不断完善勘查区三维地质模型。

(10)在勘查区三维地质模型中剖切各类剖面图,提取底板等高线图,制作其他地质图件,按所需比例打印。

2. 三维优化在地质模型实例

以2.2.6节的煤田勘探反演案例中T9断层以上部分为例,根据钻孔数据和内插数据(包括第5章实例中的内插数据),采用断层与矿层分别建模的方法建立三维地质模型,如图7.2所示。

三维地质模型与实际情况对比如下:

从图7.2中可见,断层在接近煤层处产状明显变陡,若切割剖面图,在剖面中断层线应是曲线,与传统矿产勘查方法的剖面图中将断层线绘成倾斜直线的情况不同。采用正方形勘查网的传统勘查方法时,主要是从剖面图中分析断层,一个剖面中一般只有1个或2个钻孔中见到同一个断层,在没有断层产状信息的情况下,在剖面上只能以简单的直线形式粗略地推测性表示,无法绘出较准确的断层曲线(这使复杂地质情况下在剖面图中量取的断矿交点有较大的误差);即使有相邻的3个及以上钻孔都见到同一个断层,无论这些钻孔在同一条勘

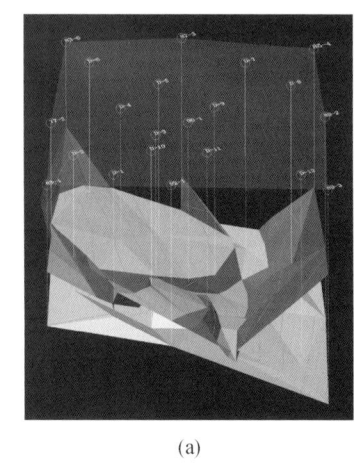

图 7.2 三维优化的地质模型实例

图(a)为采用 R-TIN 的三维地质模型实例;图(b)为采用 R-TIN 一级 TTP-$\sqrt{3}$ 加密网的三维地质模型实例;
图(c)为采用 R-TIN 二级 TTP-$\sqrt{3}$ 加密网的三维地质模型实例

探线或相邻勘探线上,因它们间距离较大,采用以直代曲的方法所求产状的误差较大,即使建立断层的三维模型,其准确性也较低,不利于在剖面图中编制较准确的断层曲线。若采用基于GR-TIN/R-TIN勘查网和TTP-$\sqrt{3}$的曲面细分的矿产勘查三维优化方法,因钻孔间的交错分散与呼应配合,可有效地提高断层捕捉率;通过分析可以挖掘出断层的产状信息,如果有3个及以上钻孔见到同一个断层,则可以进行断层曲面的向量内插,并建立该处较准确的三维模型;在根据较准确的断层三维模型所剖切的剖面中,断层线才会是较准确的曲线。

例如,D-10—90-1小剖面,在三维地质模型中,断层T9在D-10钻孔处出现小范围的急剧凹陷,明显不正常。为将其解释为一个急剧变化的正常凹陷,将D-10钻孔中断层T9的高程由-661.59m调整为-560m。该调整将使D-10—90-1剖面图和11号煤层底板等高线图中均见不到-560~-600m高程处的11号煤层,因被断层T9截去。根据剖面图、煤层底板等高线图与三维地质模型三者一致的原则,在三维地质模型中的D-10—90-1剖面方向上也应见不到-560~-600m高程处的11号煤层。但实际上,在三维地质模型中的D-10—90-1剖面方向上见到了-560~-600高程的11号煤层。即,采用相同的数据,却出现了煤层底部等高线图与三维模型中不同的结果。问题的根源是,在D-10—90-1剖面中部的东侧有钻孔D-9,D-9中断层T9的高程是-600m,是这个侧面的-600m把D-10—90-1剖面中的T9断层拽下去了,形成向下的凹陷。在T9的这个凹陷中,11号煤层得以保存。因此,T9断层在附图4的D-10—90-1小剖面及图2.17的煤层底板等高线图中的表现都是不对的,在三维勘查模型中的表现才是正确的,应将D-10—90-1剖面图中的断层T9修改为向下的凹形曲线。这样,煤层底板等高线图中就可以见到-600m附近的11号煤层,使剖面图、煤层底板等高线图与三维地质模型相符合。与此相应,附图4中的D-10—90-1、附图5中的D-10—89-2、附图23中的D-9—D-10、附图24中的D-10—D-8、附图36中的D-11—D-10、附图40中的D-10—D-12小剖面也进行了修改,如图7.3~图7.8所示。

从三维模型中可以看出相邻断层空间关系的真实情况,如图7.2(b)、(c)中的T14和F17两断层在空间的截切关系,这是在二维剖面图和全矿层建模的三维地质模型中见不到的。对于煤层的形态,在以R-TIN编制的三维模型中较粗略,在以其一级加密网编制的三维模型中较好,在以其二级加密网编制的三维模型中更好。

虽然菱形网、三角形网与正三角形网中相邻两钻孔连线两侧的中部也有钻孔,但距离较大,影响多方向分析的准确性。另外,传统勘查方法中,对钻孔中矿层和断层产状信息的分析很粗略,即使建立三维模型,其准确性也较低。

3. 优点

依据钻孔数据、分析数据、TTP和LTP内插数据采用矿层(床)与断层分别建模的方法建立的三维地质模型[图7.2(b)、(c)],可以在勘查深度内更好地表现相邻断层在三维空间中交错、汇合的全景,与只能在矿层(床)深度范围内表现断层的全矿层建模相比,具有更好的合理性。它可以避免逆断层、倒转褶曲等特殊情况建模的困难,有利于对断层交接处空间关系的分析,有利于从各方向对地质构造和矿层(床)赋存进行对比分析,避免错误解释,可以有效地提高三维模型的精度,使在此三维模型上所剖切的二维剖面图中的矿层(床)和断层形态具有更好的正确性或准确性。

第 7 章　基于 GR-TIN/R-TIN 和 TTP-$\sqrt{3}$ 曲面细分的三维优化地质模型

图 7.3　修改后的 D-10—90-1 剖面图

图 7.4　修改后的 D-10—89-2 剖面图

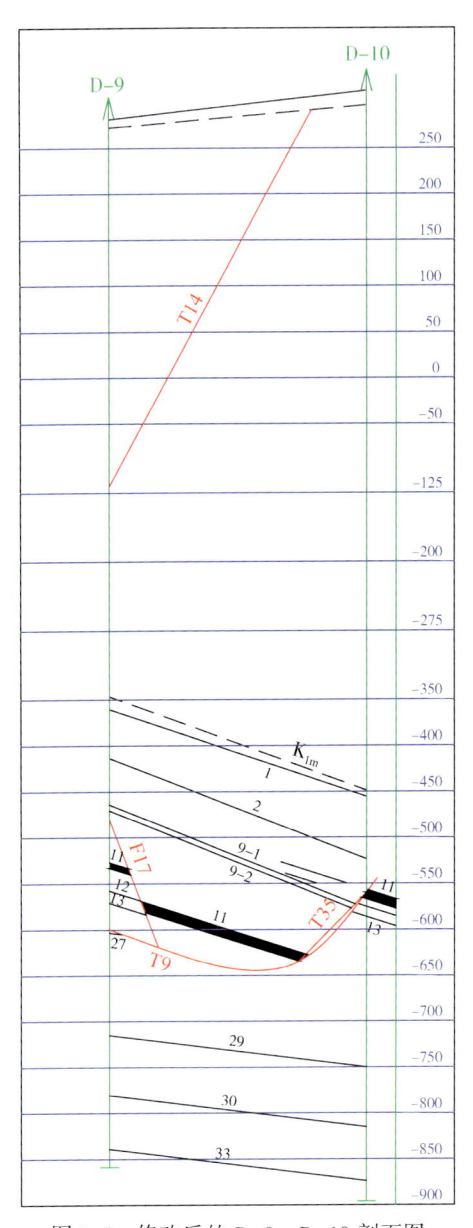

图 7.5 修改后的 D-9—D-10 剖面图 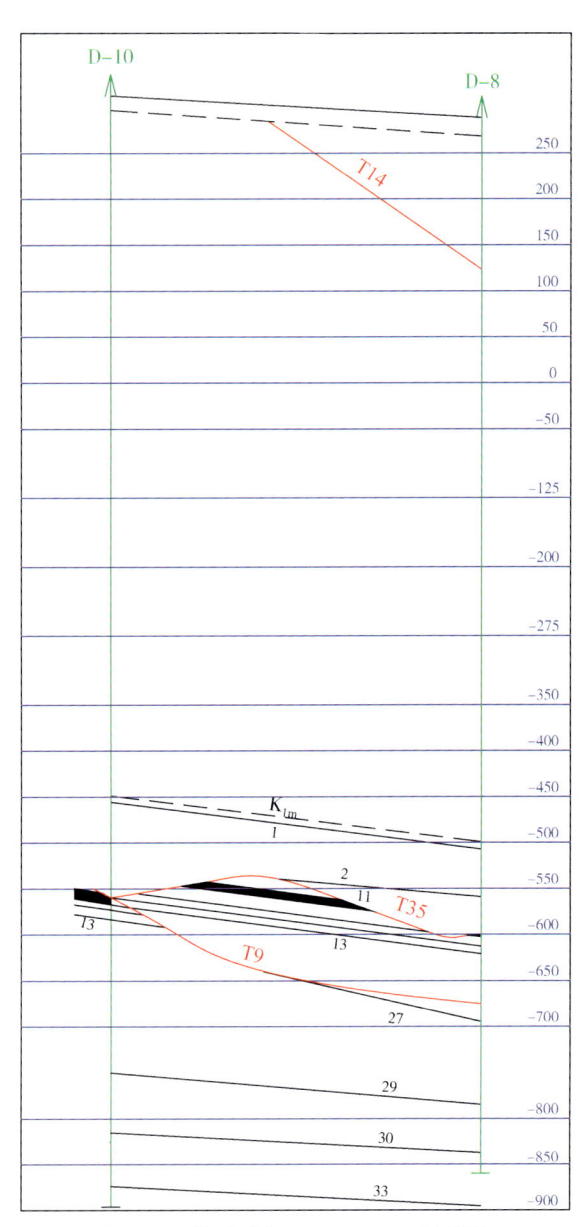　　图 7.6 修改后的 D-10—D-8 剖面图

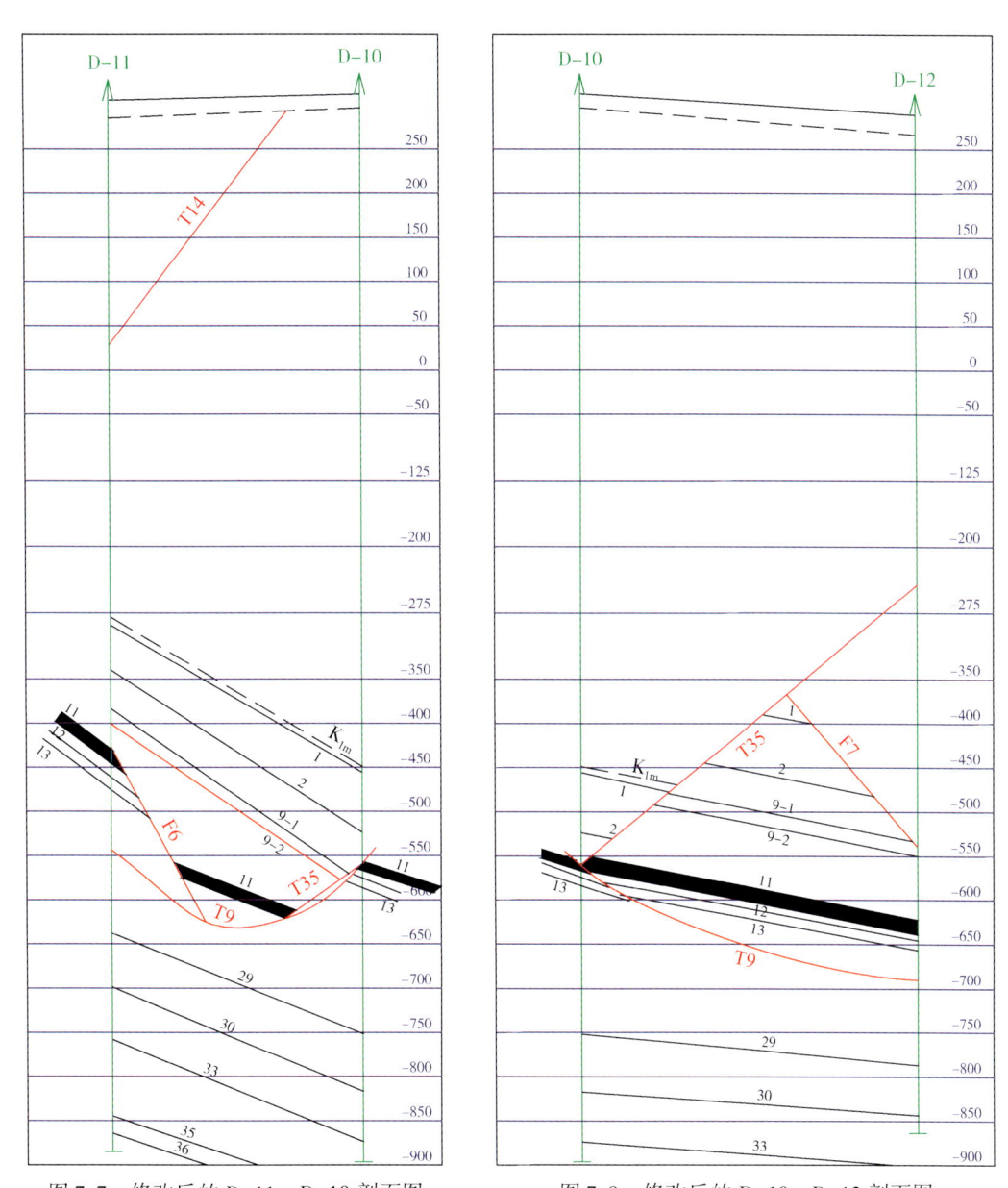

图 7.7　修改后的 D-11—D-10 剖面图　　　图 7.8　修改后的 D-10—D-12 剖面图

7.1.3　矿层底板等高线图

1. 方法

在 GR-TIN/ R-TIN 勘查网和 TTP-$\sqrt{3}$ 曲面细分基础上采用非剖面法编制矿层底板等高线图的具体步骤如下：

(1) 在矿层底板等高线图中,将同一断层同一断盘的相邻断矿交点及其各级内插过渡点连接,形成断矿交线。

(2) 用断矿交线对勘查区进行块断划分。

(3) 在同一断块内,根据钻孔中的矿层点及求得的各级三角形曲面内产状变化过渡点、断矿交点及各级内插过渡点的二维平面坐标生成矿层底板等高线,标注高程值,形成矿层底板等高线图。

(4) 在新钻孔完工后及时对相邻两个钻孔间的小剖面系统及倾向、走向剖面进行断层和矿层(床)对比,在所有剖面中均可合理解释,保证矿层和断层对比没有问题之后,重新确定断层交截关系,不断补充、修改与完善矿层底板等高线图。

2. 优点

(1) 不需要经过钻孔弯曲校正及剖面图的制作就可以直接编制较准确的矿层底板等高线图,避免了剖面图制作时斜孔中的见断层点和见矿层点向剖面图中投影的误差问题和方法上的烦琐。

(2) 所求断矿交点是自钻孔中见断层点到断矿交线的最近点,受断层和矿层产状变化的影响较小(若相邻三个钻孔所圈定的范围内矿层或断层曲面产状变化较大,可根据其产状变化过渡点的位置修正矿层或断层的平均产状,并用修正后的产状求断矿交点);断矿交线的连接有方向作为依据;矿层底板等高线图的准确性得以提高。

3. 实例

参见 4.1 节中的实例。

7.2 三角形模型和三角形曲面积分的资源/储量估算方法

7.2.1 估算方法

资源/储量估算与误差分析是阶段性矿产勘查工作结束前最重要的一项工作,是矿产勘查的基本任务之一。资源/储量估算的方法直接影响资源/储量的精度。

在矿石品位估计方面采用克里金法。

1. 基于 GR-TIN/R-TIN 和 TTP-$\sqrt{3}$ 曲面细分的三角形模型资源/储量估算方法

在采用 GR-TIN/R-TIN 和 TTP-$\sqrt{3}$ 曲面细分进行多级加密时,加密次数越多,三角形的平均边长越小。例如,在 GR-TIN 中,当三角形的平均边长为 600m 左右时,若加密到 5 次,其平均边长约为 20m。当三角形的平均边长越小时,三角形内矿层(床)曲面的产状变化相应地也越小。当三角形的平均边长小到一定程度时,可以将三角形内的弯曲忽略不计,近似为空间平面。在此基础上,再采用三角形模型法(triangular method)估算资源/储量。

该方法的优点是,加密后的三角形网络中加密处的三角形顶点均位于产状变化的过渡点处,使三角形曲面内的弯曲变化很小,可有效地提高单个三棱柱体积估算的精度,进而提高矿层(床)资源/储量估算块体内体积估算的精度,并以此提高资源/储量估算的精度。

2. 基于 GR-TIN/R-TIN 和 TTP-$\sqrt{3}$ 曲面细分的三角形曲面积分资源/储量估算方法

1)求三角形内二次曲面方程

设三角形三个顶点处矿层(床)底面的坐标分别为(x_1,y_1,z_1)、(x_2,y_2,z_2)、(x_3,y_3,z_3)。若为二次曲面,首先,分别用三角形内矿层底曲面的 10 组三维坐标数据求其二次曲面方程的 10 个系数,得其底面的二次曲面方程;如果无解则用 MATLAB 软件把该 10 组三维坐标数据拟合成一个二次曲面方程。然后,利用平面上的坐标轴旋转变换消去二次曲面方程中两坐标变量的混乘项,再用空间中的移轴变换化简二次曲面方程,得到化简的二次曲面方程(李玲,2009)。设化简后的底面二次曲面方程为$f(x,y)$。

同理,可得其顶面的二次曲面方程,设其为$g(x,y)$。

2)计算三角形曲面在xoy平面上的垂直投影

分别求平面直角坐标系中(x_1,y_1)与(x_2,y_2)、(x_2,y_2)与(x_3,y_3)、(x_1,y_1)与(x_3,y_3)两点间的直线方程,这三条直线所圈定的范围就是该三角形曲面在xoy平面上的垂直投影。

3)求块段内矿层(床)的体积

以该三角形曲面在xoy平面上的垂直投影线范围为底面,求分别以$g(x,y)$、$f(x,y)$为顶面,进行积分所得体积的差值,该值即为所求块段内矿层(床)的体积(黄桂芝,2016)。

4)求块段内的储量

矿体建模中,一般是按照最小开采单元划分块段。地下开采单元多是方形或矩形,因而通常是划分成方形或矩形块段。在块段内,先依据地质研究程度确定资源/储量的类别,然后用三角形曲面积分法估算块段内各三角形小块矿层(床)的体积,再乘以其品位、密度,求得各小块资源/储量的估算值,最后求其和。

可见,在以 GR-TIN/R-TIN 勘查网和 TTP-$\sqrt{3}$ 曲面细分基础上的钻孔数据和 TTP 内插数据和 LTP 内插数据所建立的三维地质模型中,无论是采用三角形模型的资源/储量估算方法,通过以小的空间平面的组合对曲面整体形态进行逼近,还是采用三角形曲面积分的资源/储量估算方法,通过提高小三角形曲面形态的准确性来提高曲面整体形态的准确性,对于资源/储量的估算,都具有很好的合理性。

7.2.2 误差

矿层(床)变化的复杂、钻探工程控制的局限、地质研究方法的不尽合理所导致的资源/储量估算中基础参数的不准确,使采用任何方法估计的资源/储量都难免误差。而且,任何资源/储量估算方法本身都有误差。因此,虽然无法消除误差,但应尽量减小误差,从而减小由此带来的经济后果。

基于 GR-TIN/R-TIN 勘查网和 TTP-$\sqrt{3}$ 曲面细分的固体矿产勘查三维优化方法在资源/储量估算中的误差有以下特点。

1. 数据点分布的结构误差

钻孔布局代表了数据分布的结构。数据分布的结构对插值的影响是再优越的算法也无法补救的。GR-TIN/R-TIN 及其 TTP-$\sqrt{3}$ 加密的勘查网具有良好的交错性和分散性,可以有效地降低数据点分布的结构误差。

2. 地质误差

(1) GR-TIN/R-TIN 及其 TTP-$\sqrt{3}$ 加密的勘查网可以有效地提高断层捕捉率、矿层(床)的控制程度和地质分析程度,减小矿层(床)边界的误差。

(2) 旋转虚拟岩心法可在非定向斜孔中求得较准确的断层或矿层(床)产状。

(3) 所求断矿交点是自钻孔处距离断矿交线最近的点,准确性较好,可以减小断矿交点及断矿交线的误差。

(4) 可以通过多方向分析更好地进行矿层(床)和断层的对比分析,避免或减小对比失误所导致的错误。

3. 内插误差

无论采用哪种内插方法,内插点的计算值与实际值之间不可避免地会存在误差。三角形曲面内产状变化过渡点的内插方法和相邻两断矿交点间断矿交线倾伏变化过渡点的内插方法都是在三维坐标的基础上再增加产状信息或倾伏信息才进行的,可以有效地减小内插误差。

4. 技术误差

技术误差是指由于对资源/储量估算参数测定不准确而产生的误差。

因可减小由矿层(床)倾角及钻孔方位与矿层倾向间夹角这两个基础参数不准确所导致的误差,故可减小钻孔中矿层(床)厚度计算的误差。

5. 方法误差

方法误差是指由于所采用资源/储量估算方法的不准确而产生的误差。

基于 GR-TIN/R-TIN 勘查网和 TTP-$\sqrt{3}$ 曲面细分的三角形模型法或三角形曲面积分法可通过体积估算精度的提高来保障资源/储量估算的精度,误差的大小取决于加密的级数,加密的级数越多,误差越小。

第 8 章 总　　结

　　先想象一下,相邻的三个或四个钻孔之间的矿层(床)曲面是什么模样。应该有三种可能:凸、凹、平。现在,不考虑平,只考虑凸与凹,但不知道是凸或凹,也不知道凸点、凹点的具体位置。在没有办法的情况下,只能先将其连成空间平面。这样,矿产勘查可类比为削果皮,如图8.1所示。相同的是,削皮之后,果体与矿体的外表都成了多面体。不同之处包括:第一,削皮前后,果体形状的差异可以控制,一般较小,而矿体形状的差异难以控制,有时较大。因为,前者是在可见的情况下进行的,果皮上哪有坑,哪有包,都能看到,削的时候我们可以调整每一块果皮的大小和形状,不会把有包的地方都削下去,也不会让有坑的地方削不着。削皮之后,只是果的体积被三维缩小,但形状仍与削皮前相仿;而后者是在看不见地下矿层(床)什么模样的情况下布置钻孔,进行勘探的,不知道哪凸哪凹,在经过比喻的削皮之后,不只是矿层(床)的体积被三维缩小或放大了,其形状与削皮前可能差别较大,只是当时无法知道,只能等开采后才见分晓。第二,弃皮与贴皮的不同。对于果皮,可以削而弃之,但对于"矿皮",则要把削下去的再贴回去(该处为凸时),恢复其曲面形状。如果不贴回去,这些"矿皮"中的矿产资源/储量就等于扔了,像弃果皮一样。可这项贴"矿皮"的工作很难,因为需要在看不见它们的情况下先把它们的模样画出来,还需画得比较准确;然后才能贴得好,才能使后续的资源/储量估算比较准确。第三,削皮时多几片或少几片给人的敏感不同。削果皮时多几刀,多几片没关系,因为成本低,没人去算计。矿产勘查时若多了几个钻孔,多了几片"矿皮",情况可不一样。一个钻孔的投入少则几十万,多则上百万,矿权单位和勘探单位都不会轻视钻孔投入问题。总之,通过上述对比可以看出,矿产勘查工作的特点若用漫画的形式表现,则是先削去"真矿皮",然后再贴上"假矿皮"(该处为凸时),勘查质量的高低就在于"假矿皮"与"真矿皮"之间的相似程度。

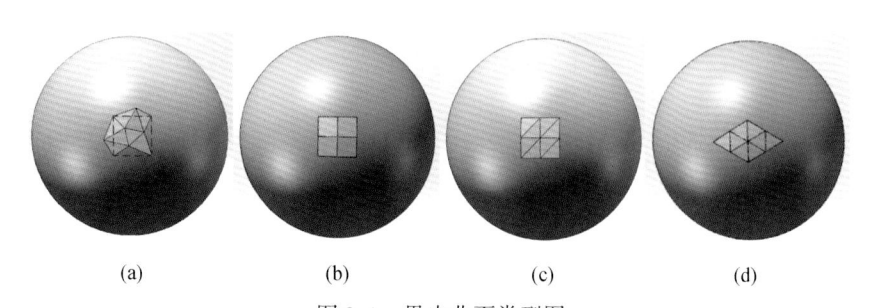

图 8.1　果皮曲面类型图

(a)GR-TIN 网;(b)正方形网;(c)三角形网;(d)正三角形网

　　基于 GR-TIN/R-TIN 和 TTP-$\sqrt{3}$ 曲面细分的固体矿产勘查三维优化方法的特点如下。

1. "矿皮"的形状——GR-TIN/ R-TIN 及其 TTP-$\sqrt{3}$加密网

在 RG-TIN 勘查网中,因为平均边长较短、直角三角形较少,在面积和钻孔数量相同时,所削下去"真矿皮"的体积较正方形网和基于正方形网的三角形网中的要小,较正三角形网中的要大。以削果皮为例的实验数据为例:方案 1,在直径为 5000mm 的球体表面布设 GR-TIN 削果皮,当 GR-TIN 中基础正方形的边长为 500mm,其中 3 个采样点的位置分别为 a(150mm,150mm)、b(200mm,375mm)、c(400mm,200mm)时,在球体表面的 1000mm×1000mm 范围内,所削果皮的体积之和为 4591512.139m³(531881.976、587483.050、655123.169、689089.398、769571.115、363514.071、550262.735、444586.625 之和),如图 8.1(a)所示;方案 2,在同一球体表面同样大小的范围内布设 500mm×500mm 的正方形网削果皮,所削果皮的体积之和为 10431374.15(4×2607843.537)m³,如图 8.1(b)所示;方案 3,在方案 2 的基础上连接 500mm×500mm 正方形网中两组对角线中的一组对角线,以所形成的直角三角网削果皮,所削果皮的体积之和为 5557739.216(8×694717.402)m³,如图 8.1(c)所示;方案 4,在同一球体表面同样大小的范围内布设边长为 537.285mm 的正三角形网削果皮,所削果皮的体积之和为 3609481.36(8×451185.170)m³,如图 8.1(d)所示。在范围(或底面积)相同的情况下,从所削果皮的体积来看,方案 1 较方案 2 减少 55.98%、较方案 3 减少 17.39%;方案 4 较方案 1 减少 21.39%,但较方案 1 中所需控制点多 22.22%[(9-7)/9,另两个点在其他基础正方形内]。可见,如果是削果皮,正三角形网好,因其所削果皮最薄;如果是矿产勘查,则 GR-TIN/ R-TIN 好,因其所削"矿皮"次薄,但节省钻孔。

将图 8.1 中的果皮平铺到平面上的图形概略表示,如图 8.2 所示。

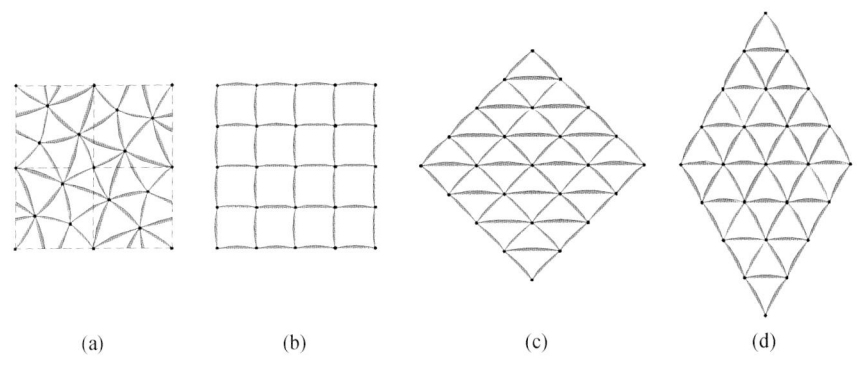

图 8.2 四种方案中果皮曲片示意图
(a)GR-TIN 网;(b)正方形网;(c)三角形网;(d)正三角形网

为什么 GR-TIN 勘查网会有如此的效果呢?

在 GR-TIN 勘查网中,从钻孔分布的方向来看,以基础正方形顶点为中心,其外侧的控制点分布在 16 个方向,如图 8.2(a)所示,既有稳定,又有灵活、变化、和谐,使得相邻钻孔数据间的分散性和相似性合理,能够从多方向上很好地呼应配合,即可减小所切"矿皮"的厚度,又可提高对断层等异常情况的捕捉率和对矿层(床)的预测、控制或探明程度;而在正方形网中,以正方形顶点为中心,其外侧的控制点分布在 8 个方向,如图 8.2(b)所示,只有稳定,没有灵活、变化、和谐,相邻钻孔数据的分散性不好,不能够从多方向上很好地呼应配合,使所切"矿皮"的厚度较大,对断层等异常情况的捕捉率较低,矿层(床)的预测、控制或探明无法得到很好的保障。

GR-TIN 基础上的 TTP-$\sqrt{3}$ 加密网如何呢?

对勘查网而言,从钻孔布局最优化的角度出发,最理想的应是将钻孔布设在地质特征线上或特征点处,即网随形设,灵活而用,以使所求得的曲面形状与真实曲面形状之间差别不大。作者将这种勘查网称为随形勘查网。但我们做不到,因为在采掘证实之前我们无法预知地质特征线、特征点的具体位置。GR-TIN/R-TIN 基础上的 TTP-$\sqrt{3}$ 加密网是在以 GR-TIN/R-TIN 中交错分散性较好的钻孔布局对勘查范围进行合理的三角形块段划分,获得合理的基本数据分布之后,在下一勘查阶段钻孔加密时,采用 TTP-$\sqrt{3}$ 方法尽可能地将加密钻孔的三维轨迹设计在各矿层(床)、断层、褶曲等三角形曲面内产状变化的过渡点处,并以此方法逐级加密,形成近似的随形网。

2. 原始数据的挖掘方法——旋转虚拟岩心法求解非定向钻孔中断层(矿层)产状、解析法求断矿交点

旋转虚拟岩心法求解非定向钻孔中断层(矿层)产状方法的作用是从岩心资料中分析出地质点位的产状信息,使其为向量,以此为基础再求得断矿交点的坐标及所在断矿交线的倾伏信息,使其也为向量。

3. 数据内插方法——三角形曲面内产状变化过渡点与相邻断矿交点间断矿交线倾伏变化过渡点的求解方法

对于矿层(床)或断层,由于其曲面变化的复杂性,我们无法确定各三角形曲面内产状变化过渡点的准确位置,但若所求的近似点与实际的准确点间误差不大,则比没有近似点要有利。TTP-$\sqrt{3}$ 曲面内过渡点内插方法的特点是同时考虑了距离、方向和夹角的影响,可提高内插过渡点的准确性。若采用此方法求得矿层(床)或断层的三角形曲面内产状变化的各级近似的过渡点,利用 TIN 直接建模,则每一个小的三角形曲片都为近似的随形片,可更好地提高矿层(床)曲面的准确性。

求解相邻两个断矿交点间断矿交线倾伏变化过渡点的方法也是矢量内插法,使断矿交点的内插更可靠。

4. 地质图件编制方法——断层与矿层(床)分别建模的三维地质建模方法

在以 GR-TIN 的 TTP-$\sqrt{3}$ 加密而得的近似随形网的基础上通过断层与矿层(床)分别建模的方法所建立的三维地质模型将具有更高的精度。在此三维模型中再剖切所需剖面,可提高剖面中矿层(床)和构造形态的正确性或准确性。

5. 资源/储量估算方法——三角形模型法和三角形曲面积分法

基于 GR-TIN/R-TIN 勘查网和 TTP-$\sqrt{3}$ 曲面细分的三角形模型和三角形曲面积分的资源/储量估算方法可以更有效地缩小模拟曲面与真实曲面间的差距,通过提高体积估算的精度来提高资源/储量估算的精度。

6. 总体特点

基于 GR-TIN/R-TIN 和 TTP-$\sqrt{3}$ 曲面细分的固体矿产勘查三维优化方法的整体特点可以概括如下：交错分散好，钻孔数量少；剖面数量多，"矿皮"削得薄；多方向分析，对比更可靠；产状为依据，模样贴得好；储量估算准，效益可提高。

7. 合理性与可行性

地质变化复杂性的存在，使我们无法依据有限的钻孔资料绝对客观地对矿层（床）进行全面的分析研究。基于 GR-TIN/R-TIN 和 TTP-$\sqrt{3}$ 曲面细分的固体矿产勘查三维优化方法中解决问题的途径可分为两类：第一类是在其所属的维度内增加方向，如 GR-TIN/R-TIN 勘查网、钻孔的三维优化设计。这类方法具有绝对的合理性，但同时还需要具有经济上的可行性。对于 GR-TIN/R-TIN 勘查网，因其可以节省钻孔数量及钻探工程量，经济上当然可行。对于钻孔的三维优化设计，则要根据具体情况下的经济投入确定是否可行。第二类是先确立假定条件，然后根据其假定再寻找方法。这类方法具有相对的合理性，但因其都是数据挖掘或数据内插，不涉及经济上是否可行的问题。对于这类方法，假设的数量越少，假设的可靠性越好，假设时考虑的因素越多，所得结果的合理性就越大。例如，旋转虚拟岩心法求解非定向钻孔岩心中断层（矿层）产状的方法，因假设的在基于 GR-TIN/R-TIN 及其 TTP-$\sqrt{3}$ 加密的勘查网基础上编制的矿层底板等高线图中求得的矿层倾角与矿层实际倾角相等的可靠性较好，且只有一个假设，因此，所得结果的合理性也应相应较好；三角形曲面内产状变化过渡点、相邻两个断矿交点间断矿交线倾伏变化过渡点、三角形曲面积分的求解方法，我们假设其均呈均匀的连续弯曲变化，因只有一个假设，且充分考虑了数据点间方向与夹角的影响，当假设情况与实际情况差别不大时，较忽视或淡化数据点间方向与夹角的方法具有相对更好的理论上的合理性，所得结果的准确性应较好。

因为求解三角形曲面内产状变化过渡点、断矿交点所需的产状数据可以不受岩心情况的限制，只需采用 GR-TIN/R-TIN 及其 TTP-$\sqrt{3}$ 加密的勘查网即可求得，所以基于 GR-TIN/R-TIN 和 TTP-$\sqrt{3}$ 曲面细分的固体矿产勘查三维优化方法将实施中难点处的最后出路放在最好实施的勘查网布局上，而非情况复杂、不好解释的岩心上，使难点的实施因有可以弃难而简的方法而具有实际应用方面的可行性。

参考文献

曹代勇,陈江峰,杜振川,等.2007.煤炭地质勘查与评价.徐州:中国矿业大学出版社.
常学军.2013.钻孔岩芯倾角与地层真倾角的关系及应用分析.中国煤炭地质,7:53-58.
陈家良,邵震杰,秦勇.2005.能源地质学.徐州:中国矿业大学出版社.
陈书评,赵书霞.2012.煤矿地质学.沈阳:东北师范大学出版社.
董士尤,陈忠忠,邹乐君,等.1988.用单钻孔确定地下岩层产状.地质与勘探,3:61-63.
冯彬,黄桂芝,商宇航.2014.煤田勘探阶段断层控制问题研究.煤炭技术,12:116-118.
高森.1995.岩石结构面产状确定的新方法.勘察科学技术,6:36.
黑龙江龙煤矿业控股集团有限责任公司鹤岗分公司A矿井地质报告.2010.
黑龙江龙煤矿业控股集团有限责任公司双鸭山分公司B矿矿井地质报告.2010.
黑龙江龙煤矿业控股集团有限责任公司双鸭山分公司C矿矿井地质报告.2010.
胡鹏,杨传勇,吴艳兰,等.2007.新数字高程模型理论、方法、标准与应用.北京:测绘出版社.
黄桂芝.1993a.断煤交线的解析求法及应用.鸡煤科技,3:40-42.
黄桂芝.1993b.解析法求断煤交线.东北煤炭技术,2:30-34.
黄桂芝.2011a.采用旋转交错形矿产勘查网的矿产勘查方法:ZL201110041523.7.
黄桂芝.2011b.采用旋转TIN网和非剖面法直接制作平、立面图的地质勘查方法:ZL201110110090.6.
黄桂芝.2011c.采用旋转TIN网的多边形影像数字化方法.
黄桂芝.2011d.采用旋转TIN网叠置分析的地形高保真缩小方法.
黄桂芝.2011e.采用旋转配套网的图形、图像高保真缩放方法.
黄桂芝.2011f.像元旋转交错排列的面阵CCD.
黄桂芝.2016.一种基于地质产状变化的过渡点的地质三维建模方法:ZL201610403128.1.
黄桂芝,冯彬.1994.深化地层断距的探讨.东北煤炭技术,2:30-34.
黄桂芝,冯彬.2001.断层与煤层倾向相同条件下断煤交线的解析求法.煤炭技术,10:41-42.
黄桂芝,吴强.2002.复杂地质条件下过断层找矿理论及巷道布置.哈尔滨:哈尔滨工程大学出版社.
黄桂芝,冯彬,田立慧.2011c.常用勘探网型共性问题探讨.中国矿业,2:91-93.
黄桂芝,吴强,张迎新.2001.断层两盘矿层产状变化条件下真伪地层断距间关系式的探讨.矿业安全与环保,6:35-36.
贾大成.1998.矿产勘查中系统科学思维方法.吉林地质,(1):36-42.
孔渊,陆虎敏,周坚锋.2006.计算机图形系统发展简述.航空电子技术,37(2):10-14.
李福柱.2011.单个歪斜钻孔确定煤岩层产状的计算方法.农家科技,3:44-45.
李赋屏,蔡劲宏,任建国.2005.矿业软件在矿产储量评价中的应用.桂林理工大学学报,25(1):26-30.
李玲.2009.一种化简二次曲面方程的新方法.宁波职业技术学院学报,5:37-39.
李守义,叶松青.2003.矿产勘查学.北京:地质出版社.
李长江,麻土华.1999.矿产勘查中的分形、混沌与ANN.北京:地质出版社.
刘玉强,张延庆.2007.固体矿产地质勘查资源储量报告编制文件及规范解读.北京:地质出版社.
罗孝桓.1999.试论地质研究在矿产勘查工作中的重要作用.贵州地质,(4):325-331.
罗智勇.2008.面向地质勘查的三维可视化系统研制与开发.成都理工大学博士学位论文.
米尔斯切特 M M.2015.数学建模方法与分析.刘来福,杨淳,黄海洋译.北京:机械工业出版社.
石磊,薛珊.2013.基于三角形网格的几种典型细分曲面方法概述.赤峰学院学报,7:13-14.
石永泉,代常友.2007.钻探方法确定岩体结构面产状.中国地质灾害与防治学报,18(1):120-123.
汤国安,刘学军,间国年.2000.地理信息系统教程.北京:高等教育出版社.

汤国安,刘学军,闾国年.2005.数字高程模型及地学分析的原理与方法.北京:科学出版社.
唐炎森.1997.用跟踪法求解单个弯曲钻孔中岩层的产状——通用地质坐标系应用实例(之五).连云港化工高等专科学校学报,(4):23-26.
唐义,蓝运蓉.1990.SD 储量计算法.北京:地质出版社.
王定武,王运良.煤田地质与勘探方法.徐州:中国矿业大学出版社.
邬伦,刘瑜,张晶,等.2001.地理信息系统:原理、方法和应用.北京:科学出版社.
吴光琳.1981.岩芯定向和求解岩层产状的方法.地质与勘探,11:70-76.
谢仁海,梁天祥,钱光漠.2007.构造地质学.徐州:中国矿业大学出版社.
阳正熙.2006.矿产资源勘查学.北京:科学出版社.
阳正熙,高德政,严冰.2011.矿产资源勘查学.北京:科学出版社.
杨本锦,刘云霞.1997.利用岩心轴角换算地层产状的方法.地质与勘探,(2):30,44-46.
杨东来,张永波,王新春.2007.地质体三维建模方法与技术指南.北京:地质出版社.
杨孟达.2006.煤矿地质学.北京:煤炭工业出版社.
杨孟达,刘新华,王瑛.2000.煤矿地质学.北京:煤炭工业出版社.
杨永国.数学地质.2010.徐州:中国矿业大学出版社.
岳立孝.2005.断层在钻探岩芯中的特征.煤,14(4):50-51.
张凡,程大鹏,王世旭.2006.3ds max 8 模型制作实例教程.北京:电子工业出版社.
张海荣.2008.地理信息系统原理与应用.徐州:中国矿业大学出版社.
张宏,温永宁,刘爱利,等.2006.地理信息系统算法基础.北京:科学出版社.
张志三.1999.漫谈分形.长沙:湖南教育出版社.
张志涌.2015.MATLAB 教程.北京:北航出版社.
赵虹.2013.二次曲面所围封闭图形的体积.大学数学,6:138-140.
赵鹏大.2001.矿产勘查理论与方法.武汉:中国地质大学出版社.
中国科学院数学研究所运筹室优选法小组.1975.优选法.北京:科学出版社.
周启鸣,刘学军.2006.数字地形分析.北京:科学出版社.
朱志澄,曾佐勋,范光明.2008.构造地质学.武汉:中国地质大学出版社.
Annels A E. 1991. Mineral Deposit Evaluation. London:Chapman and Hall.
Marjoribanks R. 2010. Geological Methods in Mineral Exploration and Mining(Second Edition). London:Chapman and Hall.

附录　R-TIN 基本网用于煤田勘探反演案例中的剖面图

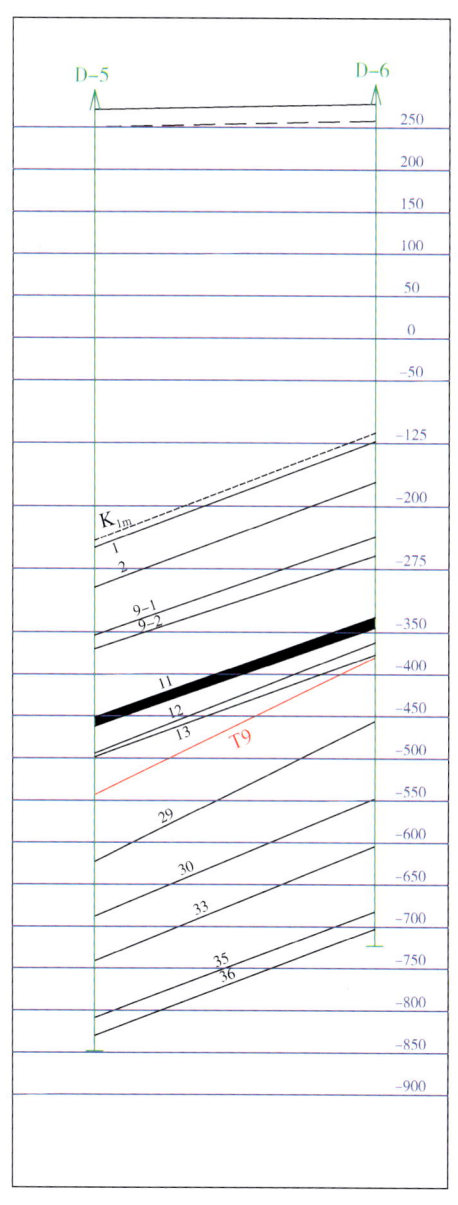

附图 1　D-5—D-6 剖面图

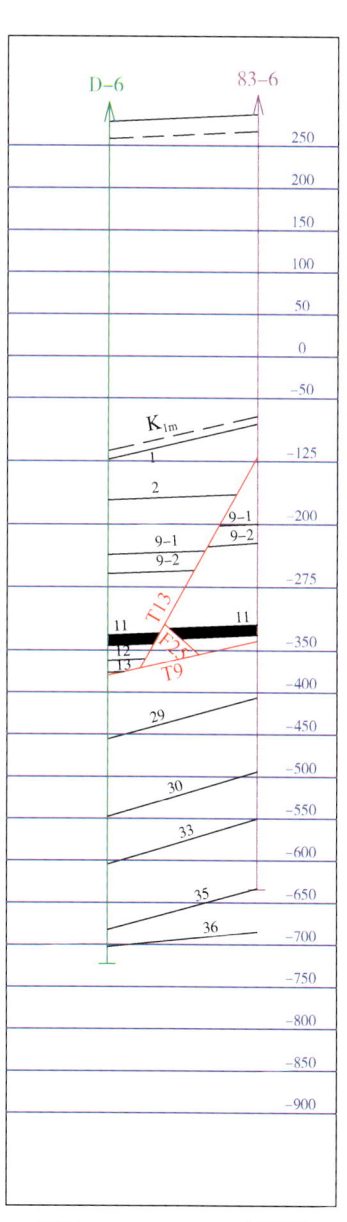

附图 2　D-6—83-6 剖面图

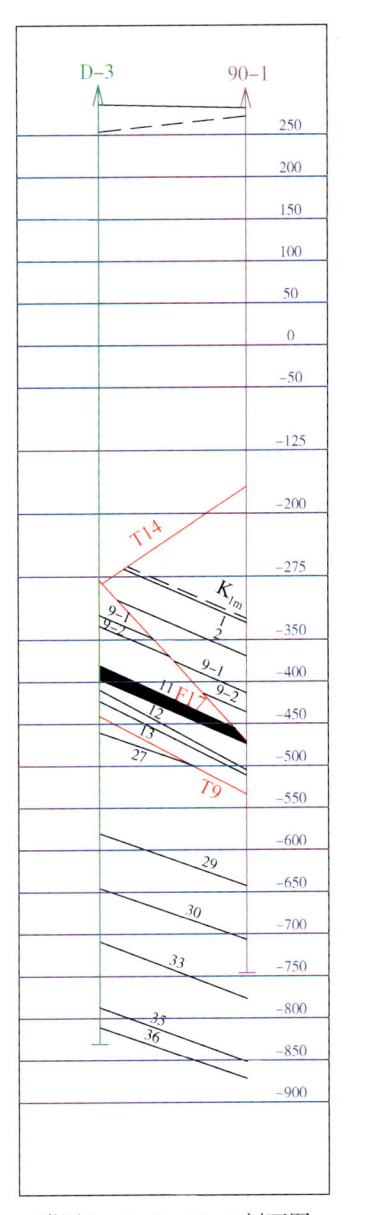

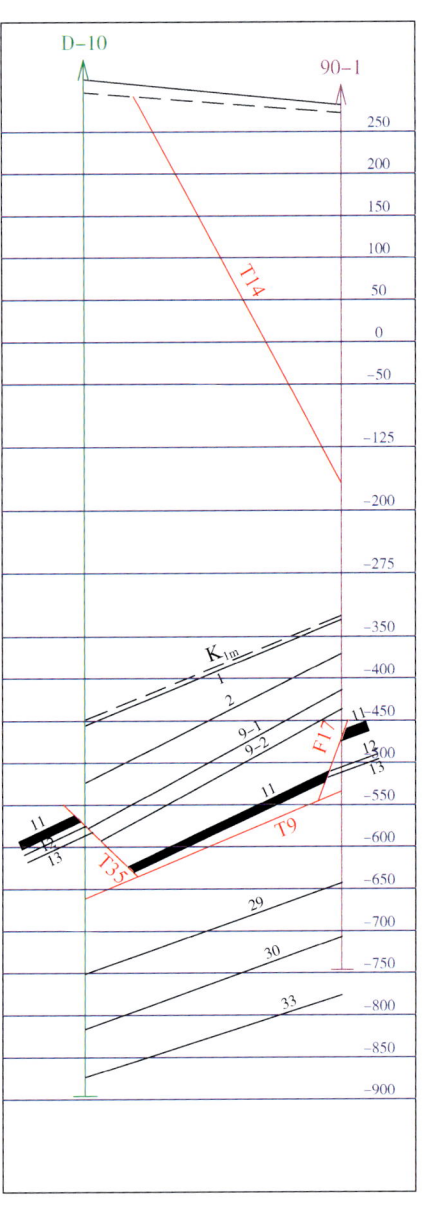

附图 3 D-5—90-1 剖面图　　附图 4 D-10—90-1 剖面图修改前

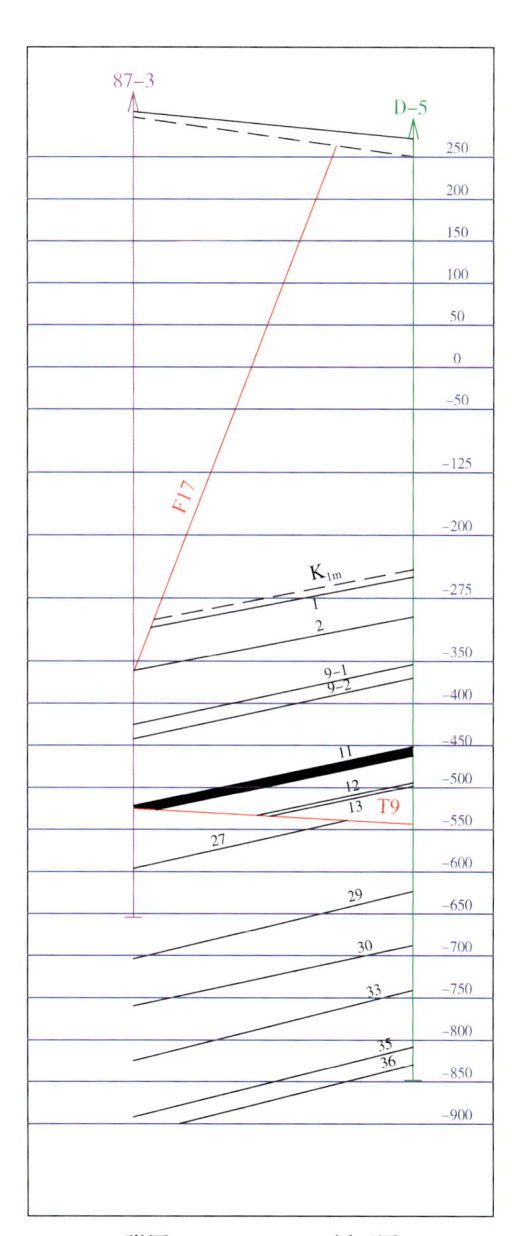

附图5　D-10—89-2 剖面图修改前　　　　　附图6　87-3—D-5 剖面图

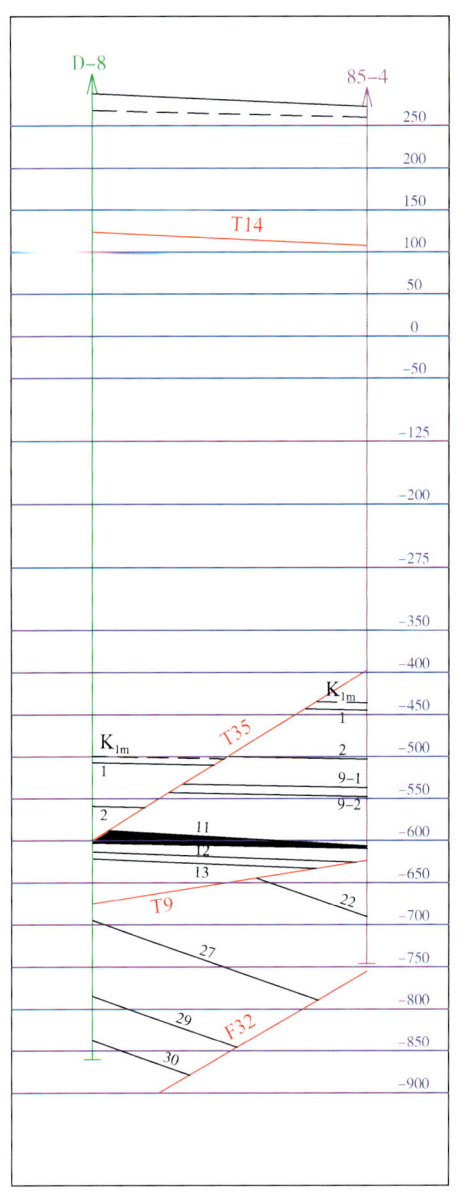

附图7　D-8—85-4 剖面图　　　　附图8　D-5—D-4 剖面图

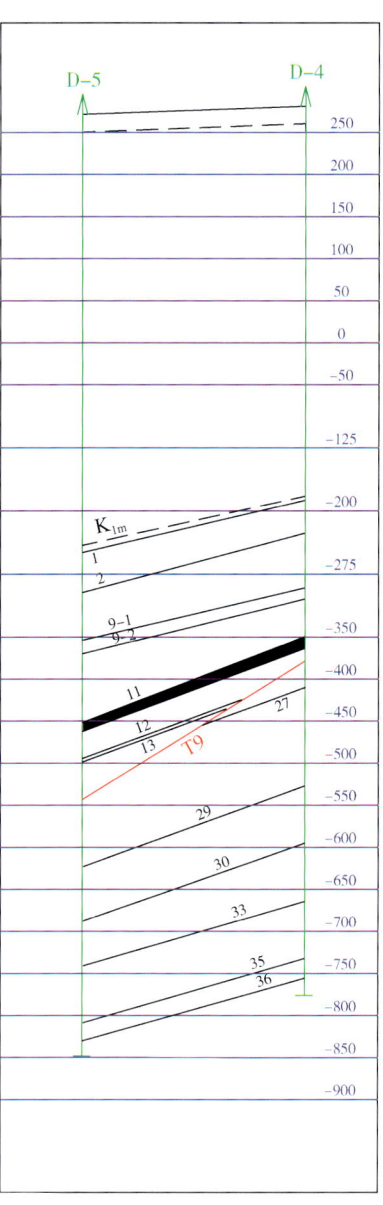

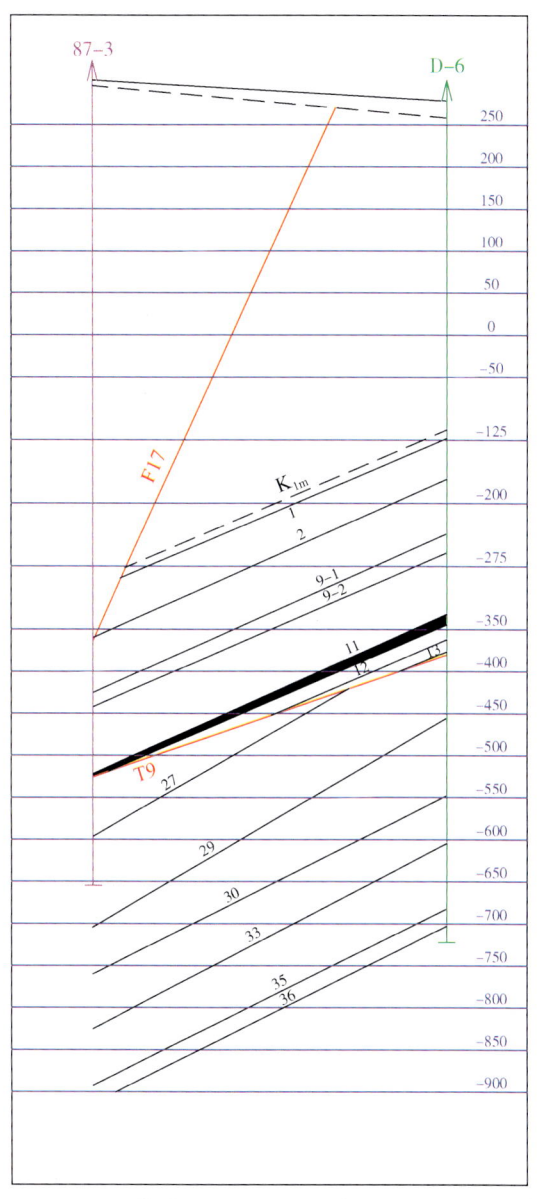

附图9　87-3—D-6 剖面图

附图10　D-4—D-6 剖面图

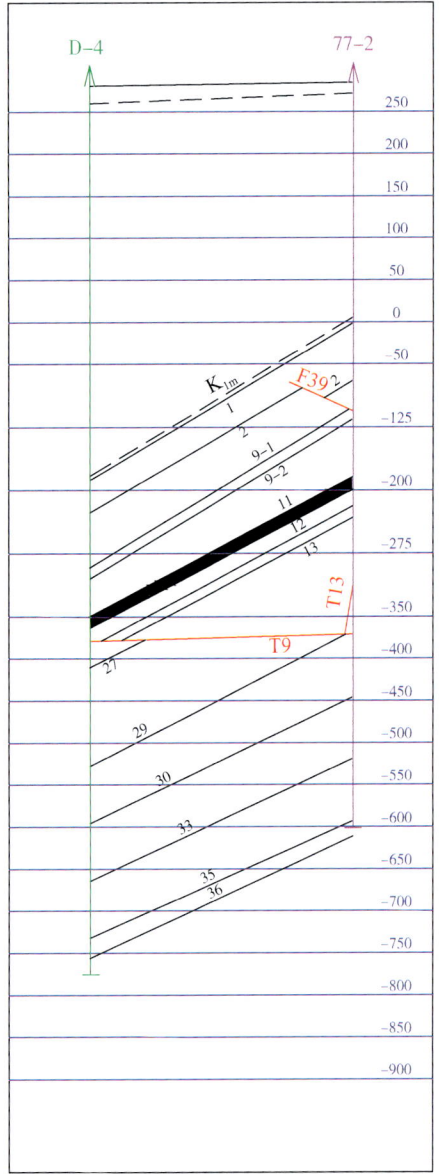

附图 11　D-4—77-2 剖面图

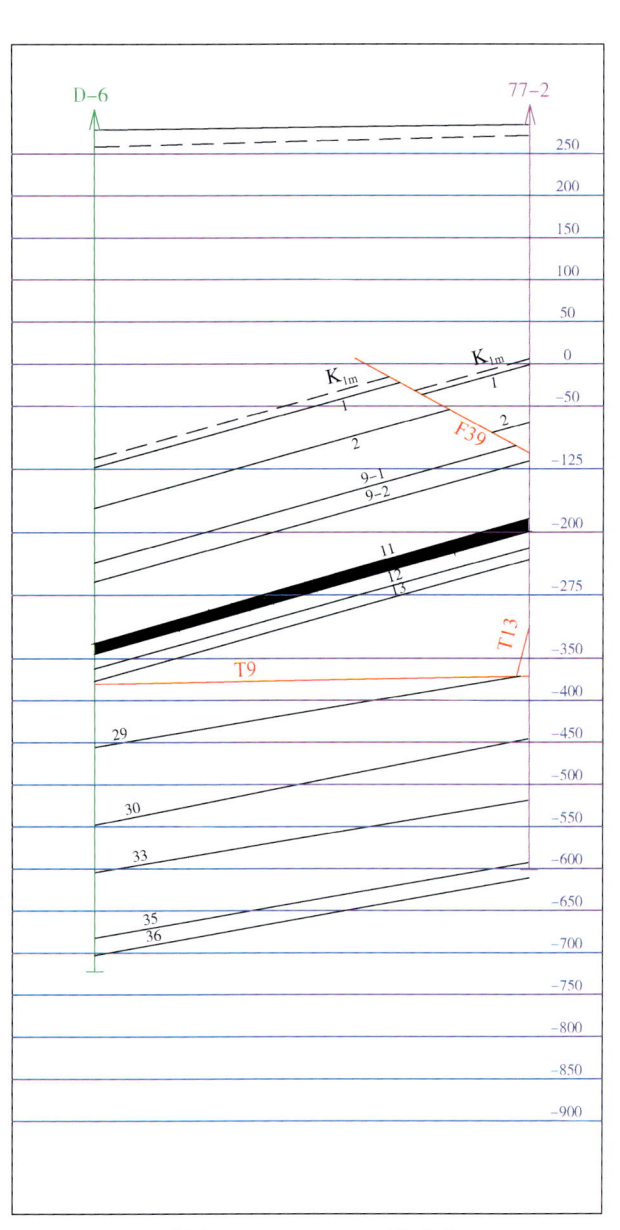

附图 12　D-6—77-2 剖面图

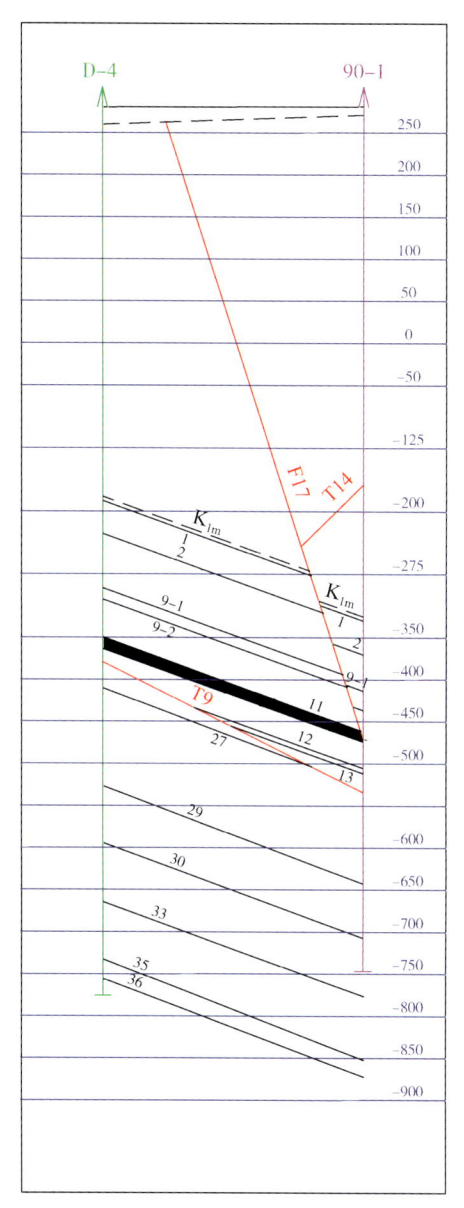

附录　R-TIN 基本网用于煤田勘探反演案例中的剖面图

附图 13　D-9—90-1 剖面图 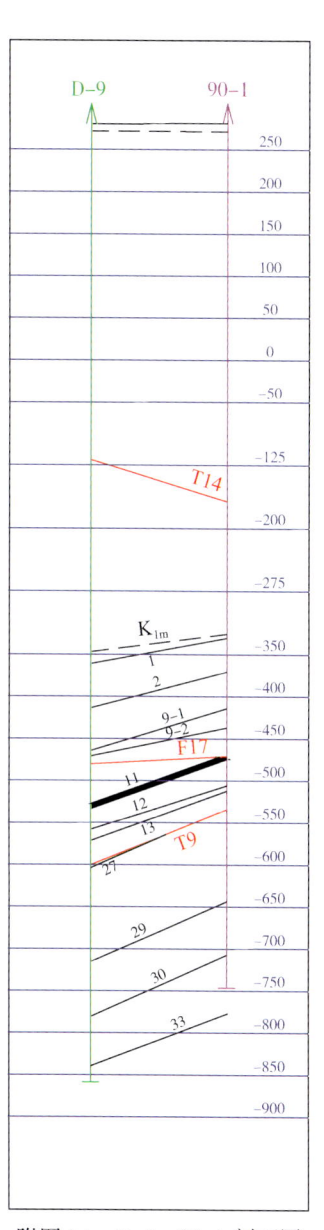　　　附图 14　D-4—90-1 剖面图

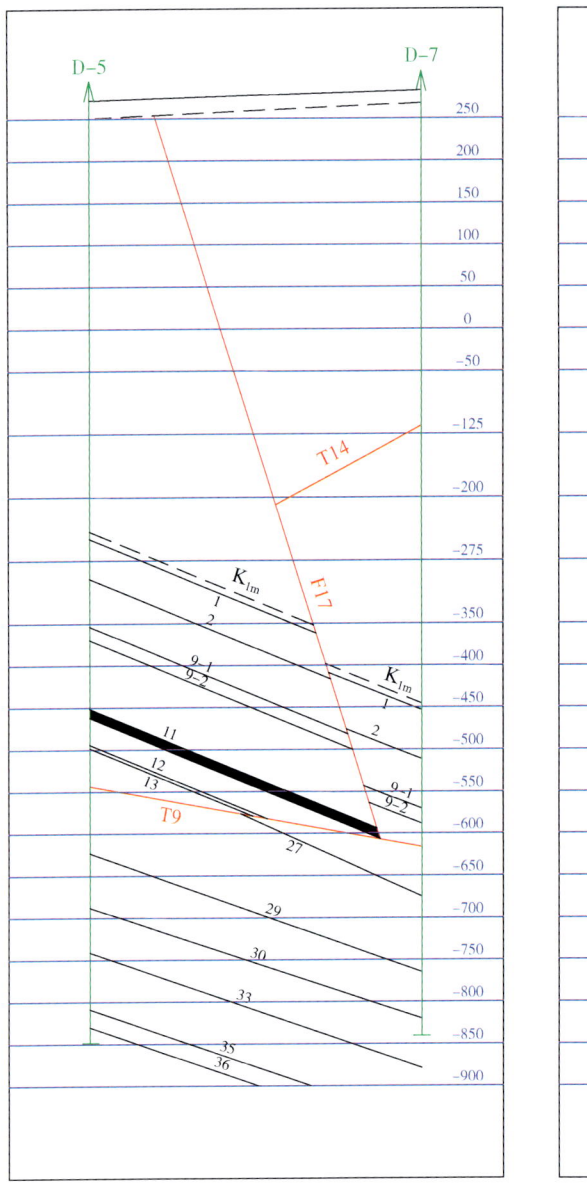

附图15　D-5—D-7 剖面图

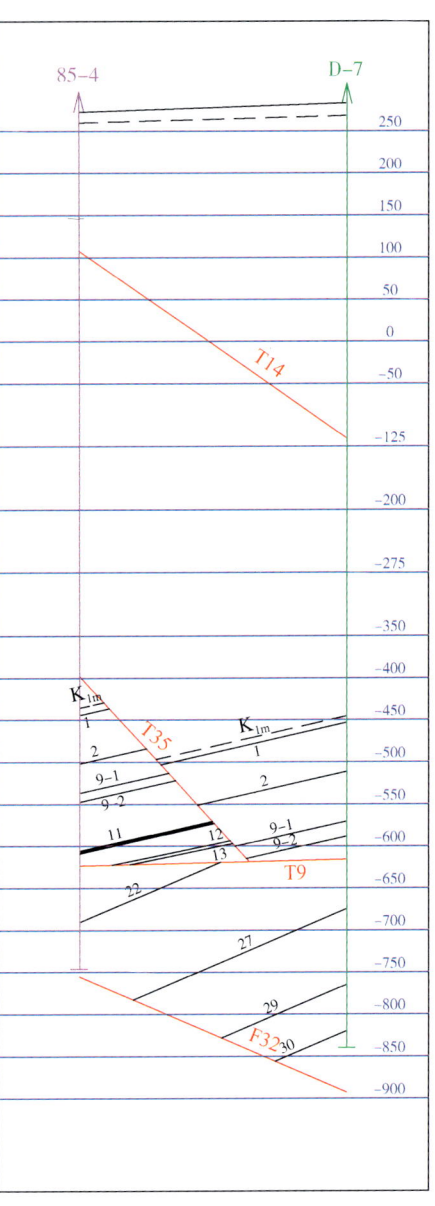

附图16　85-4—D-7 剖面图

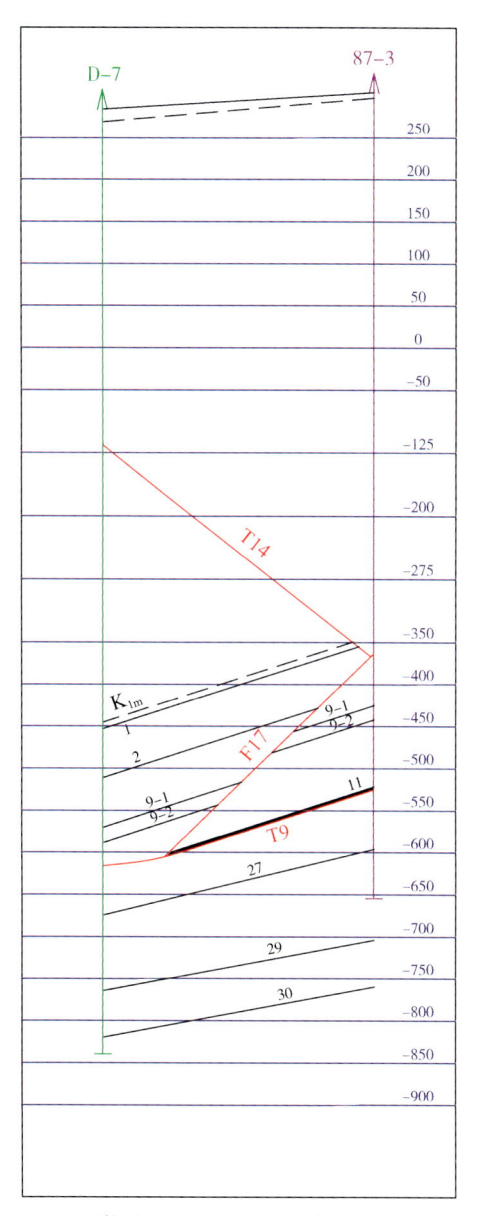

附录　R-TIN基本网用于煤田勘探反演案例中的剖面图

附图17　D-7—87-3剖面图

附图18　D-7—D-8剖面图

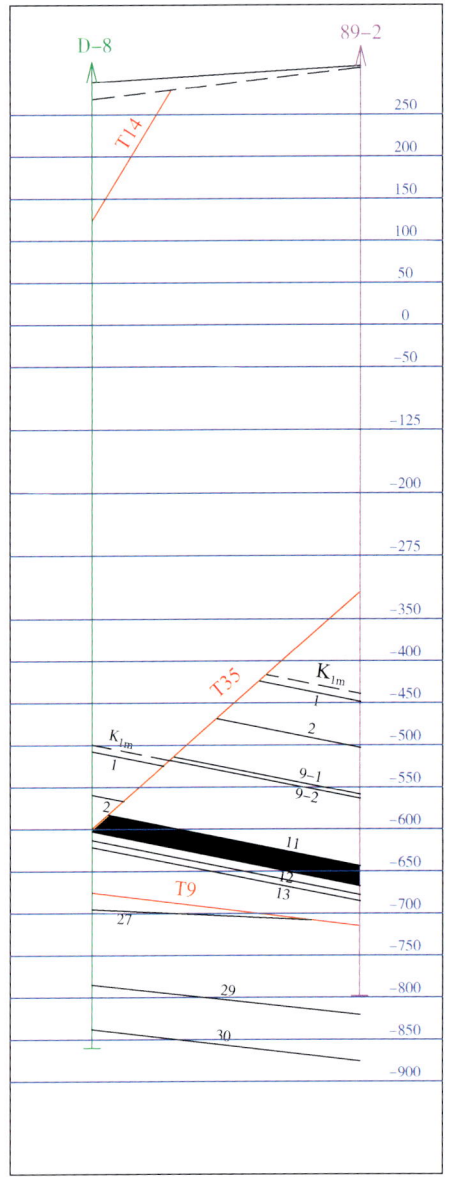

附图19　D-8—89-2 剖面图　　　　附图20　D-5—D-9 剖面图

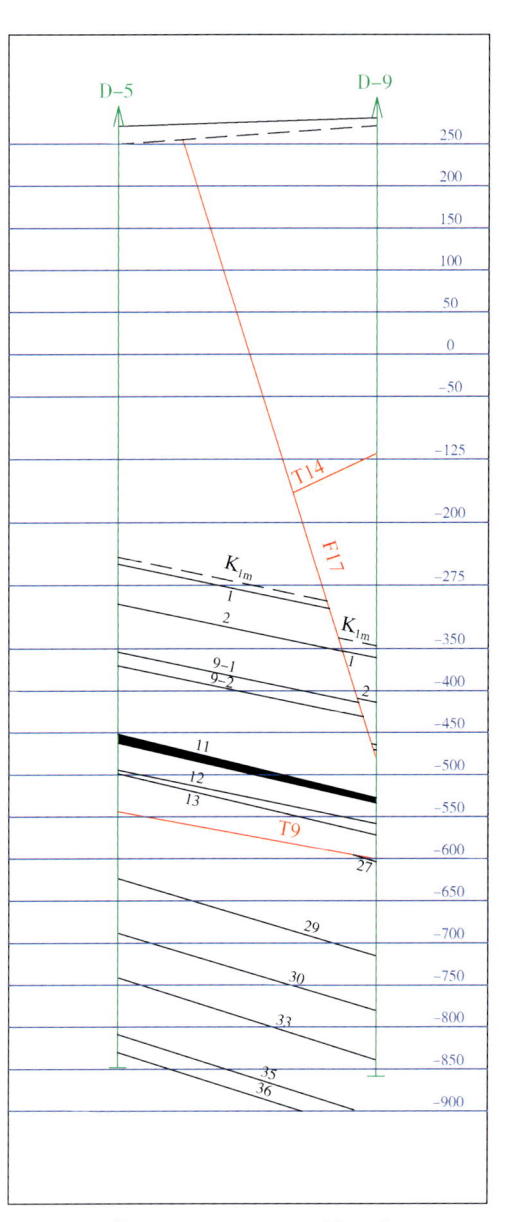

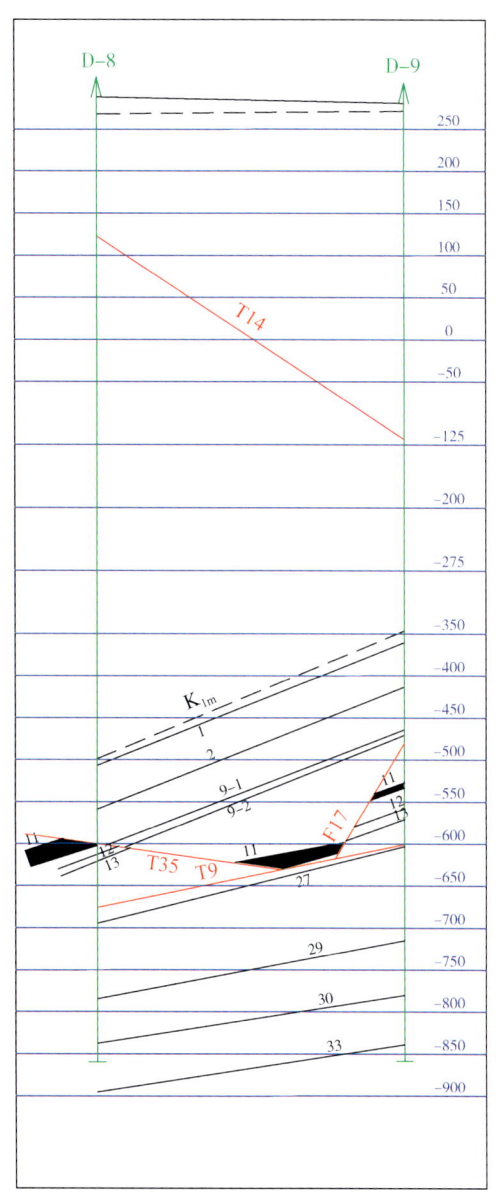

附图 21　D-8—D-9 剖面图

附图 22　D-7—D-9 剖面图

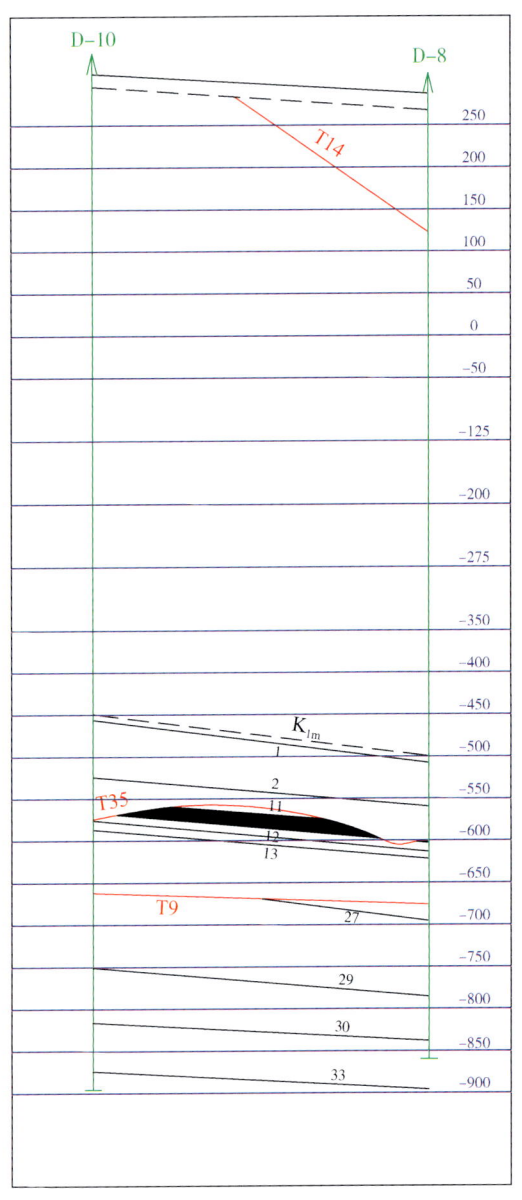

附图 23　D-9—D-10 剖面图修改前　　　　附图 24　D-10—D-8 剖面图修改前

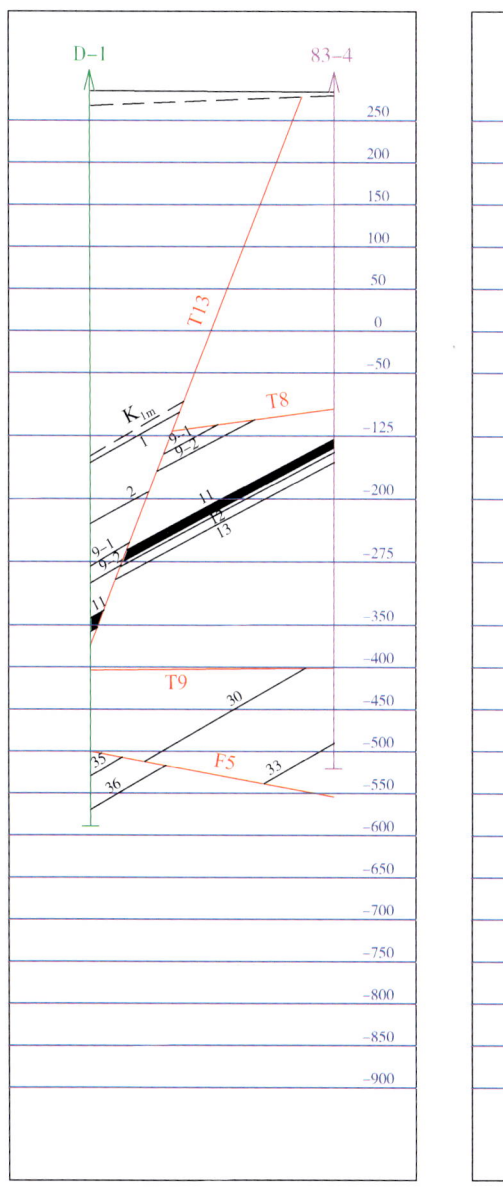

附录　R-TIN 基本网用于煤田勘探反演案例中的剖面图

附图 25　D-1—83-4 剖面图 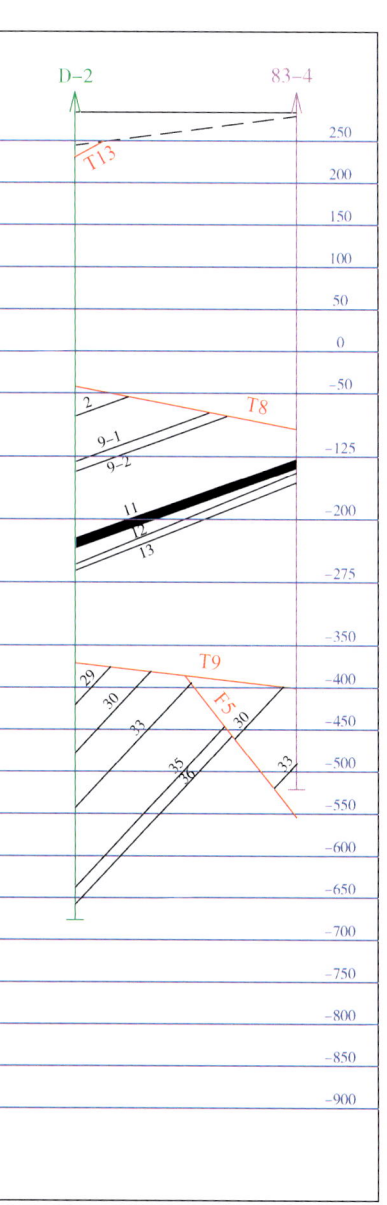　　　　附图 26　D-2—83-4 剖面图

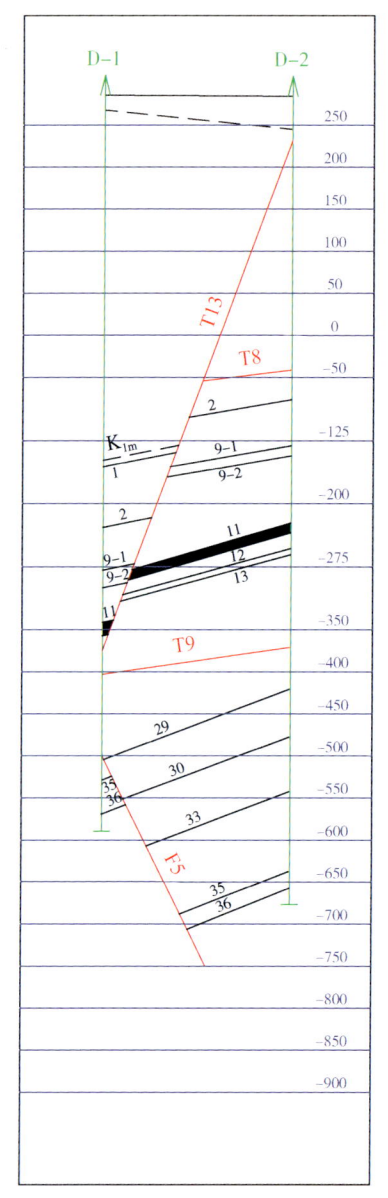

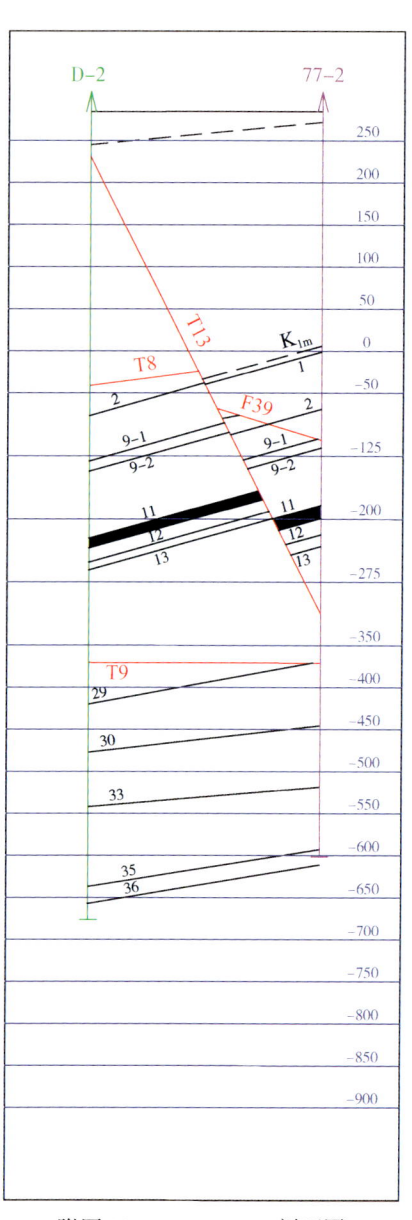

附图 27　D-1—D-2 剖面图　　附图 28　D-2—77-2 剖面图

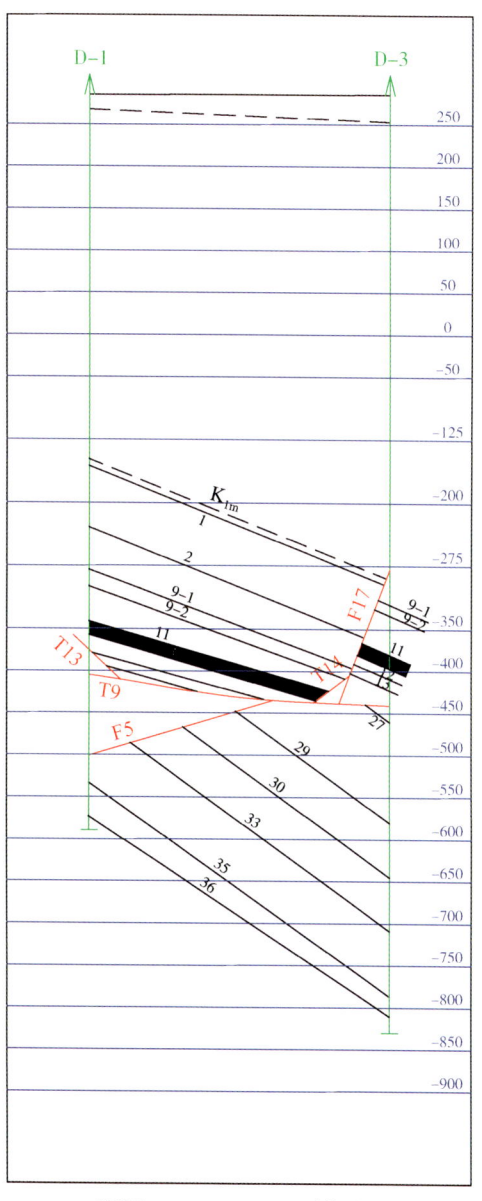

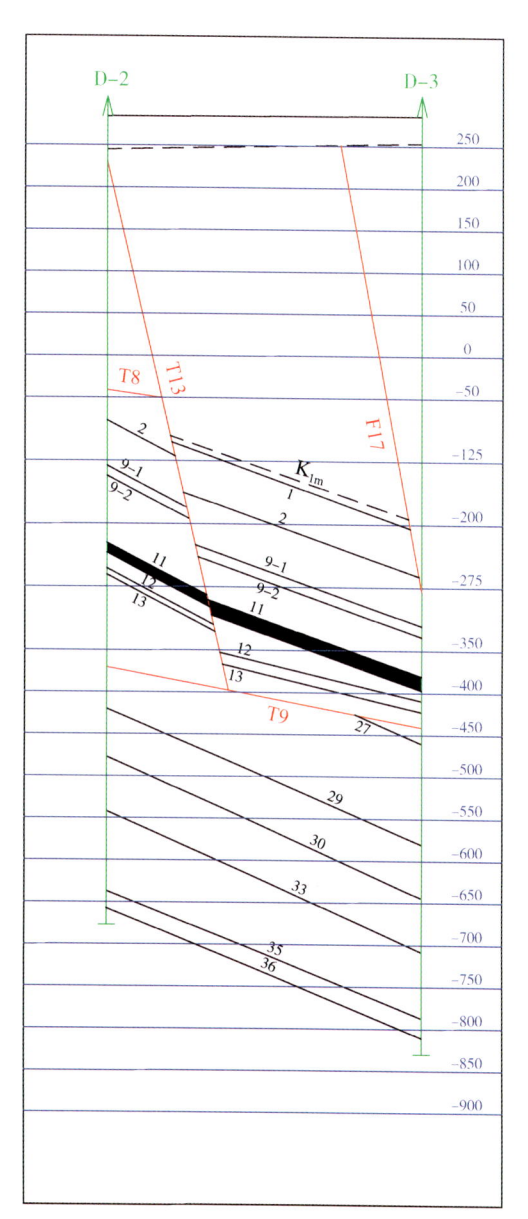

附录　R-TIN 基本网用于煤田勘探反演案例中的剖面图

附图 29　D-2—D-3 剖面图

附图 30　D-1—D-3 剖面图

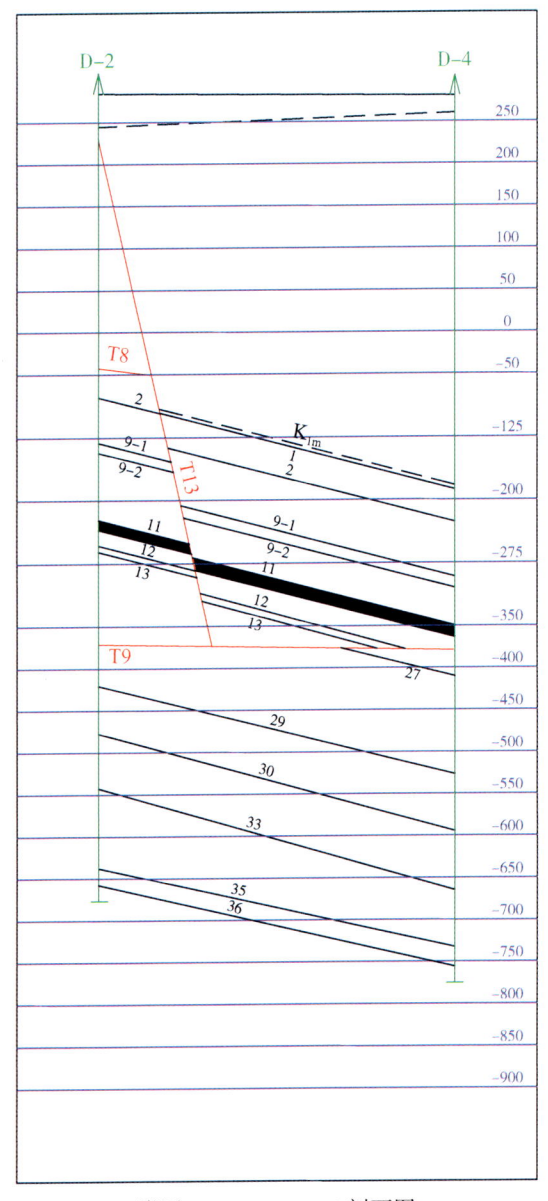

附图 31　D-2—D-4 剖面图

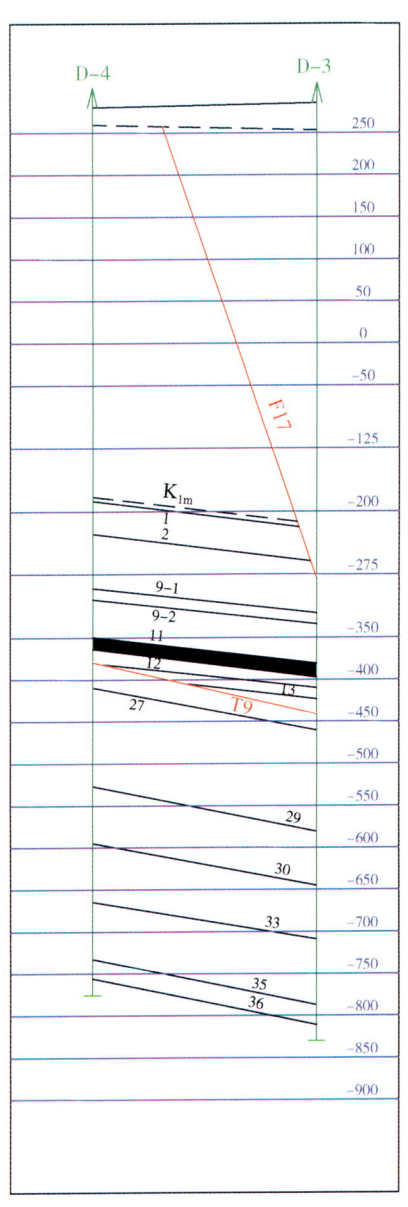

附图 32　D-4—D-3 剖面图

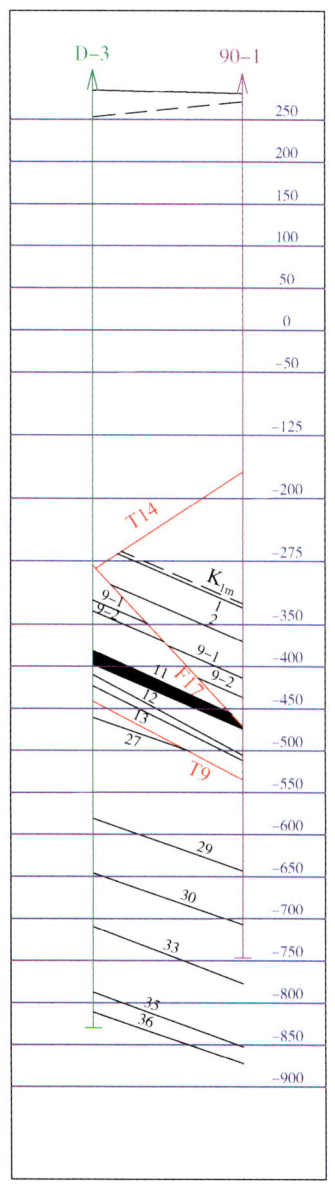

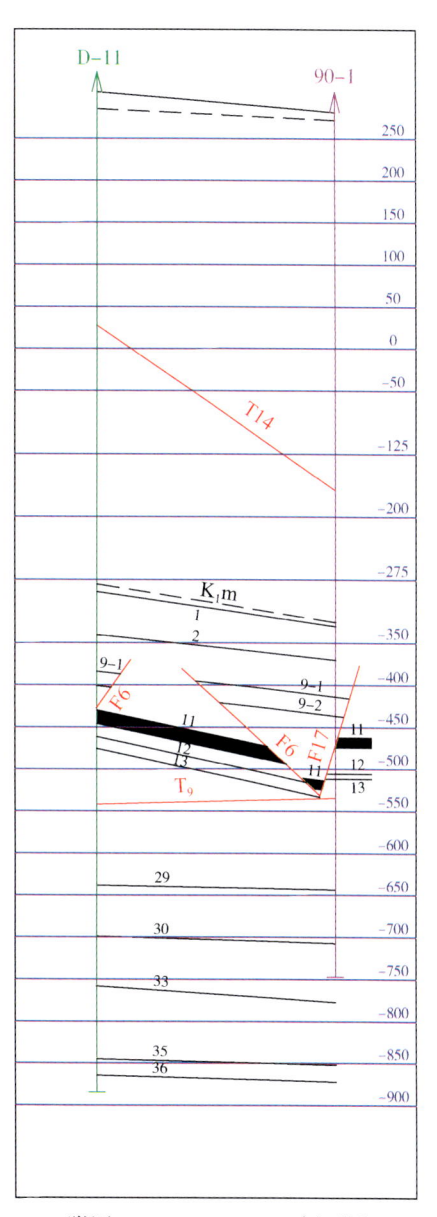

附图 33　D-3—90-1 剖面图　　　　附图 34　D-11—90-1 剖面图

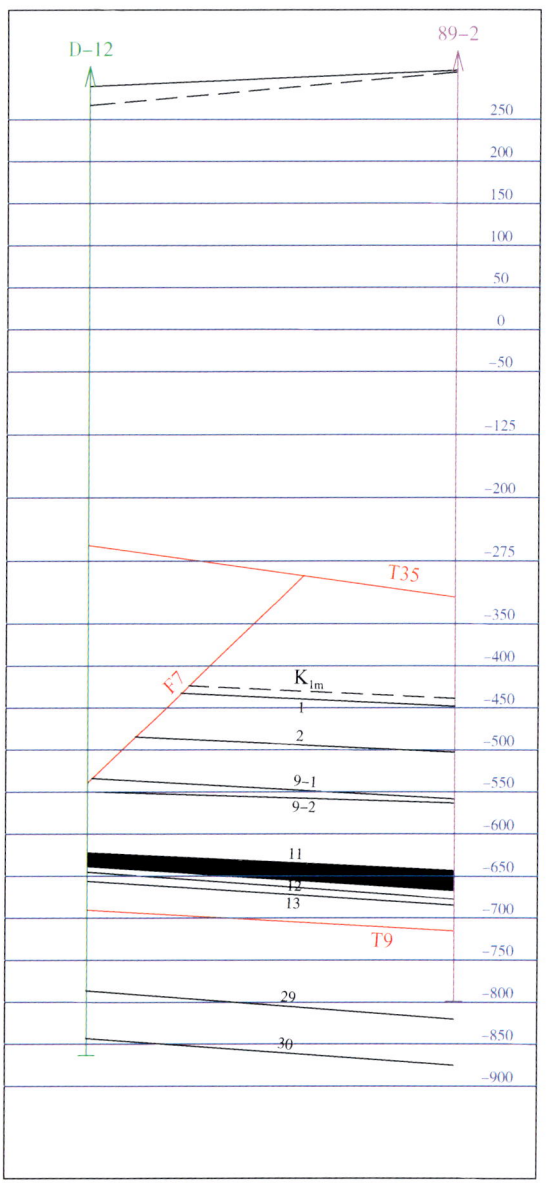

附图 35　D-12—89-2 剖面图　　　　　附图 36　D-11—D-10 剖面图修改前

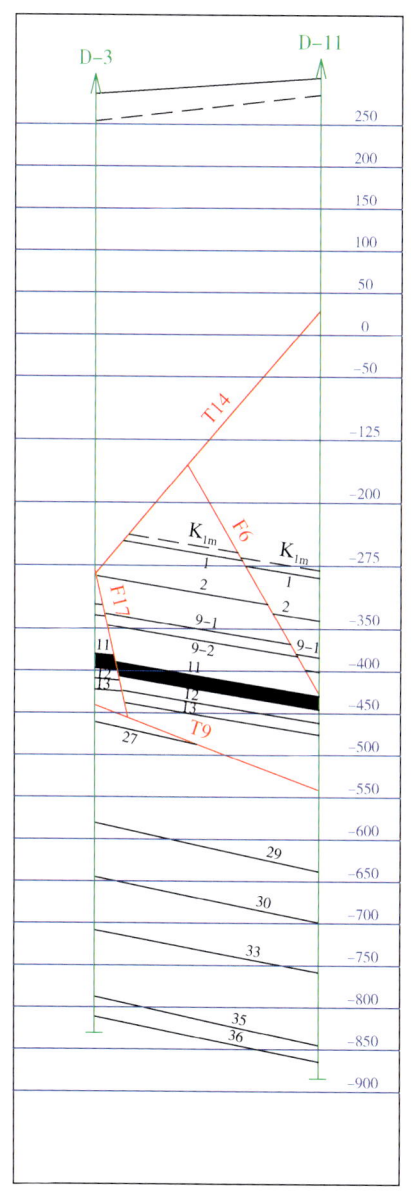

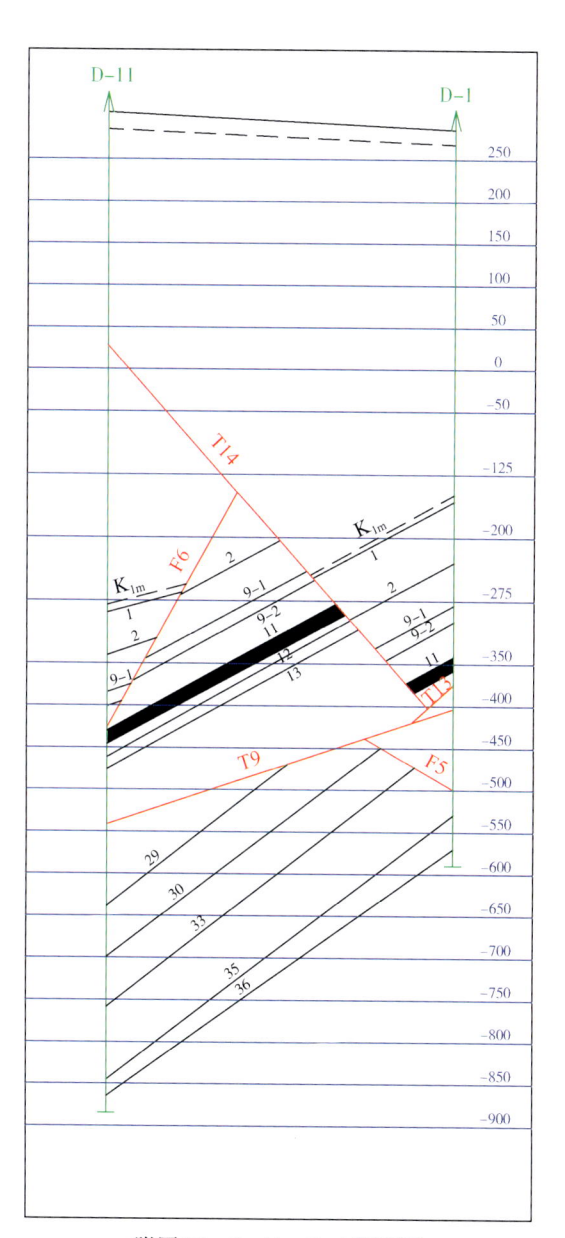

附录　R-TIN 基本网用于煤田勘探反演案例中的剖面图

附图 37　D-3—D-11 剖面图

附图 38　D-11—D-1 剖面图

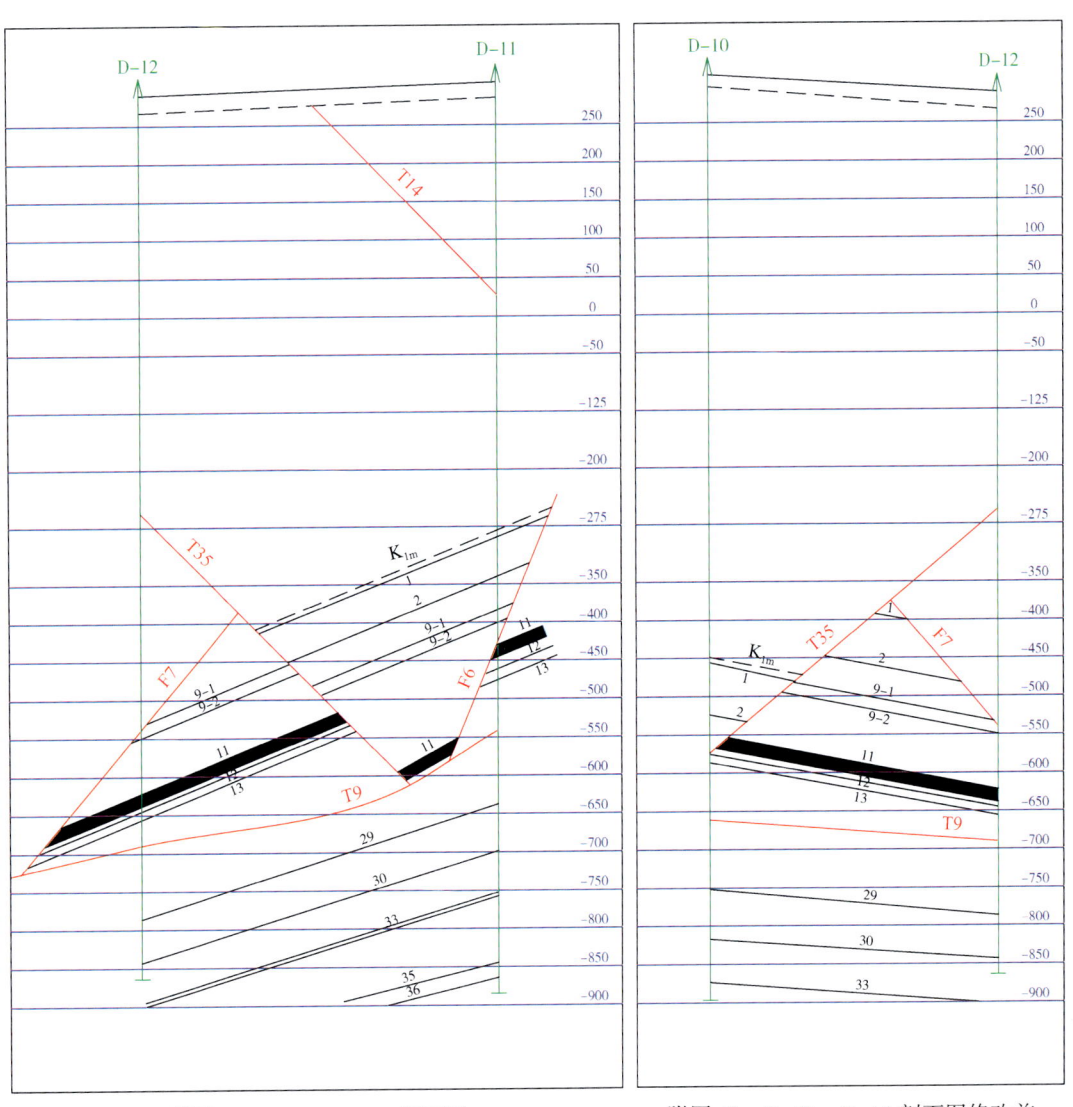

附图 39　D-12—D-11 剖面图

附图 40　D-10—D-12 剖面图修改前

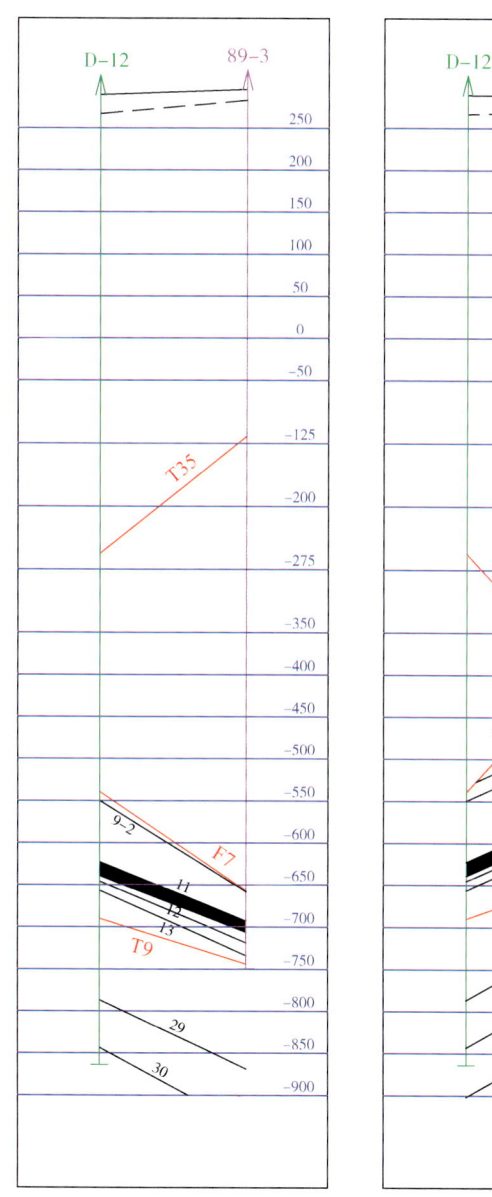

附录　R-TIN 基本网用于煤田勘探反演案例中的剖面图　　　　·183·

附图 41　D-12—89-3 剖面图　　　　附图 42　D-12—92-1 剖面图

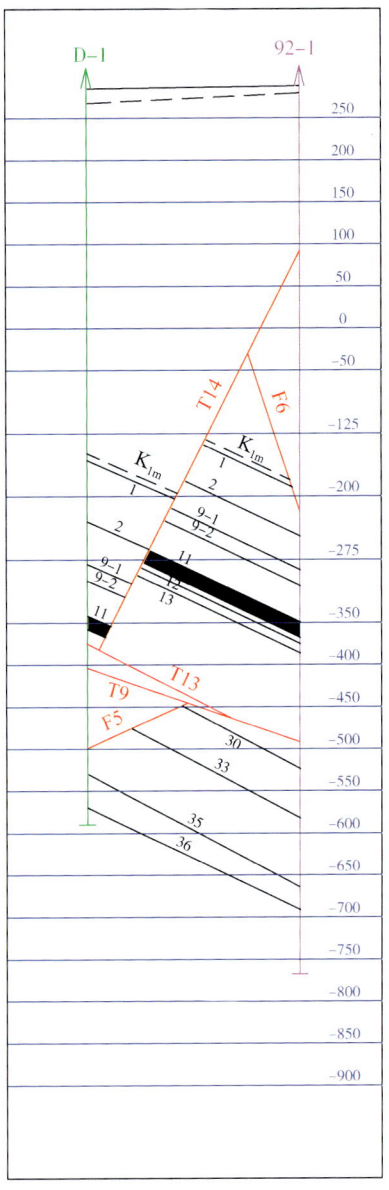

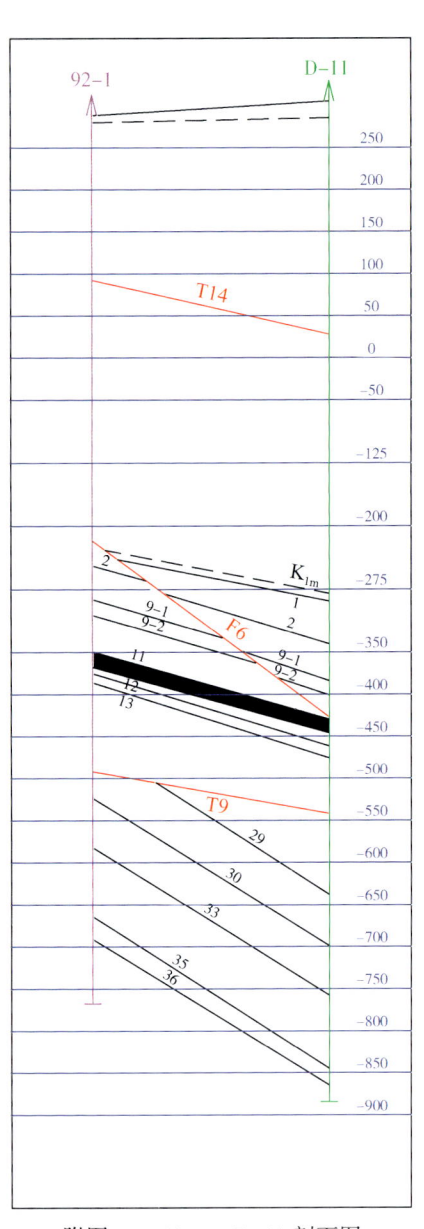

附图43　D-1—92-1 剖面图　　　　附图44　92-1—D-11 剖面图

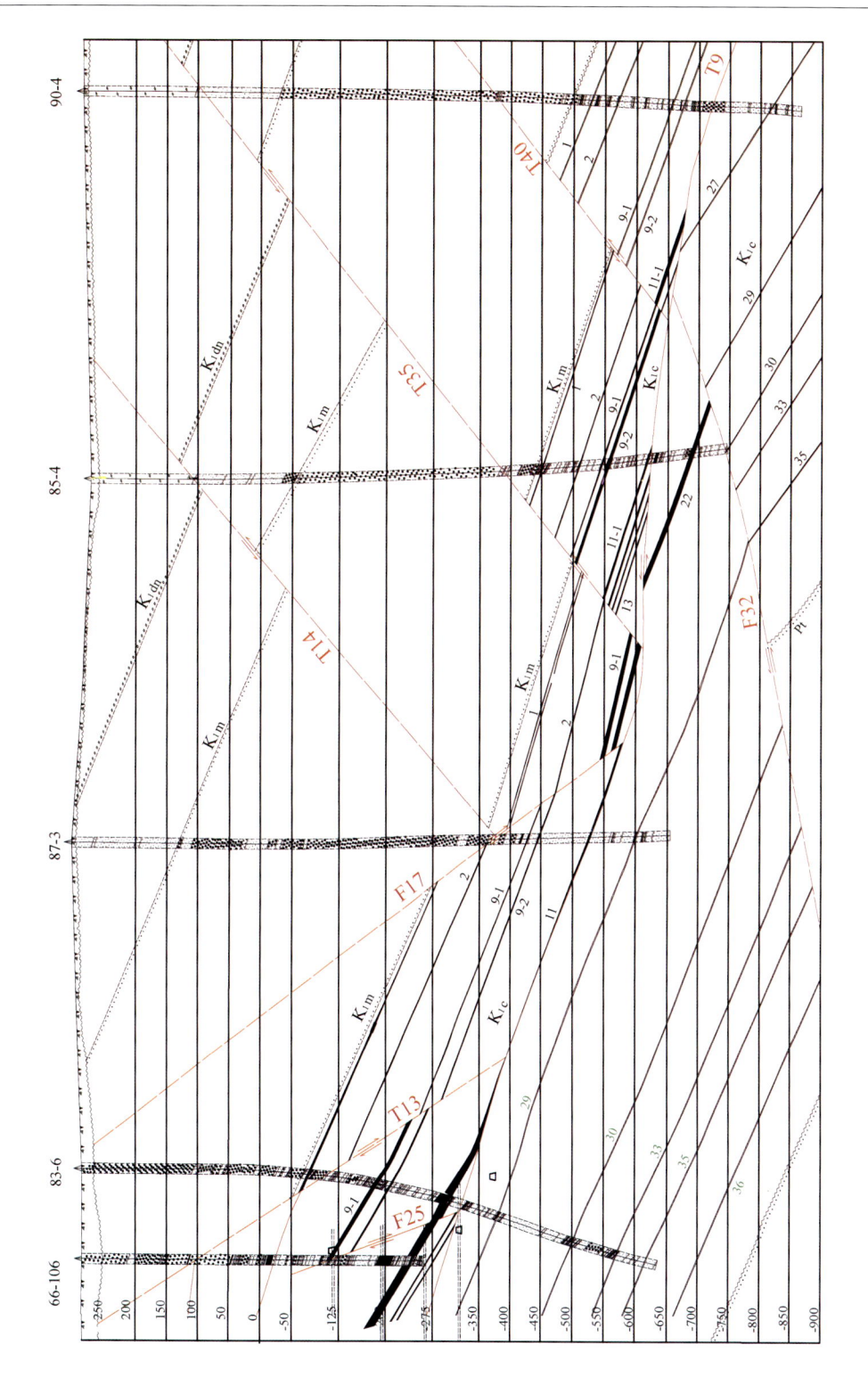

附录 R-TIN 基本网用于煤田勘探反演案例中的剖面图

附图45 原12勘探线剖面图

附图46 原11勘探线剖面图

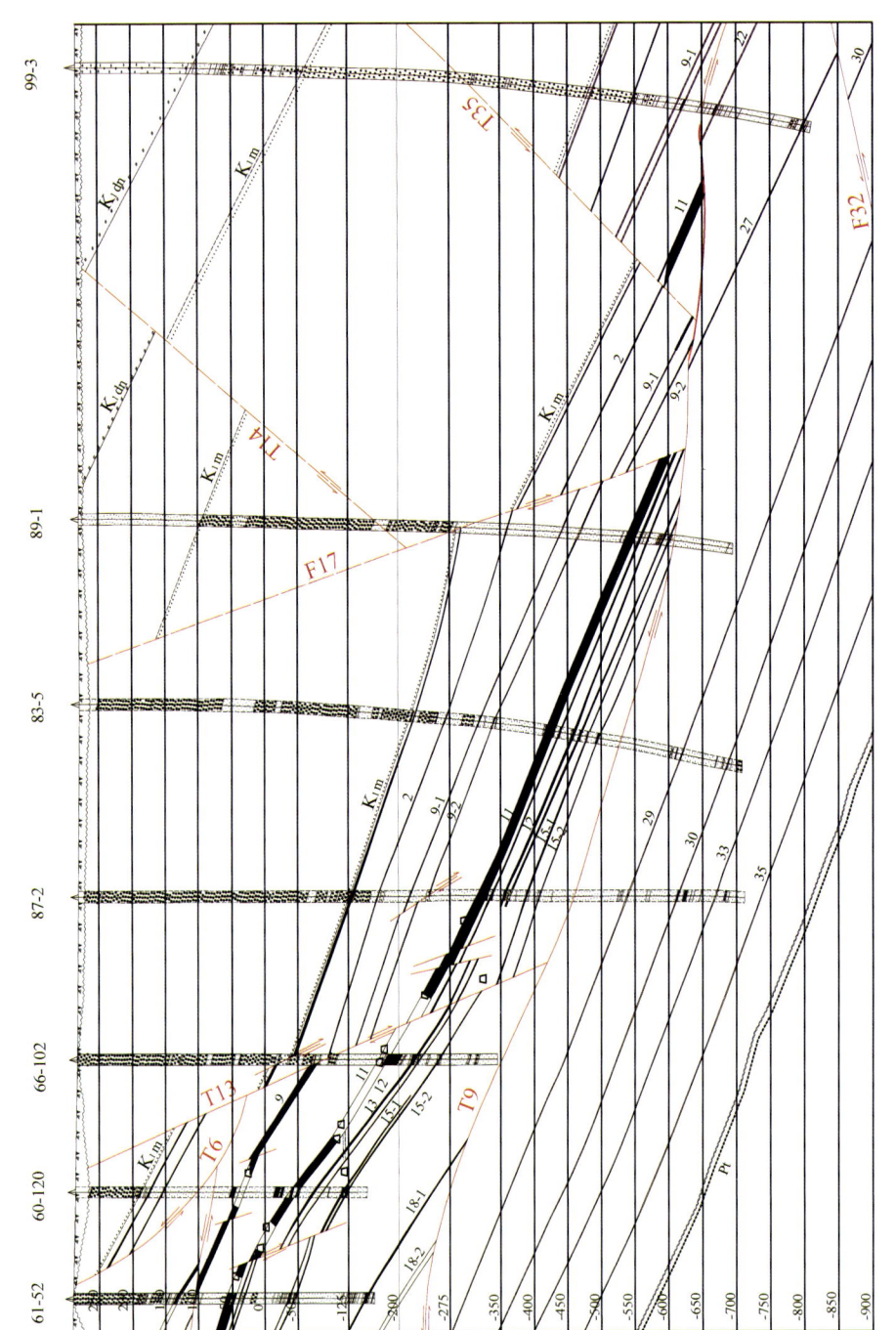